"十二五"高职高专体验互动式创新规划教材

电子技术

DIANZI JISHU

主　编　袁明文　谢广坤
副主编　王邦林　张　洁　杨媛媛
编　者　董云波　杨思源　龚安顺
　　　　代广才　陈　阳　何　滔
　　　　马黎明

哈尔滨工业大学出版社

内容简介

全书由常用半导体器件、基本放大电路、差分放大电路、功率放大电路、集成运算放大器及应用、信号产生电路、直流稳压电源、门电路与逻辑代数基础、组合逻辑电路、触发器与时序逻辑电路、半导体储存器和可编程逻辑器件、模拟量和数字量的转换 12 个模块组成。

本书以技术应用和培养职业能力为目的,从职业岗位需要出发,突出重点,加强基本知识点的叙述,提高实用性;改革教学方法,将课堂讲授和技能训练有机结合,形成教·学·做的教学模式。本书每个模块设置了教学聚焦、课时建议、重点串联、拓展与实训等栏目,同时配套相应的实训手册,以方便教师开展教学工作和学生更好地掌握所学知识。

本书可作为高职高专院校的电子技术课程教材,也可供相关工程技术人员参考。

图书在版编目(CIP)数据

电子技术/袁明文,谢广坤主编. —哈尔滨:哈尔滨工业大学出版社,2013.1
ISBN 978-7-5603-3941-2

Ⅰ.①电… Ⅱ.①袁…②谢… Ⅲ.①电子技术—高等职业教育—教材 Ⅳ.①TN

中国版本图书馆 CIP 数据核字(2013)第 000901 号

责任编辑	李长波
封面设计	唐韵设计
出版发行	哈尔滨工业大学出版社
社　　址	哈尔滨市南岗区复华四道街 10 号　邮编 150006
传　　真	0451—86414749
网　　址	http://hitpress.hit.edu.cn
印　　刷	三河市玉星印刷装订厂
开　　本	850mm×1168mm　1/16　印张 19.75　字数 550 千字
版　　次	2013 年 1 月第 1 版　2013 年 1 月第 1 次印刷
书　　号	ISBN 978-7-5603-3941-2
定　　价	36.00 元

(如因印装质量问题影响阅读,我社负责调换)

前 言

高等职业教育是现代高等教育体系中的一个重要组成部分,它的任务是培养面向生产、经营、管理和服务第一线,培养与我国社会主义现代化建设要求相适应的、掌握本专业必备的基础理论和专门知识,具有从事本专业实际工作的全面素质和综合职业能力的高等技术应用型人才。高等职业教育的人才培养目标明确指出了高职人才应具备的理论知识、技能、职业能力和全面素质。

围绕高等职业教育的人才培养目标和社会发展对高等职业教育的要求,从社会的需求、学生的需求、一线职业岗位对技能型人才的需求出发,树立以就业为导向,以全面素质为基础,以能力为本位的教育理念,以"电子技术"课程教学基本要求为依据,以培养学生的职业能力为目标,以技术应用为目的,以必需、够用为度,组织编写本教材。

本书的编写思路是:理论知识必需、够用为度,强化应用和能力培养,以"理论+实训"(即"教与做1+1体验互动")为原则,采取"理论教程"外加"实训手册"的配教方式,方便学校组织理论和实训教学,以有效提高学生的职业技能。

全书按知识结构分为12个模块,包括模拟电子技术和数字电子技术。其中模块1、2、3、4、5、6、7、8、9、10覆盖了"电子技术"课程教学基本要求,并适当拓宽;模块11和模块12是在"电子技术"课程教学基本要求之外,为供某些特殊专业选学而编写的。

本书以电子技术的基本知识、基本技能及其相应的基础理论为主,也适当反映或介绍现代电子科学技术发展的新成就。在电子技术中,以分立元件为基础,以集成电路为重点,加强数字电路。在模拟电子技术中,加强集成运算放大器及其应用;在数字电子技术中,侧重集成数字电路及其应用。为体现高职教学"基础理论和专门知识以必需、够用为度,强化应用和能力培养"的原则,本书在保证内容科学性的前提下,简化了原理的论证及公式的推导。对于电子器件,重点讲述外部特性和判别方法,对内部电路或机理一般不作详细描述,或者略;对于电子电路,以定性分析为主;应用力求联系工程实际,多介绍应用电路。为适应当前工程的发展需要,本书图形符号采用国家最新标准。为便于教学和自学,本书编写层次按教学程序安排,每个模块有教学聚焦、课时安排、重点串联、基础练习、技能实训和技术提示等栏目,并有与本书教学配套的实训手册。

由于时间紧迫和编者水平有限,书中的疏漏和不足之处在所难免,敬请广大读者批评指正。

编 者

目录 Contents

模块1 常用半导体器件

- 教学聚集/001
- 知识目标/001
- 技能目标/001
- 课时建议/001
- 课堂随笔/001

1.1 半导体的基本知识/002
- 1.1.1 半导体的特性/002
- 1.1.2 N型与P型半导体/003
- 1.1.3 PN结的形成及其单向导电性/004

1.2 晶体二极管/006
- 1.2.1 二极管的结构/006
- 1.2.2 二极管的特性/006
- 1.2.3 二极管的主要参数/007
- 1.2.4 二极管的测试/008

1.3 晶体三极管/009
- 1.3.1 三极管的结构/009
- 1.3.2 三极管的电流放大作用/009
- 1.3.3 三极管的特性/010
- 1.3.4 三极管的主要参数/011
- 1.3.5 三极管的测试/013

1.4 场效应晶体管/014
- 1.4.1 结型场效应管/014
- 1.4.2 绝缘栅型场效应管的结构及工作原理/016
- 1.4.3 场效应管的特性/018
- 1.4.4 场效应管的主要参数/019
- 1.4.5 场效应管的管脚判别/020
- 1.4.6 场效应管的使用注意事项/020

1.5 光电子器件与光耦合器/021
- 1.5.1 发光二极管/021
- 1.5.2 光电二极管/021
- 1.5.3 光电三极管/021
- 1.5.4 光耦合器/022

- 重点串联/022
- 拓展与实训/023
  - 基础训练/023
  - 职业能力训练/025

模块2 基本放大电路

- 教学聚集/027
- 知识目标/027
- 技能目标/027
- 课时建议/027
- 课堂随笔/027

2.1 放大电路的性能指标/028
- 2.1.1 对放大电路的基本要求/028
- 2.1.2 基本放大电路的性能指标/028

2.2 共发射极放大电路及放大电路的分析方法/029
- 2.2.1 基本共发射极放大电路的组成及各元件的作用/030
- 2.2.2 放大电路的分析方法/031
- 2.2.3 共发射极放大电路/037

2.3 共集电极放大电路和共基极放大电路/040
- 2.3.1 共集电极放大电路/040
- 2.3.2 共基极放大电路/041

2.4 场效应管放大电路/043
    2.4.1 场效应管的偏置电路/043
    2.4.2 场效应管的动态分析/044
2.5 多级放大电路/046
    2.5.1 多级放大电路的组成与级间耦合/046
    2.5.2 多级放大电路性能指标的估算/047
✿ 重点串联/048
✿ 拓展与实训/049
    ❖ 基础训练/049
    ❖ 职业能力训练/052

模块3 差分放大电路

☞ 教学聚集/054
☞ 知识目标/054
☞ 技能目标/054
☞ 课时建议/054
☞ 课堂随笔/054

3.1 直接耦合放大电路存在的问题/055
    3.1.1 零点漂移问题/055
    3.1.2 各级静态工作点相互影响/055
3.2 差分放大电路/056
    3.2.1 差分放大电路组成及零点漂移抑制方法/056
    3.2.2 差分放大电路的静态分析/057
    3.2.3 差分放大电路的动态分析/057
✿ 重点串联/061
✿ 拓展与实训/061
    ❖ 基础训练/061
    ❖ 职业能力训练/062

模块4 功率放大电路

☞ 教学聚集/064
☞ 知识目标/064
☞ 技能目标/064
☞ 课时建议/064
☞ 课堂随笔/064

4.1 对功率放大电路的要求及功率放大电路的分类/065
    4.1.1 对功率放大电路的要求/065
    4.1.2 功率放大电路的分类/065
4.2 互补对称功率放大电路/066
    4.2.1 OCL 电路/066
    4.2.2 OTL 电路/069
    4.2.3 采用复合管的准互补对称功率放大电路/069
✿ 重点串联/072
✿ 拓展与实训/072
    ❖ 基础训练/072
    ❖ 职业能力训练/074

模块5 集成运算放大器及应用

☞ 教学聚集/076
☞ 知识目标/076
☞ 技能目标/076
☞ 课时建议/076
☞ 课堂随笔/076

5.1 集成运算放大器概述/077
    5.1.1 集成运算放大器的符号和组成/077
    5.1.2 集成运算放大器的主要参数/078
    5.1.3 理想运算放大器/079
5.2 负反馈放大器/080
    5.2.1 反馈及其分类/080
    5.2.2 负反馈放大器/083
    5.2.3 负反馈对放大器性能的影响/084
5.3 集成运算放大器的应用/086
    5.3.1 集成运放的线性应用/086
    5.3.2 集成运放的非线性应用/090
✿ 重点串联/093
✿ 拓展与实训/093
    ❖ 基础训练/093
    ❖ 职业能力训练/095

模块 6　信号发生电路

- 教学聚集/098
- 知识目标/098
- 技能目标/098
- 课时建议/098
- 课堂随笔/098

6.1　正弦波发生电路/099
　　6.1.1　正弦波发生电路的自激振荡条件/099
　　6.1.2　正弦波发生电路的组成/100
　　6.1.3　正弦波发生电路分类/100
　　6.1.4　RC 正弦波发生电路/101
　　6.1.5　LC 正弦波发生电路/103
　　6.1.6　石英晶体振荡电路/105

6.2　非正弦信号发生电路/107
　　6.2.1　方波发生器/107
　　6.2.2　占空比可调的矩形波电路/108
　　6.2.3　三角波发生器/109
　　6.2.4　锯齿波发生器/109
　　6.2.5　压控振荡器/110

6.3　锁相频率合成电路/110
　　6.3.1　锁相环路基本工作原理/111
　　6.3.2　集成锁相环/111

- 重点串联/115
- 拓展与实训/115
  - 基础训练/115
  - 职业能力训练/119

模块 7　直流稳压电源

- 教学聚集/123
- 知识目标/123
- 技能目标/123
- 课时建议/123
- 课堂随笔/123

7.1　单相整流滤波电路/124
　　7.1.1　单相整流电路/124
　　7.1.2　常用滤波电路/127

7.2　稳压电路与集成稳压器/129
　　7.2.1　稳压二极管稳压电路/129
　　7.2.2　串联型稳压电路/130
　　7.2.3　集成稳压电路/133

7.3　开关稳压电源/136
　　7.3.1　开关式稳压电源的基本工作原理/136
　　7.3.2　开关式稳压电源电路/137

- 重点串联/139
- 拓展与实训/140
  - 基础训练/140
  - 职业能力训练/142

模块 8　门电路与逻辑代数基础

- 教学聚集/144
- 知识目标/144
- 技能目标/144
- 课时建议/144
- 课堂随笔/144

8.1　数制与码制/145
　　8.1.1　数字电路和模拟电路/145
　　8.1.2　数制/146
　　8.1.3　不同数制间的转换/147
　　8.1.4　二进制代码/148

8.2　基本逻辑门电路/150
　　8.2.1　常用逻辑门电路/150
　　8.2.2　TTL 与非门/152
　　8.2.3　CMOS 与非门/153
　　8.2.4　三态输出与非门/154
　　8.2.5　TTL 门电路和 CMOS 门电路的使用注意事项/155

8.3　逻辑运算法则与逻辑函数化简/156
　　8.3.1　数字电路逻辑关系的表示方法/156
　　8.3.2　逻辑代数的基本运算法则和定律/160
　　8.3.3　逻辑函数的化简/161

- 重点串联/164

✽ 拓展与实训/165
　　◈ 基础训练/165
　　◈ 职业能力训练/166

模块 9　组合逻辑电路

☞ 教学聚集/168
☞ 知识目标/168
☞ 技能目标/168
☞ 课时建议/168
☞ 课堂随笔/168

9.1　组合逻辑电路的分析与设计/169
　　9.1.1　组合逻辑电路的分析/169
　　9.1.2　组合逻辑电路设计/170
9.2　加法器和数值比较器/170
　　9.2.1　加法器/171
　　9.2.2　数值比较器/172
9.3　编码器和译码器/173
　　9.3.1　编码器/174
　　9.3.2　译码器/175
9.4　数据选择器和数据分配器/181
　　9.4.1　数据选择器/181
　　9.4.2　数据分配器/183
9.5　用集成逻辑电路实现组合逻辑电路/183
　　9.5.1　用全加器实现组合逻辑电路/183
　　9.5.2　译码器实现逻辑函数/184
　　9.5.3　用数据选择器实现逻辑函数/185
✽ 重点串联/186
✽ 拓展与实训/187
　　◈ 基础训练/187
　　◈ 职业能力训练/189

模块 10　触发器与时序逻辑电路

☞ 教学聚集/191
☞ 知识目标/191
☞ 技能目标/191
☞ 课时建议/191

☞ 课堂随笔/191

10.1　双稳态触发器/192
　　10.1.1　RS 触发器/192
　　10.1.2　JK 触发器/195
　　10.1.3　D 触发器/198
　　10.1.4　触发器的逻辑功能及其相互转换/200
10.2　寄存器/202
　　10.2.1　数码寄存器/202
　　10.2.2　移位寄存器/203
10.3　计数器/206
　　10.3.1　二进制计数器/206
　　10.3.2　十进制计数器/210
　　10.3.3　由触发器构成 M 进制计数器/211
10.4　时序逻辑电路的分析/212
　　10.4.1　时序逻辑电路的分析方法/212
　　10.4.2　时序逻辑电路分析举例/212
✽ 重点串联/214
✽ 拓展与实训/215
　　◈ 基础训练/215
　　◈ 职业能力训练/217

模块 11　半导体存储器和可编程逻辑器件

☞ 教学聚集/219
☞ 知识目标/219
☞ 课时建议/219
☞ 课堂随笔/219

11.1　只读存储器/220
　　11.1.1　只读存储器概述/220
　　11.1.2　掩模编程存储器/221
　　11.1.3　可编程存储器/222
　　11.1.4　可擦除可编程存储器/223
　　11.1.5　电可擦除可编程存储器和 Flash Memory(快闪存储器)/224
11.2　随机存取存储器/225
　　11.2.1　静态随机存储器(SRAM)/225
　　11.2.2　动态随机存储器(DRAM)/227

11.2.3 存储器容量的扩展/227
11.3 可编程逻辑器件/229
　　11.3.1 概述/229
　　11.3.2 现场可编程逻辑阵列(FPLA)/230
　　11.3.3 可编程阵列逻辑(PAL)/231
　　11.3.4 其他可编程逻辑器件/232
✽ 重点串联/233
✽ 拓展与实训/234

模块12 模拟量和数字量的转换

☞ 教学聚集/236
☞ 知识目标/236
☞ 课时建议/236
☞ 课堂随笔/236

12.1 概述/237
12.2 D/A 转换器/237
　　12.2.1 权电阻网络 D/A 转换器/237
　　12.2.2 倒 T 形电阻网络 D/A 转换器/238
　　12.2.3 D/A 转换器的转换精度和转换速度/240
12.3 A/D 转换器/240
　　12.3.1 A/D 转换的基本原理/240
　　12.3.2 逐次逼近型 A/D 转换器/241
　　12.3.3 双积分型 A/D 转换器/242
　　12.3.4 VFC 型 A/D 转换器/243
　　12.3.5 A/D 转换器的转换精度和转换速度/244
✽ 重点串联/245
✽ 拓展与实训/245
　　◆ 基础训练/245
　　◆ 职业能力训练/246

参考文献/248

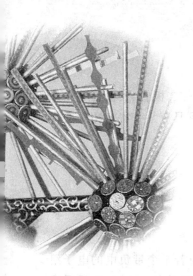

模块 1
常用半导体器件

教学聚集

掌握半导体器件的基本结构、工作原理、特性和主要参数是学习电子技术和分析电子电路的基础，掌握半导体器件的测试和判断方法是应用电子技术知识解决实际问题的基本技能。本模块首先简要介绍半导体的导电特性和 PN 结的特性，然后介绍普通半导体二极管、半导体三极管和场效应管的结构、工作原理、特性和主要参数，并介绍以上半导体器件的管脚判别、类型判别和性能判断的测试方法，最后简要介绍发光二极管、光电二极管、光电三极管和光耦合器的基本工作原理。

知识目标

◆掌握半导体的基本特性和导电原理。
◆掌握 PN 结的基本特性。
◆掌握普通二极管的特性和极性判别方法。
◆掌握三极管的结构和基本特性、工作状态和极性判别方法。
◆掌握场效应管的基本特性、工作状态和极性判别方法。

技能目标

◆熟练掌握普通二极管的管脚判断方法。
◆熟练掌握三极管和场效应管的管脚判别方法。

课时建议

理论教学 6 课时；实训 2 课时。

课堂随笔

1.1 半导体的基本知识

半导体器件是构成电子线路的主要组成部分,最初的半导体器件是指半导体二极管、三极管等以半导体材料为主体构成的电子器件,但随着集成技术的飞速发展,其含义已扩展到具有某些特定功能的半导体组合器件,如集成电路(IC)、智能功率模块(IPM)等。

1.1.1 半导体的特性

1. 导体、绝缘体、半导体及导体的导电机理

自然界中的物体,按照它们的导电能力,一般分为导体、绝缘体和半导体三类。

一切实体性物质都是由原子组成的,而原子又是由一个带正电的原子核与若干个带负电的电子组成。电子分层围绕着原子核不停转动,在同一个原子中,内层电子受原子核的吸引力大,外层电子受原子核的吸引力小,影响物质导电性能的主要是外层电子。

导体材料的原子,其外层电子受原子核的吸引力小,在常温下,有大量电子能够挣脱原子核的束缚成为自由电子。当有外电场作用时,自由电子将做定向移动形成电流,所以导电性能好,如金、银、铜、铝等。

绝缘材料的原子,其外层电子受原子核吸引力很大,不容易挣脱而成为自由电子,所以导电性能差,如陶瓷、云母、橡胶、塑料等。

半导体材料的原子,其结构比较特殊。原子的外层电子既不像导体那样容易挣脱,也不像绝缘体那样束缚得很紧,所以它的导电性能介于导体和绝缘体之间。如锗、硅、硒及一些金属氧化物和硫化物等。

2. 半导体的特性

半导体材料之所以被广泛应用,并不在于它的导电性介于导体和绝缘体之间,而是因为它还有以下独特的性能:

(1)热敏性

当半导体的温度升高时,它的导电性能显著地增强。绝大多数导体的导电能力随温度升高而有所下降。利用这种热敏效应,半导体可制成各种热敏元件。

(2)光敏性

当照射到半导体上的光照度改变时,其导电能力将发生明显变化。利用半导体的光电效应可制成光敏电阻和光电池,后者为人类利用太阳能展现出广阔的前景,例如光伏发电。

(3)掺杂性

在纯净的半导体中适当掺入微量有用杂质,它的导电能力将会大大增强。这是半导体能够制成各种不同用途的电子器件的根本所在。

正是由于半导体的这些特性,才使得它在电子工业中获得了极为广泛的应用。

3. 本征半导体及其导电机理

纯净的半导体称为本征半导体。用于制造半导体器件的纯硅和纯锗都是四价元素,其原子最外层轨道上有四个核外电子(称为价电子)。

在单晶结构的半导体中,原子排列成整齐的状态,每个原子的四个价电子不仅受本身原子核的束缚,而且还受相邻的四个原子核束缚,形成如图1.1所示的共价键结构,图中+4代表四价元素原子核和内层电子所具有的净电荷。在自然温度或受到光线照射时,本征半导体共价键中的少数价电子获得足够能量后,挣脱原子核的束缚而成为自由电子,这种现象称为本征激发。当价电子挣脱原子核的束缚成为自由电子后,在它原来的位置上就留下一个空位,称为空穴,如图1.1所示。可见本征激发产生的自由电子和空穴是成对的。原子失去价电子后带正电(即正离子),有空穴的正离子会吸引相邻原子中的电子来填补这个空穴,于是在失去一个价电子的相邻原子的共价键中又出现另一个空穴。如此持续下去,空穴便朝着与电子相反的方向移动。自由电子和空穴在运动中相遇时会重新结合而成对消失,这种现象称为复合。

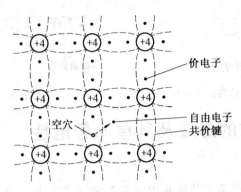

图 1.1 硅和锗的原子结构及本征激发示意图

在无外电场作用的情况下,当温度一定时,自由电子和空穴的产生与复合将达到动态平衡,自由电子和空穴的浓度一定。

在外电场作用下,自由电子和空穴将做定向运动,这种现象称为漂移,所形成的电流称为漂移电流。自由电子又称电子载流子,空穴又称空穴载流子。因此,半导体中有自由电子和空穴两种载流子参与导电,分别形成电子电流和空穴电流,这就是本征半导体的导电机理。在常温下,本征半导体载流子浓度很低,因此导电能力很弱。

1.1.2 N型与P型半导体

本征半导体虽然有两种载流子,但数量极少。若在本征半导体中掺入微量的杂质,就会使半导体的导电性能发生显著的改变。根据掺入杂质的不同,杂质半导体可分为 N 型半导体和 P 型半导体两大类。

1. N 型半导体

在本征半导体硅中掺入杂质磷(或砷、锑),这种元素的外层有 5 个电子,当一个磷原子取代一个硅原子时,外层中的 4 个价电子与 4 个相邻的硅原子形成共价键,多余的电子很容易挣脱原子核的束缚而成为自由电子。可见,掺入一个 5 价元素的原子,就能提供一个自由电子,因此,掺杂所产生的自由电子数比热激发产生的自由电子数量要多得多,如图 1.2 所示。在掺杂磷的情况下,半导体导电主要是靠自由电子,所以称这种半导体为电子半导体,简称 N 型半导体。在 N 型半导体中,自由电子是多数载流子,空穴是少数载流子,多数载流子的数目取决于掺杂浓度,少数载流子的数目取决于温度。

2. P 型半导体

若在本征半导体硅中掺入杂质硼(或铟),这种杂质的外层只有 3 个电子,当一个硼原子取代一个硅原子时,只形成了 3 个共价键,第 4 个由于缺少一个电子而形成一个空穴,如图 1.3 所示。室温下这个空穴能吸引邻近的价电子来填充,每掺入一个硼原子就能提供一个空穴,从而使空穴的数量远远超过自由电子。这种半导体的导电主要靠空穴,因此称为空穴半导体,简称 P 型半导体。P 型半导体的空穴是多数载流子,电子是少数载流子。

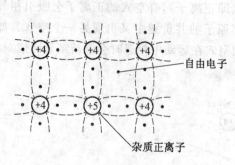
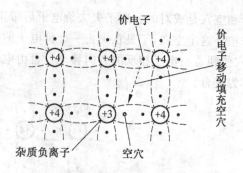

图 1.2　N 型半导体的共价键结构　　　　图 1.3　P 型半导体的共价键结构

1.1.3　PN 结的形成及其单向导电性

1. PN 结的形成

在一块基片上,采取一定的掺杂工艺使其构成 P 型和 N 型半导体两部分,那么在其交界面处就会形成 PN 结。

在 P 型半导体中,三价的杂质原子都能够接受一个电子而提供一个空穴。而杂质本身便成为一个带负电的离子,被固定在晶格上,如图 1.4 所示。

在 N 型半导体中,五价的杂质原子把自己多余的一个价电子释放出来,形成多数载流子。而杂质本身便成为一个带正电的离子,被固定在晶格上,如图 1.5 所示。图中没有画出半导体原子和由热运动产生的少数载流子。

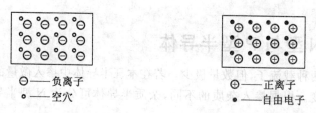

图 1.4　P 型半导体简化示意图　　　　图 1.5　N 型半导体简化示意图

当 P 型半导体和 N 型半导体结合后,由于 P 型半导体存在较多的空穴,N 型半导体存在较多的电子,这样就要产生载流子的扩散运动,如图 1.6(a)所示。所谓扩散就是物质从浓度高的地方向浓度低的地方运动,即 N 区的电子向 P 区扩散,P 区的空穴向 N 区扩散,并在交界面附近发生复合,使空穴和电子消失。于是,在 P 型区一边随着空穴的消失留下不可移动的带负电的离子,在 N 型区一边随着自由电子的消失留下不可移动的带正电的离子。这两种不可移动的粒子便形成了空间电荷区,即 PN 结。而正负离子不同的带电性质又导致了空间电荷区内电场的建立。这个由 N 区指向 P 区的电场,是由多数载流子扩散运动在其内部形成的,故称为内电场。显然内电场方向是阻止扩散运动进行的。事实上,内电场的建立使扩散运动逐渐削弱。

但无论是 N 型半导体还是 P 型半导体,总是存在着由热激发产生的可移动的少数载流子。尽管在扩散运动的初期,少数载流子的运动是微不足道的。但是,随着多数载流子扩散运动的进行,空间电荷区的加宽,也就是内电场的逐步加强,移动到空间电荷区边沿上的少数载流子将在内电场的吸引下形成漂移运动。所谓漂移就是载流子在电场作用下产生的定向运动,即 N 区的少数载流子向 P 区漂移,P 区的少数载流子向 N 区漂移,这种运动形成了漂移电流。显然,漂移运动的结果是使空间电荷区变窄,与扩散运动的作用是相反的。因此,多数载流子扩散运动的削弱与少数载流子漂移运动的增强一旦达到等量齐观时,空间电荷区的宽度就固定下来,整个 PN 结将呈现动态平衡状态,如图 1.6(b)所示。

综上所述,内电场的作用有二,其一是阻止多子做进一步扩散运动,其二是推动少子做漂移运动。

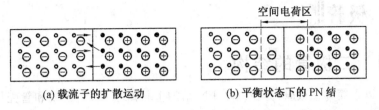

(a) 载流子的扩散运动　　　　(b) 平衡状态下的 PN 结

图 1.6　PN 结的形成

PN 结实际上是扩散和漂移两种互为相反运动的电流达到动态平衡时所呈现的状态。

2. PN 结的单向导电性

如果在 PN 结的两端加上正向电压(又称正向偏置电压),即外部电源正极接 P 区,负极接 N 区,如图 1.7(a) 所示。这时,外加电场的方向与内电场的方向相反,因而削弱了内电场,使阻挡层变薄,这就大大有利于扩散运动的进行。于是,多数载流子在外电场的作用下,将顺利地通过 PN 结,形成较大的正向电流。外加电压越大,PN 结越薄,正向电流越大。在正常工作范围内,PN 结外加电压只要稍有变化,便能引起电流显著变化,因此,电流是随外加电压急剧上升的。此时的 PN 结表现为一个阻值很小的电阻。由少数载流子形成的漂移电流,其方向与扩散电流方向相反,其数值很小,可忽略不计。

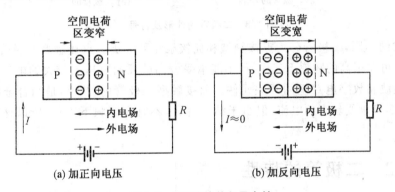

(a) 加正向电压　　　　(b) 加反向电压

图 1.7　PN 结的单向导电性

如果给 PN 结加上反向电压(又称反向偏置),如图 1.7(b) 所示。这时,外电场方向与内电场方向相同,因而加强了内电场的作用,使阻挡层变厚,不利于多数载流子的扩散运动,而利于少数载流子的漂移运动。这时,只有少数载流子在电场作用下通过 PN 结形成微弱的反向电流。由于少数载流子的浓度很低,所以,反向电流是很微弱的,一般只有微安数量级。同时,由于少数载流子是由本征半导体激发产生的,当管子制成后,其数值决定于温度,而与外加电压几乎无关,当环境温度上升时,少数载流子的数量相对增多。由于 PN 结在反向偏置时的反向电流很小,PN 结呈现出一个很大的电阻,此时可认为它基本不导电。但温度对反向电流的影响较大,在实际应用中还必须给予考虑。

技术提示:
　　由以上分析可知,PN 结加正向电压时,有较大的正向电流流过,PN 结呈现低电阻状态,这种情况称为导通。加反向电压时,通过的反向电流很小,PN 结呈现高电阻状态,这种情况称为截止。PN 结所具有的这种特性称为单向导电性。PN 结是构成各种半导体器件的基础。

1.2 晶体二极管

1.2.1 二极管的结构

半导体二极管(以下简称二极管)是由一个 PN 结加上接触电极、引出线和管壳构成的。由 P 区引出的为阳极(正极),由 N 区引出的为阴极(负极)。常见二极管的外形及符号如图 1.8 所示。

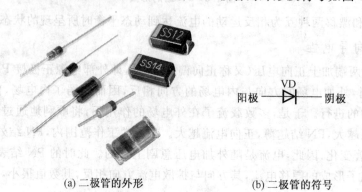

(a) 二极管的外形　　　　　(b) 二极管的符号

图 1.8　二极管的外形及符号

根据结构形式的不同,二极管分为点接触型和面接触型两大类。点接触型二极管的 PN 结面积很小,因而结电容小,可在很高的频率下工作,但不能承受较高的反向电压和较大的电流。这种类型的管子多用来做高频检波和数字电路里的开关元件。面接触型二极管的 PN 结是用合金法或扩散法做成的,PN 结面积较大,可承受较大的电流,但由于结电容大,不宜在高频下工作,所以这种类型的管子适用于整流。

1.2.2 二极管的特性

二极管的性能常用其伏安特性来表示。所谓伏安特性,就是指加在二极管两端的电压和流过二极管的电流之间的数量关系。

图 1.9 是根据实测结果描绘出的锗和硅两种二极管的伏安特性曲线,在第一象限是正向特性,在第三象限是反向特性。

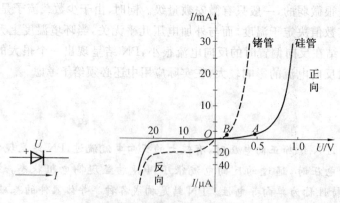

图 1.9　二极管的伏安特性

1. 正向特性

二极管正向连接(二极管正极电位高于负极电位)时,在外加正向电压较小时,外电场还不足以克服 PN 结内电场对多数载流子所造成的阻力,因此这时的正向电流几乎为零,二极管呈现出很大的电阻,这个范围称为"死区"。只有当外加正向电压达到一定值时二极管才开始导通,这个电压称为死区电压。锗管的死区电压为 0.1~0.2 V,硅管的死区电压约为 0.5 V。二极管导通后,其两端的正向管压降变化很小,一般在正常工作情况下,锗管的正向导通压降为 0.2~0.4 V,硅管的正向导通压降为 0.6~0.8 V,温度每升高 1 ℃,它们都大概下降 2.5 mV。

2. 反向特性

二极管反向连接(二极管正极电位低于负极电位)时处于截止状态。此时,仍有由热激发产生的少数载流子,在反向电压作用下通过 PN 结形成反向电流。由于少数载流子数目是有限的,因此在反向电压不超过某一范围时,反向电流的大小基本恒定,故通常称其为反向饱和电流,但它与温度有极密切的关系,温度每升高 10 ℃,反向电流约增大一倍,反向击穿电压相应下降。反向电流是衡量二极管质量好坏的重要参数之一,反向电流太大,二极管的单向导电性和温度稳定性就差。

如果外加反向电压过高,通过空间电荷区的电子在强电场作用下获得了很大的能量,它们在高速运动中撞击晶体结构中的原子,使更多的电子脱离共价键而出现大量的自由电子和空穴,从而形成很大的反向电流,这种现象称为击穿。发生击穿时的反向电压称为反向击穿电压。PN 结击穿时电流很大,电压也很高,因而消耗在 PN 结上的功率很大,容易使 PN 结发热超过它的耗散功率,从而烧毁二极管。

1.2.3 二极管的主要参数

二极管的参数是合理选用二极管的依据。使用时,不要让二极管超过最大整流电流和最高反向电压,否则管子容易损坏。二极管的主要参数有 I_{OM},U_{RM},I_{RM},R_D 和 r_d。

1. 最大整流电流 I_{OM}

最大整流电流是指二极管长期工作时,允许通过的最大正向平均电流。因为电流通过 PN 结要引起管子发热,电流过大,发热量超过限度就会烧坏 PN 结。一般 PN 结的面积越大,最大整流电流越大。

2. 最大反向电压 U_{RM}

最大反向电压是保证二极管不被击穿而给出的最高反向电压。一般手册上给出的最大反向电压约为击穿电压的一半,其目的是确保管子安全工作。点接触型二极管的最大反向电压为数十伏,面接触型二极管可达数百伏。

3. 最大反向电流 I_{RM}

最大反向电流是最大反向电压下的反向电流。I_{RM} 越大,二极管的单向导电性越差,受温度的影响也越大,硅管的反向电流一般在几个微安以下,锗管的反向电流一般在几十微安至几百微安之间。除了上述三个主要参数外,还有最高工作频率、结电容、最高使用温度及最大瞬时电流等,均可在半导体器件手册中查到。

4. 二极管的直流电阻(亦称静态电阻)R_D

直流电阻 R_D 是指加在二极管上的直流电压 U_D 与流过管子的直流电流 I_D 之比,即

$$R_D = \frac{U_D}{I_D}$$

5. 二极管的交流电阻 r_d(亦称动态电阻)

动态电阻 r_d 是指在工作点附近,二极管的电压变化量 ΔU 和对应的电流变化量 ΔI 之比,即

$$r_d = \frac{\Delta U}{\Delta I}$$

在交流电路中,通常电压和电流按照正弦规律变化,因此动态电阻也称为交流电阻。

1.2.4 二极管的测试

在使用二极管时,常需判别它的正、负极和质量好坏。二极管在电路中所呈现的直流电阻与二极管的工作状态有关,即与所加偏置电压大小、方向有关。二极管正偏时,直流电阻较小,呈现低阻,流过二极管的正向直流电流越大,直流电阻越小;二极管反偏时(在未击穿前),其反向直流电阻很大,反向电流非常小,呈现高阻。根据这一原理,我们常常用万用表欧姆挡粗略测试二极管的正、反向电阻来判断它的正、负极和质量好坏。测试时,万用表作为被测二极管的偏置直流电源,其内部电源给二极管提供正向或反向偏置,万用表测出的是二极管正向直流电阻或反向直流电阻。

1. 判别极性

测试时,使用指针式万用表欧姆挡,但一般不用 $R\times1$ 挡,因为这挡电流太大,也不用 $R\times10k$ 挡,因为这挡的表内电压可能高于某些二极管最大反向电压。测量时,将万用表电阻挡的量程拨到 $R\times100$ 或 $R\times1k$ 位置,将两表笔分别接在二极管的两个电极上,读出测量的阻值;然后将表笔对换再测量一次,记下第二次阻值,可测得大小两个电阻值,如图1.10(a)所示。阻值小的是正向电阻,阻值大的为反向电阻。在正向导通时,黑表笔(表内电池的正极)所接的一端为二极管的正极,红表笔(表内电池的负极)所接的一端为二极管的负极。

测试时,如使用的是数字万用表,则直接使用二极管测试挡。当数字万用表显示数值时,该数值是二极管的正向压降,这时与红表笔连接的是二极管的正极,与黑表笔连接的是二极管的负极,如图1.10(b)所示。

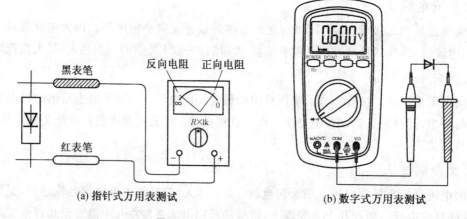

图 1.10 用万用表测试二极管

2. 质量判别方法

在测试二极管时,如果测得的正向电阻是几百欧,反向电阻是几百千欧,则被测二极管是好的,两次阻值相差越大,说明该二极管性能越好。

如果测得的正反向电阻都很小,表明二极管已被反向击穿,失去单向导电性。如果测得的正反向电阻均为无穷大,表明二极管内部断路,已经损坏。两次测量的阻值相差不大,说明二极管性能欠佳。在以上情况下,二极管就不能使用了。

还须注意,由于二极管的伏安特性是非线性的,用万用表的不同电阻挡测量二极管的电阻时,会得出不同的电阻值;实际使用时,流过二极管的电流会较大,因而二极管呈现的电阻值会更小些。

技术提示：

二极管是一种具有单向导电特性的电子器件。外加正向电压时导通，外加反向电压时截止。但要注意，在正向电压很小时，正向电流几乎为零，这一段称为死区。当正向电压大于死区电压以后，电流随电压增大而迅速上升。导通时二极管的端电压几乎维持不变，称为二极管的正向压降。

外加反向电压不超过一定范围时，二极管处于截止状态。通过二极管的反向电流很小，称为反向饱和电流，其受温度影响很大。

外加反向电压超过某一数值时，反向电流会突然增大，称为电击穿，此时二极管失去单向导电性。引起电击穿的临界电压称为二极管反向击穿电压。因而使用时应避免二极管外加的反向电压过高。

1.3 晶体三极管

1.3.1 三极管的结构

晶体三极管是具有三个电极的半导体器件，它由三层半导体组成，每层为一种类型的半导体区域，每个区域引出一根电极作为管脚，然后用管壳密封固定即成。有些高频管和开关管，另有一个接地管脚用来起屏蔽作用。由于制造时使用的半导体材料不同，三极管又分为 PNP 型和 NPN 型两类，它们的结构示意图和图形符号分别如图 1.11 和图 1.12 所示。

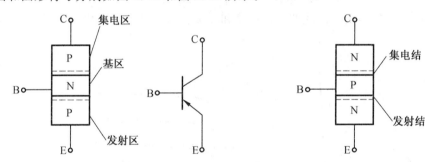

图 1.11 PNP 型三极管的结构示意图及图形符号　　图 1.12 NPN 型三极管的结构示意图及图形符号

三极管这两种结构形式是完全相似的，都具有两个 PN 结，分别称发射结和集电结，都形成三个区，分别为发射区、基区和集电区，由三个区分别引出的管脚称为发射极、基极和集电极，并分别以 E、B、C 表示。图中箭头方向表示发射结正向连接时的电流方向，PNP 型管，箭头向内，NPN 型管，箭头向外。

不论是 PNP 型还是 NPN 型三极管，它们的结构有一个共同点，发射区是高浓度掺杂区，载流子多，发射结的结面积小；基区很薄且掺杂浓度低；集电区掺杂少，集电结的结面积大。

1.3.2 三极管的电流放大作用

1. 电流放大作用

三极管的结构特点决定了三极管基极电流较小的变化可以引起集电极电流较大的变化。这就是三极管的电流放大作用。

2. 电流分配关系

如图 1.13 所示，在放大状态下，三极管各极电流关系如下：

(1) 发射极电流等于基极和集电极电流之和，即

$$I_E = I_B + I_C$$

若把晶体管看作一个封闭面,运用广义节点定理可得出上述结果是符合基尔霍夫电流定律的。

(2) I_C 与 I_B 成正比

$$I_C = \beta I_B (\beta 称为三极管共发射极电流放大系数)$$

如此得出一个极为重要的结论:基极电流 I_B 较小的变化可以引起集电极电流 I_C 较大的变化。也就是说,基极电流对集电极电流具有小量控制大量的控制作用。这就是晶体三极管的电流放大作用。

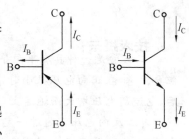

图 1.13 三极管的电流分配关系

1.3.3 三极管的特性

表示三极管各电极的电压和电流相互关系的曲线称为三极管的特性曲线,它是三极管内部特性的外部表现。图 1.14 是测试三极管特性曲线的电路,分为输入回路和输出回路。

1. 输入特性

输入特性是指集电极与发射极间的电压 U_{CE} 保持一定时,加在三极管基极和发射极间的电压 U_{BE} 与它所产生的基极电流 I_B 间的关系曲线,用数学式表示为

$$I_B = f(U_{BE}) \mid U_{CE} = 常数$$

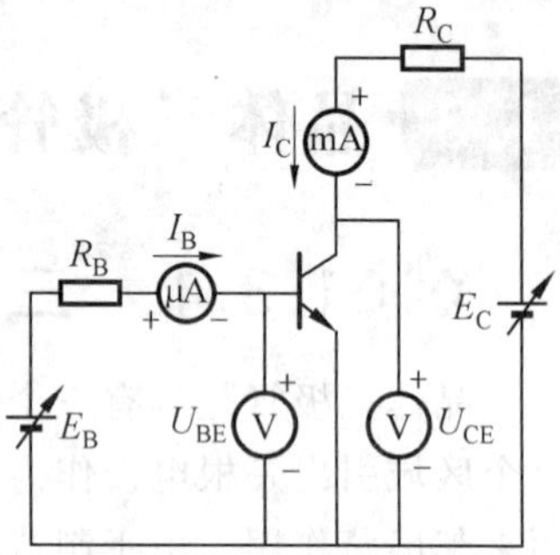

当 $U_{CE} = 0$ 时,即集电极与发射极短接,这样三极管的发射结与集电结像是两个正向偏置的并联二极管,所以曲线的变化规律和二极管的正向伏安特性一样,如图 1.15(a) 所示。

图 1.14 三极管特性测试电路

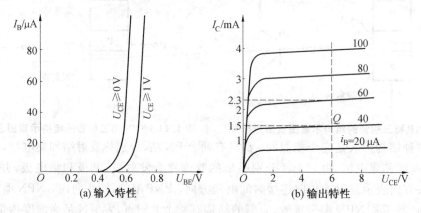

(a) 输入特性　　(b) 输出特性

图 1.15 三极管的输入、输出特性曲线

由图 1.15(a) 可见,随着 U_{CE} 的增大,曲线右移。实际上,当 U_{CE} 超过 1 V 后,在保持 U_{BE} 固定的情况下,集电结所加的反向电压已能够把注入基区的电子的绝大部分拉到集电区,因此 U_{CE} 再增大,I_C 不再明显地增大。通常只需画出 $U_{CE} = 1$ V 的一条输入特性曲线,就可以代表 U_{CE} 更大时的情况。

2. 输出特性

输出特性曲线是指当基极电流 I_B 为常数时,集电极电流 I_C 与集电极和发射极间的电压 U_{CE} 的关系曲线,如图 1.15(b) 所示,其数学式表示为

$$I_C = f(U_{CE}) \mid I_B = 常数$$

根据晶体管工作状态的不同,输出特性曲线可分为三个区域,即截止区、饱和区和放大区。

(1) 截止区

输出特性曲线中 $I_B=0$(此时 $I_C=I_{CEO}$, I_{CEO} 称为穿透电流,数值很小)的那一条曲线以下的区域称为截止区,如图 1.16 所示。由 PN 结的正向特性可知,当 $U_{BE}<0.5$ V 时,发射区基本上没有电子注入基区,对应的集电极电流也接近于零,即已开始截止。为使截止可靠,常使 $U_{BE}\leq 0$,此时发射结和集电结均处于反向偏置状态,相当于一个开关断开。

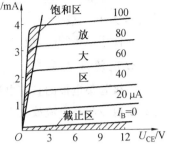

图 1.16 三极管的工作区

(2) 饱和区

输出特性曲线靠近纵轴的区域为饱和区,如图 1.16 所示。

当 $U_{CE}=U_{BE}$ 时,$U_{CB}=0$,此时由于集电极未反偏,其收集基区电子的能力将大为减弱,这意味着 I_B 不能控制 I_C,三极管失去放大作用,这种状态称为饱和。而当 $U_{CE}<U_{BE}$ 时,发射结与集电结均处于正向偏置,此时三极管呈现过饱和状态。由于三极管工作时发射结正向电压小于 1 V,所以处于过饱和状态下的三极管,集电极与发射极之间的电压 U_{CE} 数值很小,如果忽略不计认为 $U_{CE}=0$,则 C、E 极间相当于一个开关接通。

(3) 放大区

输出特性曲线近于水平的部分是放大区。在放大区内,集电结加有一定的反向电压,因此发射区发射的大部分电子被集电极收集,有 $I_C\approx I_E$,I_B 所占比例很小。放大区也称为线性区,因为 I_C 的变化量与 I_B 的变化量近似成正比。放大区的特点是发射结处于正向偏置,集电结处于反向偏置。

1.3.4 三极管的主要参数

三极管的特性,除了用曲线表示外,还可以用一些参数来说明。三极管的参数分为特性参数与极限参数两种。特性参数是说明三极管正常工作时的各种电性能;极限参数则表示三极管使用的极限数值,正常工作均应小于极限值。

1. 极限参数

(1) 集电极最大允许电流 I_{CM}

当集电极电流过大时,三极管的电流放大系数将明显地下降。规定,当 β 值下降到正常值的 2/3 时的集电极电流,称为集电极最大允许电流。在使用中,若 $I_C>I_{CM}$,短时间虽然不一定会损坏三极管,但这时 β 值已显著下降。

(2) 集电极 — 发射极击穿电压 U_{CEO}

当基极开路时,加在集电极与发射极之间的最大允许电压,称为集电极 — 发射极击穿电压。在使用中,若 $U_{CE}>U_{CEO}$,将导致晶体管被击穿损坏。

应该指出,三极管在基极开路时,C、E 之间所能承受的击穿电压值最低,但是在正常放大电路中,基极开路的机会极少,因此根据 U_{CEO} 选定的最大 U_{CE} 是比较安全的。

手册中给出的 U_{CEO} 值是常温(25 ℃)时的值。当温度上升时,击穿电压要下降。所以,在选择管子时要留有一定的耐压余量。

(3) 集电极最大允许耗散功率 P_{CM}

三极管正常放大时,集电结上加的是反向电压,结电阻很大,当 I_C 流过时将产生热量,使结温升高。若 I_C 过大,则集电结将因过热而烧坏。根据管子允许的最高温度,定出集电极最大允许耗散功率 P_{CM}。在使用中应满足 $U_{CE}I_C<P_{CM}$,以确保管子安全工作。

综上所述,根据极限参数,可在输出特性上画出三极管的工作区和过损耗区,如图 1.17 所示。曲线 P_{CM} 与二轴线之间的范围是三极管的安全工作区,曲线以外的范围是过损耗区。

(4) 特征频率 f_T

当工作频率增高时，β 值会下降。在工作频率等于特征频率时，β 值为1，三极管失去放大能力。

在使用三极管时，应注意不使其超过工作极限参数。

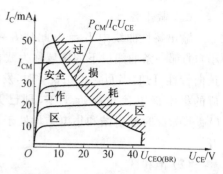

图1.17 三极管的安全工作区

2. 电流放大系数

三极管集电极的直流电流 I_C 与基极的直流电流 I_B 的比值称为共发射极静态电流放大系数，用 $\bar{\beta}$ 表示，即

$$\bar{\beta} = \frac{I_C}{I_B}$$

三极管集电极电流的变化量 ΔI_C 与对应的基极电流的变化量 ΔI_B 之比称为共发射极动态电流放大系数，用 β 表示，其表达式为

$$\beta = \frac{\Delta I_C}{\Delta I_B}$$

β 值的大小与它工作在输出特性曲线的哪一部分有关。在 I_B 很小或很大时，β 值均较小，而在特性曲线平坦部分，曲线之间的间隔较大且均匀，所以 β 值亦较大且恒定。一般三极管的 β 值在 20～100 之间。由于生产工艺的原因，同一型号的三极管有时 β 值会相差很多，所以使用时需要挑选。β 值太小表明放大能力差，β 值太大，则晶体管的工作特性不够稳定。

β 的数值可以用仪器直接测得，也可以从输出特性曲线上求取。

3. 极间反向电流

(1) 集电极反向饱和电流 I_{CBO}

当发射极开路时，将集电结接反向偏置电压，如图1.18所示。在反向电压作用下，集电区与基区中的少数载流子形成由集电极流向基极的电流，称为集电极反向饱和电流 I_{CBO}，其数值很小。在常温下，小功率锗管的 I_{CBO} 在 10 μA 左右，小功率硅管则在 1 μA 以下。若太大，则说明管子的性能差。当环境温度升高时，I_{CBO} 将增大。

(2) 穿透电流 I_{CEO}

当基极开路($I_B=0$)时，集电极与发射极之间的泄漏电流称为穿透电流，如图1.19所示。

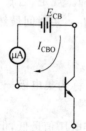 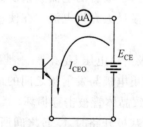

图1.18 测试 I_{CBO} 电路　　　图1.19 测试 I_{CEO} 电路

在 E_{CE} 的作用下，发射结正偏，集电结仍处于反向偏置，故少数载流子的漂移运动仍在进行，由此而形成反向饱和电流 I_{CBO}。此电流因无基极通路而只能由发射极流出，它相当于"基极电流"，有了基极电流，相应地必然出现集电极电流，则

$$I_{CEO} = I_{CBO} + \bar{\beta} I_{CBO} = (1+\bar{\beta}) I_{CBO}$$

可见，在考虑到少数载流子漂移运动的情况下，集电极的电流应为

$$I_C = \beta I_B + I_{CBO}$$

发射极电流为

$$I_E = I_B + I_C = (1+\beta) I_B + I_{CEO}$$

在一般情况下,由于 I_{CBO} 及 I_{CEO} 很小,在实际电路估算中可以将其忽略不计。

由于 I_{CBO} 受温度影响较大,当温度上升时,I_{CBO} 增加得很快,I_C 也就相应增加,所以晶体管的温度稳定性很差。I_{CBO} 越大、β 越高的管子,稳定性越差。因此,在选管时,要求 I_{CBO} 尽可能小些,而 β 以不超过 100 为宜。

1.3.5 三极管的测试

以上讨论了晶体管的结构、特性曲线和参数,这些特性在晶体管手册上均可查到。但晶体管的质量、性能究竟如何,还必须通过实际测量才能作出判断。比较准确地对晶体管进行测试,需要使用专门的测量仪器。这里只讲述利用万用表对晶体管性能进行测试的简易方法。

1. 半导体三极管的管脚判别

(1) 判定 PNP 型和 NPN 型晶体管

用万用表的 $R \times 1k$(或 $R \times 100$)挡,用黑表笔接三极管的任一管脚,红表笔分别接其他两管脚。若表针指示的两阻值均很大,那么黑表笔所接的那个管脚是 PNP 型管的基极;如果万用表指示的两个阻值均很小,那么黑表笔所接的管脚是 NPN 型管的基极;如果表针指示的阻值一个很大,一个很小,那么黑表笔所接的管脚不是基极,需要新换一个管脚重试,直到满足要求为止。测试原理如图 1.20 所示。

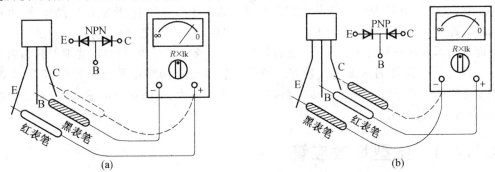

图 1.20 PNP 型和 NPN 型晶体三极管管脚判别测试原理图

(2) 判定三极管集电极和发射极

首先假定一个管脚是集电极,另一个管脚是发射极;对 NPN 型三极管,黑表笔接假定是集电极的管脚,红表笔接假定是发射极的管脚(对于 PNP 型管,万用表的红、黑表笔对调);然后用大拇指将基极和假定集电极连接(注意两管脚不能短接),这时记录下万用表的测量值;最后反过来,把原先假定的管脚对调,重新记录下万用表的读数,两次测量值较小的黑表笔所接的管脚是集电极(对于 PNP 型管,则红表笔所接的是集电极)。

2. 半导体三极管性能测试

要对三极管的性能进行测试,可以使用晶体管图示仪,也可以使用普通万用表进行粗略测量。

(1) 测量极间电阻

将万用表置于 $R \times 100$ 或 $R \times 1k$ 挡,按照红、黑表笔的六种不同接法进行测试。其中,发射结和集电结的正向电阻值比较低,其他四种接法测得的电阻值都很高,约为几百千欧至无穷大。但不管是低阻还是高阻,硅材料三极管的极间电阻要比锗材料三极管的极间电阻大得多。

(2) 估测穿透电流 I_{CEO}

对于 PNP 型管,用万用表 $R \times 1k$ 挡,红表笔接集电极,黑表笔接发射极(对于 NPN 型管则相反),此时测得阻值在几十到几百千欧以上,测得的电阻越大越好。C、E 间的阻值越大,说明管子的 I_{CEO} 越小。若阻值很小,说明穿透电流大,已接近击穿,稳定性差;若阻值为零,表示管子已经击穿;若阻值无穷大,表示管子内部断路;若阻值不稳定或阻值逐渐下降,表示管子噪声大、不稳定,不宜采用。

(3)估测电流放大系数 β

用万用表的 $R\times1k$(或 $R\times100$)挡。如果测 PNP 型管,黑表笔接发射极,红表笔接集电极,用潮湿的手指捏住发射极和基极。若是测 NPN 型管,则红、黑表笔对调。对比手指断开和捏住时的电阻值,两个读数相差越大,表示该晶体管的 β 值越高;如果相差很小或不动,则表示该管已失去放大作用。如果使用数字万用表,可直接将三极管插入测量管座中,三极管的 β 值可直接显示出来。

> **技术提示:**
> 晶体三极管是最常用的基本元器件之一,其作用主要是电流放大,它是各种电子电路的核心元件。三极管工作状态有放大、饱和、截止三种。三极管的电流放大作用,其实质是三极管能以基极电流微小的变化量来控制集电极电流较大的变化量。三极管工作在放大状态时须使三极管的发射结处于正向偏置,集电结处于反向偏置状态,这是三极管最基本的和最重要的特性。

1.4 场效应晶体管

前面介绍的二极管和三极管,由于其内部含有两种载流子参与导电,称双极型晶体管,少数载流子的运动受温度、光照及核辐射的影响较大,所以其温度特性较差。与之对比,场效应管是一种单极型半导体器体,即其内部只有一种载流子(多子)进行导电。由于多子的浓度受温度、光照及核辐射等外部因素影响较小,因此这种器件的温度特性较好。场效应管通常分为结型场效应管(JFET)和绝缘栅型(MOS)场效应管两种,前者主要用于模拟电路,如收音机预放大、高级运放的输入等,而后者在低功耗集成电路中获得了广泛应用。

1.4.1 结型场效应管

1. 结型场效应管的结构

如图 1.21(a)所示,在一块 N 型半导体材料的两边各扩散一个高杂质浓度的 P^+ 区,就形成两个不对称的 P^+N 结,即耗尽层。把两个 P^+ 区并联在一起,引出一个电极 G,称为栅极,在 N 型半导体的两端各引出一个电极,分别称为源极 S 和漏极 D。栅极 G、源极 S 和漏极 D 分别与三极管的基极 B、发射极 E 和集电极 C 相对应。夹在两个 P^+N 结中间的 N 区是电流的通道,称为导电沟道(简称沟道)。这种结构的管子称为 N 沟道结型场效应管,它在电路中用图 1.21(b)所示的图形符号表示,栅极上的箭头表示栅—源极间的 P^+N 结正向偏置时,栅极电流的方向(由 P^+ 区指向 N 区)。

如果在一块 P 型半导体的两边各扩散一个高杂质浓度的 N^+ 区,就可以制成一个 P 沟道的结型场效应管。其结构和图形符号如图 1.22 所示。

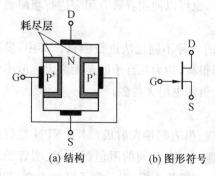

(a) 结构　　(b) 图形符号

图 1.21　N 沟道结型场效应管

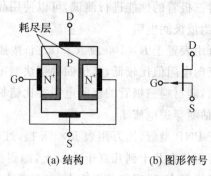

(a) 结构　　(b) 图形符号

图 1.22　P 沟道结型场效应管

2. 工作原理

N 沟道和 P 沟道结型场效应管的工作原理完全相同，现以 N 沟道结型场效应管为例，分析其工作原理。

N 沟道结型场效应管工作时，需要在栅－源极间加负电压（$U_{GS}<0$），使栅－源极间的 PN 结反偏，栅极电流 $I_G≈0$，场效应管呈现很高的输入电阻。在漏－源极间加正电压（$U_{DS}>0$），使 N 沟道中的多数载流子（电子）在电场作用下由源极向漏极做漂移运动，形成漏极电流 I_D。I_D 的大小主要受栅－源电压 U_{GS} 控制，同时也受漏－源电压 U_{DS} 的影响。

(1) U_{GS} 对 I_D 的控制

当 $U_{DS}>U_{GS}-U_{GS(off)}$ 时，U_{GS} 对 I_D 的控制如图 1.23 所示。

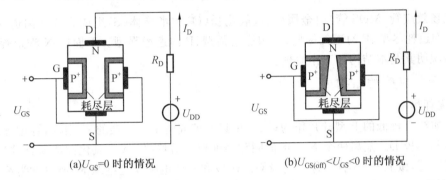

(a) $U_{GS}=0$ 时的情况　　(b) $U_{GS(off)}<U_{GS}<0$ 时的情况

图 1.23　改变 U_{GS} 对 I_D 影响

当 $U_{DS}>U_{GS}-U_{GS(off)}$ 时，栅极、源极间加上负电压 U_{GS} 后，P^+N 结变宽，使导电沟道变窄，沟道电阻增大，结果使漏极电流 I_D 减小。U_{GS} 负值增大，则导电沟道更窄，沟道电阻更大，使 I_D 更小，使 $I_D=0$ 时的 U_{GS} 称为夹断电压，用 $U_{GS(off)}$ 表示。I_D 与 U_{GS} 的关系可近似表示为

$$I_D=I_{DSS}\left(1-\frac{U_{GS}}{U_{GS(off)}}\right)^2 \quad (U_{GS(off)}<U_{GS}\leqslant 0)$$

式中，I_{DSS} 为 $U_{GS}=0$ 时的漏极饱和电流，上式要求 U_{DS} 为某个常数，且满足 $U_{DS}>U_{GS}-U_{GS(off)}$。

(2) U_{DS} 对 I_D 的影响

设 U_{GS} 值固定，且 $U_{GS(off)}<U_{GS}<0$。当漏－源电压 U_{DS} 从零开始增大时，沟道中有电流 I_D 流过。漏极端电位最高，源极端电位最低。这就使栅极与沟道内各点间的电位差沿沟道从漏极到源极逐渐减小，这使得沟道两侧的耗尽层从源极到漏极逐渐加宽，沟道宽度不再均匀，而呈楔形，如图 1.24 所示。

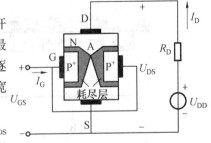

图 1.24　U_{DS} 对 I_D 的影响

在 U_{DS} 较小时，它对 I_D 的影响应从两个角度来分析：一方面 U_{DS} 增加时，沟道的电场强度增大，I_D 随着增加；另一方面，随着 U_{DS} 的增加，沟道的不均匀性增大，即沟道电阻增加，I_D 应该下降，但是在 U_{DS} 较小时，沟道的不均匀性不明显，在漏极附近的区域内沟道仍然较宽，即 U_{DS} 对沟道电阻影响不大，故 I_D 随 U_{DS} 增加而几乎呈线性地增加。随着 U_{DS} 的进一步增加，靠近漏极一端的 PN 结上承受的反向电压增大，这里的耗尽层相应变宽，沟道电阻相应增加，I_D 随 U_{DS} 上升的速度趋缓。

当 U_{DS} 增加到 $U_{DS}=U_{GS}-U_{GS(off)}$，即 $U_{GD}=U_{GS(off)}$（夹断电压）时，漏极附近的耗尽层即在 A 点处合拢，如图 1.24 所示，这种状态称为预夹断。与前面讲过的整个沟道全被夹断不同，预夹断后，漏极电流 $I_D≠0$。因为这时沟道仍然存在，沟道内的电场仍能使多数载流子（电子）做漂移运动，并被强电场拉向漏极。若 U_{DS} 继续增加，使 $U_{DS}>U_{GS}-U_{GS(off)}$，即 $U_{GD}<U_{GS(off)}$ 时，耗尽层合拢部分会有增加，即自 A 点向源极方向延伸，夹断区的电阻越来越大，但漏极电流 I_D 却基本上趋于饱和，I_D 不随 U_{DS} 的增加而增加。

因为这时夹断区电阻很大，U_{DS}的增加量主要降落在夹断区电阻上，沟道电场强度增加不多，因而I_D基本不变。但当U_{DS}增加到大于某一极限值后，漏极一端PN结上反向电压将使PN结发生雪崩击穿，I_D会急剧增加，正常工作时U_{DS}不能超过极限值。

从结型场效应管正常工作时的原理可知：

① 结型场效应管栅极与沟道之间的PN结是反向偏置的，因此，栅极电流$I_G \approx 0$，输入阻抗很高。

② 漏极电流受栅-源电压U_{GS}控制，所以场效应管是电压控制电流器件。

③ 预夹断前，即U_{DS}较小时，I_D与U_{DS}间基本呈线性关系；预夹断后，I_D趋于饱和。

P沟道结型场效应管工作时，电源的极性与N沟道结型场效应管的电源极性相反。

1.4.2 绝缘栅型场效应管的结构及工作原理

绝缘栅型场效应管(MOS管)由金属(M)、氧化物(O)和半导体(S)组成。按其沟道和工作类型可分成四种：N沟道耗尽型、P沟道耗尽型、N沟道增强型、P沟道增强型。下面以N沟道耗尽型和N沟道增强型为例说明其基本结构和工作原理。

1. MOS场效应管的结构

(1) N沟道耗尽型

取一块杂质浓度较低的P型硅片作为衬底，在其上扩散两个高掺杂的N型区，各用导线引出电极，分别为源极S和漏极D。隔离两个N型区的间隙表面覆盖着绝缘层(二氧化硅或氮化硅)，在绝缘层上用蒸发和光刻工艺，做成一个电极，称为栅极G。栅极和其他电极间是绝缘的，所以称为绝缘栅型，其结构如图1.25所示。这种管子在制造时，使二氧化硅绝缘层中存在着大量的正离子，因此在两个N型区之间感应出较多的负电荷，形成连接两个N区的原始沟道。由于它是在P型衬底上产生的N型层，故称为反型层。

(2) N沟道增强型

N沟道增强型场效应管的结构如图1.26所示。它的结构和耗尽形基本相同，只是在制造时二氧化硅(SiO_2)绝缘层中没有正离子，因此在不加栅极电压时，在P型衬底上不能形成可以导电的沟道。

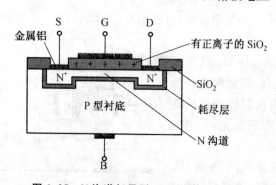

图1.25 N沟道耗尽型MOS场效应管结构

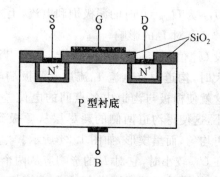

图1.26 N沟道增强型MOS场效应管结构

2. 绝缘栅场效应管的工作原理

场效应管是利用半导体表面电场效应产生电荷的多少来改变导电沟道，以达到控制漏极电流的目的。

(1) N沟道增强型

如图1.27所示，当栅极(G)电压(严格地说，是栅极对源极的电压)$U_{GS}=0$时，漏极和源极间不能形成导电沟道，$I_D=0$；当U_{GS}增加到一定数值(即开启电压)时，在栅极下面的衬底表面形成N型电子导电沟道，故称为N沟道场效应管或NMOS管。随着正栅极电压的增加，导电沟道扩大，I_D增大，所以称为增强型。

由于NMOS管沟道中的载流子是电子，其迁移率较高，工作速度快，因而目前NMOS管应用十分广泛。

(2)P 沟道增强型

在 N 型基片(衬底)上扩散两个 P 型的漏区和源区。在栅极电压低于一定的负电压(即开启电压)时形成 P 型空穴导电沟道;栅极电压越负,导电沟道越深,I_D 越大。由于空穴载流子的迁移率约为电子迁移率的一半,故 PMOS 管的工作速度较 NMOS 管的低。

(3)N 沟道耗尽型

N 沟道耗尽型的基片是 P 型,漏区和源区是 N 型,制造时,在源区和漏区之间的衬底表面上形成了 N 型沟道,因而,栅极电压 $U_{GS}=0$ 时,仍有沟道形成。

如图 1.28 所示,当加上负的栅极电压时,N 型导电沟道变浅。栅极电压达到一定负值,以致把这条电子导电沟道全部耗尽完了时,该 MOS 管才不能导通,故有耗尽型之称。将沟道刚耗尽完的栅极电压称为夹断电压。

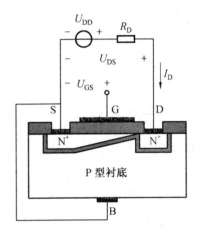

图 1.27 U_{GS} 对增强型 NMOS 管导电沟道的影响

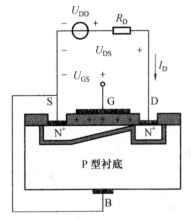

图 1.28 U_{GS} 对耗尽型 NMOS 管导电沟道的影响

(4)P 沟道耗尽型

P 沟道耗尽型场效应管在栅极电压 $U_{GS}=0$ 时,仍有 P 型沟道形成;当栅极电压为正并足够大时,沟道被耗尽,MOS 管截止。P 沟道耗尽型场效应管较难制造,在数字集成电路中很少采用。

表 1.1 列出了四种 MOS 管的图形符号和特点。

表 1.1 各种 MOS 管的图形符号和特点

	基片材料	漏源材料	导电沟道类型	开启电压	栅极工作电压	漏源工作电压	其他特点	图形符号
P 沟道增强型	N 型	P 型	空穴	负	负	负	易做、速度慢	
N 沟道增强型	P 型	N 型	电子	正	正	正	载流子为电子,电子迁移率高,故速度快	
P 沟道耗尽型	N 型	P 型	空穴	正	正	负	实际中很难制造	
N 沟道耗尽型	P 型	N 型	电子	负	零、正、负均可	正	速度较快,可在零栅压下工作	

1.4.3 场效应管的特性

从表 1.1 中场效应管的图形符号可以看出,器件有四个电极,分别是栅极 G、漏极 D、源极 S 和衬底 B,通常在器件的内部将衬底 B 与源极 S 连接在一起,这样,场效应管在外形上也是一个三端元件。

场效应管是一种电压控制电流源器件,即流入漏极的电流 i_D 受栅极和源极间的电压 U_{GS} 的控制。栅源之间的电阻 r_{GS} 值极高,基本上认为流入栅极的电流 i_G 为零。

将一个增强型 NMOS 管连接到电路中,如图 1.29 所示。直流输入电压 U_I 加在管子的 G、S 极之间,另一个直流电压源 U_{DD} 和直流电流表 A 串联后加在管子的 D、S 极之间。调节 U_I 和 U_{DD} 的大小,并测量流入漏极 D 的电流 i_D,可以绘出该增强型 NMOS 场效应管的 i_D-u_{GS} 曲线(转移特性)和 i_D-u_{DS} 的特性曲线(输出特性),如图 1.30 所示。

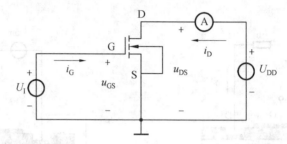

图 1.29 增强型 NMOS 管特性测试电路

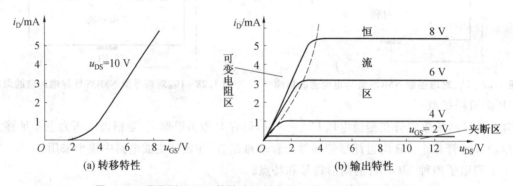

(a) 转移特性　　　　　　　　(b) 输出特性

图 1.30 增强型 NMOS 管转移特性曲线和共源极输出特性曲线

1. 转移特性曲线

转移特性曲线如图 1.30(a)所示,其特点如下:

① 转移特性反映控制电压 u_{GS} 与电流 i_D 之间的关系,u_{GS} 在输入回路,而 i_D 在输出回路,故称之为转移特性。

② 当 u_{GS} 值很小时,i_D 基本上为零,管子截止;当 u_{GS} 大于某一个电压 $U_{GS(th)}$ 时,电流 i_D 随 u_{GS} 的变化而变化。$U_{GS(th)}$ 称为开启电压,图中的 $U_{GS(th)}$ 约为 2 V。

③ 该特性曲线是以 $u_{DS}=10$ V 为参数给出的 i_D-u_{GS} 之间的控制关系曲线。当 u_{DS} 大于 $u_{GS}-U_{GS(th)}$ 时,转移特性曲线基本上不随 u_{DS} 的变化而变化。

④ 无论是在 $u_{GS}<U_{GS(th)}$ 或 $u_{GS}\geqslant U_{GS(th)}$ 时,G、S 极之间的等效电阻 r_{GS} 值极高,可达数百兆欧,于是认为 $i_G=0$。

2. 输出特性曲线

输出特性是在给定 u_{GS} 的条件下,i_D 与 u_{DS} 之间的关系,如图 1.30(b)所示,其特性分为三个区域:

(1) 夹断区

$u_{GS}<U_{GS(th)}$,管子处于截止状态。D、S 极之间的等效电阻 r_{DS} 极高,$i_D=0$,输出回路近似开路。夹

断区又称截止区。

(2) 可变电阻区

$u_{GS} \geq U_{GS(th)}$，且 u_{DS} 值较小。i_D 与 u_{DS} 之间近似为线性关系，u_{GS} 值越大，则曲线越陡，D、S 极之间的等效电阻 r_{DS}（有时也记成 $r_{DS(on)}$）值就越小，r_{DS} 值为几十至几百欧姆。可变电阻区又称非饱和区。

(3) 恒流区

$u_{GS} \geq U_{GS(th)}$ 且 u_{DS} 值较大，使得 $U_{GD} < U_{GS(th)}$，这时 i_D 只取决于 u_{GS}，而与 u_{DS} 无关。对于图 1.30(b) 所示的输出特性而言，当 $u_{GS} = 5\ \text{V}$ 时，在 u_{DS} 大于 3 V 以后管子的工作状态从可变电阻区进入到恒流区。描述管子工作在恒流区的两个参数是导通电阻 r_{DS} 和跨导 g_m。恒流区又称饱和区。

1.4.4 场效应管的主要参数

通常将 MOS 场效应管的主要参数分为直流参数、交流参数和极限参数。现以 NMOS 场效应管为例加以说明。

1. 直流参数

直流参数反映管子在直流工作状态下的特性，主要有开启电压和输入电阻。

(1) 开启电压 $U_{GS(th)}$

当 $U_{GS} > U_{GS(th)}$ 时，增强型 NMOS 管导通，其漏极电流 I_D 受 U_{GS} 电压控制。

(2) 输入电阻 r_{GS}

一般 r_{GS} 的数值为 $10^9 \sim 10^{12}\ \Omega$。

2. 交流参数

交流参数通常指场效应管工作在低频或中频交流小信号时的参数，主要包括跨导、导通电阻和极间电容等。

(1) 跨导 g_m

g_m 表示在 U_{DS} 为定值的条件下，漏极电流的变化量与栅极、源极之间电压变化量之比，它是衡量场效应管放大能力的重要参数（相当于三极管的 β 值），其表达式为

$$g_m = \frac{\Delta I_D}{\Delta U_{GS}} \bigg|_{U_{DS} = 常数}$$

一般场效应管输出特性曲线族之间的间距差别较大，因此，在不同的工作点处计算出的跨导有一定的差别；而在双极型晶体三极管输出特性曲线中，在不同的工作点上计算出的 β 较为一致。手册中给出的 g_m 值往往只具有参考意义，在具体应用时，通常是根据实际测出的输出特性曲线确定具体工作点上的 g_m 值。

(2) 导通电阻 r_{DS}

r_{DS} 定义为在 $U_{GS(th)}$ 时，管子导通且 U_{GS} 为定值条件下，漏源电压变化量与漏极电流变化量之比，即

$$r_{DS} = \frac{\Delta U_{DS}}{\Delta I_D} \bigg|_{U_{GS} = 常数}$$

在恒流区，由于 I_D 不受 U_{DS} 影响，故 r_{DS} 值很大。

(3) 极间电容

场效应管的栅极 G、漏极 D 和源极 S 三个电极间存在着极间电容 C_{GD}、C_{GS} 和 C_{DS}，虽然它们的数值很小，约在皮（10^{-12}）法拉数量级，但是，MOS 管电路开关速度和电路工作（上限）频率，将受这些电容的影响。

3. 极限参数

与三极管一样，MOS 管在正常使用时，管子的工作状态不应超过管子的极限参数值，它们通常是：漏源击穿电压 $U_{(BR)DS}$、栅源击穿电压 $U_{(BR)GS}$ 以及最大允许耗散功率 P_{DM} 等。

1.4.5 场效应管的管脚判别

1. 结型场效应管的管脚识别

将指针式万用表拨至 $R\times 10k$ 挡,任选两个电极,分别测出其正、反向电阻值。当某两个电极的正、反向电阻值相等,且为几千欧姆时,则该两个电极分别是漏极 D 和源极 S。因为对结型场效应管而言,漏极和源极可互换,剩下的电极肯定是栅极 G。黑表笔接栅极,红表笔分别接另外两极,若测量电阻较低(几千欧至十几千欧),则为 N 沟道结型场效管;若测量电阻为 500 $k\Omega$ 以上,则为 P 沟道结型场效应管。

2. 绝缘栅型场效应管的管脚识别

(1) 判断出 G 极

用万用表的电阻挡两两测量功率场效应管的管脚的正、反向阻值,必定有一次阻值较小,此时两根表笔所接的是场效应管的 D 极和 S 极,剩下的另一脚就是 G 极了。

(2) 判断 D 极和 S 极

在判断出 G 极后,再用万用表的 $R\times 10k$ 挡测量 D 极与 S 极之间的正、反向电阻,正向电阻一般为几千欧姆左右,反向电阻一般为 500 $k\Omega$ 以上。在测量反向电阻时,红表笔所接引脚不变,黑表笔脱离原引脚后,与 G 极碰一下,然后黑表笔再接触原引脚,此时会出现两种情况:若由原来的较大值变为 0,则红表笔所接的是 S 极,黑表笔所接的是 D 极,该管为 N 沟道型。若万用表读数仍为较大值,则黑表笔所接引脚不变,改用红表笔去碰 G 极,然后再返回测量反向电阻,此时万用表的读数如果变为 0,则黑表笔所接是 S 极,红表笔所接是 D 极,该管为 P 沟道型。

1.4.6 场效应管的使用注意事项

① 在 MOS 管中,有的产品将衬底引出(这种管子有四个管脚),可让使用者视电路的需要任意连接。一般来说,应视 P 沟道、N 沟道而异,P 衬底接低电位,N 衬底接高电位。但在某些特殊的电路中,当源极的电位很高或很低时,为了减轻源衬间电压对管子导电性能的影响,可将源极与衬底连在一起;场效应管(包括结型和 MOS 型)通常制成漏极与源极可以互换,但当产品出厂时已将源极与衬底连在一起的,源极与漏极不能对调,使用时必须注意。

② MOS 场效应管由于输入阻抗极高,所以在运输、储藏中必须将引出脚短路,并用金属屏蔽包装,以防止外来感应电势将栅极击穿。取用时不要拿它的引线(管脚),要拿它的外壳。在焊接时,电烙铁外壳必须接电源地端,或烙铁断开电源后再焊接。新买来的 MOS 管都有一个金属环将管子短路,在电路中正常使用时先焊好后再将环取下。尤其要注意,不能将 MOS 场效应管放入塑料盒子内,保存时最好放在金属盒内,同时也要注意管的防潮。

③ 为了防止场效应管栅极感应击穿,要求一切测试仪器、工作台、电烙铁、线路本身都必须有良好的接地;管脚在焊接时,先焊源极;在连入电路之前,管的全部引线端保持互相短接状态,焊接完后才把短接材料去掉;从元器件架上取下管时,应以适当的方式确保人体接地,如采用接地环等;当然,如果能采用先进的气热型电烙铁,焊接场效应管是比较方便的,并且确保安全;在未关断电源时,绝对不可以把管插入电路或从电路中拔出。以上安全措施在使用场效应管时必须注意。

④ 在安装场效应管时,注意安装的位置要尽量避免靠近发热元件;为了防管件振动,有必要将管壳体紧固起来;管脚引线在弯曲时,应当大于根部尺寸 5 mm 处进行,以防止弯断管脚和引起漏气等。

⑤ 对于功率型场效应管,要有良好的散热条件。因为功率型场效应管在高负荷条件下运用,必须设计足够的散热器,确保壳体温度不超过额定值,使器件长期稳定可靠地工作。

1.5 光电子器件与光耦合器

除前面所讨论的普通二极管外,还有若干种特殊二极管,如齐纳二极管、变容二极管、光电二极管、发光二极管、激光二极管、稳压二极管等,其中发光二极管、光电二极管、光电三极管、激光二极管等光电子器件在照明、图像显示、信号传输和存储等领域得到了广泛应用。

1.5.1 发光二极管

发光二极管是半导体二极管的一种,它可以把电能转化成光能,常简写为 LED。发光二极管由有机半导体(镓、砷、磷的化合物)制成,发光二极管与普通二极管一样由一个 PN 结组成,也具有单向导电性。当给发光二极管加上正向电压后,从 P 区注入 N 区的空穴和由 N 区注入 P 区的电子,在 PN 结附近,分别与 N 区的电子和 P 区的空穴复合,产生自发辐射的荧光。不同的半导体材料中电子和空穴所处的能量状态不同,电子和空穴复合时释放出的能量不同,释放出的能量越多,则发出的光的波长越短。常用的是发红光、绿光或黄光的二极管。发光二极管的图形符号如图 1.31 所示。

图 1.31 发光二极管的图形符号

1.5.2 光电二极管

光电二极管和普通二极管一样,也是由一个 PN 结组成的半导体器件,也具有单向导电特性。但在电路中它不是作为整流元件,而是把光信号转换成电信号的光电传感器件。光电二极管的图形符号如图 1.32 所示。

图 1.32 光电二极管的图形符号

普通二极管在反向电压作用时处于截止状态,只能流过微弱的反向电流,光电二极管在设计和制作时尽量使 PN 结的面积相对较大,以便接收入射光。光电二极管是在反向电压作用下工作的,没有光照时,反向电流极其微弱,称为暗电流;有光照时,反向电流迅速增大到几十微安,称为光电流。光的强度越大,反向电流也越大。光的变化引起光电二极管电流变化,这就可以把光信号转换成电信号,成为光电传感器件。

光电二极管正向电阻为 10 kΩ 左右。在无光照情况下,反向电阻为接近∞;有光照时,反向电阻随光照强度增加而减小,阻值可达到几 kΩ 或 1 kΩ 以下。

1.5.3 光电三极管

光电三极管也是一种晶体管,也有电流放大作用,只是它的集电极电流不只是受基极电路的电流控制,也可以受光的控制。NPN 型光电三极管的图形符号如图 1.33 所示。

光电三极管的工作原理如图 1.34 所示。光电三极管可以理解为是由光电二极管和三极管复合而成的电子器件,光电二极管相当于三极管的偏置电阻。当光照变化时,光电二极管反向电阻变化,三极管基极电流跟随变化,从而控制集电极电流变化。光电三极管主要应用于开关控制电路及逻辑电路。

图 1.33 NPN 型光电三极管的图形符号

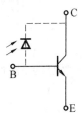

图 1.34 光电三极管的工作原理

1.5.4 光耦合器

光电耦合器亦称光电隔离器,简称光耦合器。光耦合器是以光为媒介传输电信号的一种电—光—电转换器件,它由发光源和受光器两部分组成。把发光源和受光器组装在同一密闭的壳体内,彼此间用透明绝缘体隔离。发光源的引脚为输入端,受光器的引脚为输出端,它对输入、输出电信号有良好的隔离作用。

光耦合器的种类达数十种,主要有通用型(又分无基极引线和有基极引线两种)、达林顿型、施密特型、高速型、光集成电路、光纤维、光敏晶闸管型(又分单向晶闸管、双向晶闸管)、光敏场效应管型。无基极引线的光耦合器的外形和图形符号如图1.35所示。

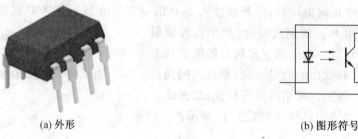

(a) 外形　　　　　　　　　　　　　(b) 图形符号

图1.35　无基极引线的光耦合器

重点串联

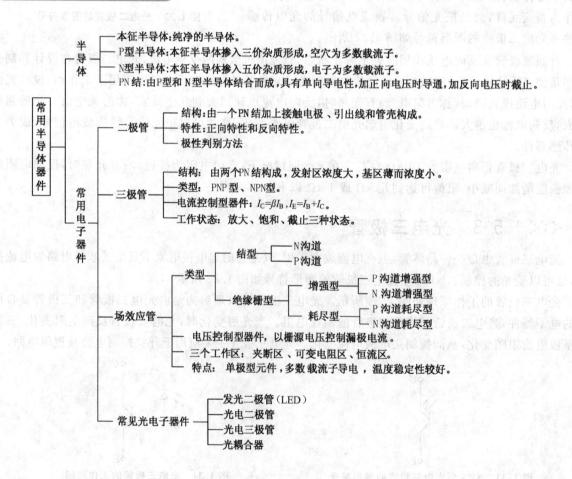

拓展与实训

基础训练

一、选择题

1. 在本征半导体中加入（　　）元素可形成N型半导体，加入（　　）元素可形成P型半导体。
   A. 五价　　　　B. 四价　　　　C. 三价

2. 半导体导电的载流子是（　　），金属导电的载流子是（　　）。
   A. 电子　　　　B. 空穴　　　　C. 电子和空穴　　　　D. 原子核

3. N型半导体多数载流子是（　　），少数载流子是（　　）；P型半导体中多数载流子是（　　），少数载流子是（　　）。
   A. 空穴　　　　B. 电子　　　　C. 原子核　　　　D. 中子

4. PN结正向导通时，需外加一定的电压U，此时电压U的正极应接PN结的（　　），负极应接PN结的（　　）。
   A. P区　　　　B. N区

5. 当温度升高时，二极管的反向饱和电流将（　　）。
   A. 增大　　　　B. 不变　　　　C. 减小

6. 工作在放大区的某三极管，如果当I_B从12 μA增大到22 μA时，I_C从1 mA变为2 mA，那么它的β约为（　　）。
   A. 83　　　　B. 91　　　　C. 100

7. 图1.36所示的电路符号代表（　　）管。
   A. 耗尽型PMOS
   B. 耗尽型NMOS
   C. 增强型PMOS
   D. 增强型NMOS

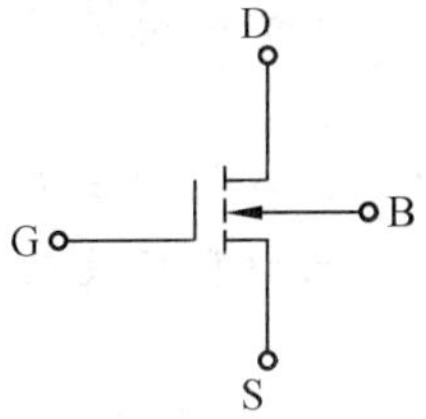

图1.36　题7图

8. 某三极管的$P_{CM}=100$ mW，$I_{CM}=20$ mA，$U_{(BR)CEO}=15$ V，则下列状态下三极管能正常工作的是（　　）。
   A. $U_{CE}=3$ V，$I_C=10$ mA　　　　B. $U_{CE}=2$ V，$I_C=40$ mA
   C. $U_{CE}=6$ V，$I_C=20$ mA　　　　D. $U_{CE}=20$ V，$I_C=2$ mA

9. 三极管的主要特征是具有（　　）作用。
   A. 电压放大　　　　B. 单向导电　　　　C. 电流放大　　　　D. 电流与电压放大

10. 关于三极管反向击穿电压的关系，下列正确的是（　　）。
    A. $U_{(BR)CEO}>U_{(BR)CBO}>U_{(BR)EBO}$　　　　B. $U_{(BR)CBO}>U_{(BR)CEO}>U_{(BR)EBO}$
    C. $U_{(BR)CBO}>U_{(BR)EBO}>U_{(BR)CEO}$　　　　D. $U_{(BR)EBO}>U_{(BR)CEO}>U_{(BR)CBO}$

11. 硅三极管放大电路中，静态时测得集—射极之间直流电压$U_{CE}=0.3$ V，则此时三极管工作于（　　）状态。
    A. 饱和　　　　B. 截止　　　　C. 放大　　　　D. 无法确定

12. 二极管的伏安特性曲线反映的是二极管（　　）的关系曲线。
    A. U_D-I_D　　　　B. U_D-r_D　　　　C. I_D-r_D　　　　D. $f-I_D$

13. 用万用表判别二极管的极性，将红、黑表笔分别接二极管的两个电极，若测得的电阻很小（几千欧以下），则黑表笔所接引脚为二极管的（　　）。

A. 正极   B. 负极   C. 无法确定

14. 下列器件中,(　　)不属于特殊二极管。
 A. 稳压管   B. 整流管   C. 发光管   D. 光电管

15. 稳压二极管稳压,利用的是稳压二极管的(　　)。
 A. 正向特性   B. 反向特性   C. 反向击穿特性

16. 光电二极管有光线照射时,反向电阻(　　)。（反压下,光照产生光电流）
 A. 减小   B. 增大   C. 基本不变   D. 无法确定

17. 对于PNP型三极管,为实现电流放大,各管脚电位必须满足(　　)。
 A. $U_C > U_B > U_E$ B. $U_C < U_B < U_E$ C. $U_B > U_C > U_E$ D. $U_B < U_C < U_E$

18. 对于NPN型三极管,为实现电流放大,各管脚电位必须满足(　　)。
 A. $U_C > U_B > U_E$ B. $U_C < U_B < U_E$ C. $U_B > U_C > U_E$ D. $U_B < U_C < U_E$

19. 输入特性曲线是反映三极管(　　)关系的特性曲线。
 A. u_{CE} 与 i_B B. u_{CE} 与 i_C C. u_{BE} 与 i_C D. u_{BE} 与 i_B

20. 输出特性曲线是反映三极管(　　)关系的特性曲线。
 A. u_{CE} 与 i_B B. u_{CE} 与 i_C C. u_{BE} 与 i_C D. u_{BE} 与 i_B

二、判断题

1. P型半导体带正电,N型半导体带负电。 (　　)
2. PN结内的扩散电流是载流子在电场作用下形成的。 (　　)
3. 由于PN结交界面两边存在电位差,所以,当把PN结两端短路时就有电流流过。 (　　)
4. 当外加反向电压增加时,PN结的结电容将会增大。 (　　)
5. 当环境温度升高时,本征半导体中自由电子的数量增加,而空穴的数量基本不变。 (　　)
6. 当环境温度升高时,本征半导体中空穴和自由电子的数量都增加,且它们增加的数量相等。 (　　)
7. 双极型三极管和场效应管都利用输入电流的变化控制输出电流的变化而起到放大作用。 (　　)
8. 结型场效应管外加的栅源电压应使栅源之间的PN结反偏,以保证场效应管的输入电阻很大。 (　　)
9. 开启电压是耗尽型场效应管的参数;夹断电压是增强型场效应管的参数。 (　　)
10. 三极管的C、E两个区所用半导体材料相同,因此,可将三极管的C、E两个电极互换使用。 (　　)
11. 三极管工作在放大区时,若 i_B 为常数,则 u_{CE} 增大时, i_C 几乎不变,故当三极管工作在放大区时可视为一电流源。 (　　)
12. 三极管的输出特性曲线随温度升高而上移,且间距随温度升高而减小。 (　　)
13. 双极型三极管由两个PN结构成,因此可以用两个二极管背靠背相连构成一个三极管。 (　　)
14. 当二极管两端加正向电压时,二极管中有很大的正向电流通过。这个正向电流是由P型和N型半导体中多数载流子的扩散运动产生的。 (　　)
15. 用万用表判断二极管的极性,若测得二极管的电阻很小,那么与万用表的红表笔相接的电极是二极管的负极,与黑表笔相接的是二极管的正极。 (　　)
16. 用万用表欧姆挡测量二极管的正向电阻,用 $R \times 1$ 挡测出的电阻值和用 $R \times 100$ 挡测出的电阻值不相同,说明这个二极管的性能不稳定。 (　　)
17. 发光二极管的发光颜色是由采用的半导体的材料决定的。 (　　)
18. 普通二极管反向击穿后立即损坏,因为击穿都是不可逆的。 (　　)
19. 通常的三极管在集电极和发射极互换使用时,仍有较大的电流放大作用。 (　　)
20. 通常的JFET管在漏极和源极互换使用时,仍有正常的放大作用。 (　　)

职业能力训练

二极管、三极管的管脚判别与检测

1. 实训目的

(1) 熟悉二极管、三极管的类别、特点及主要用途。

(2) 学习用万用表判别二极管管脚的方法。

(3) 学习用万用表判别三极管的类型、管脚的方法,并进行简易的测试。

(4) 熟悉常用二极管和三极管的参数及识别方法。

(5) 会用万用表判别二极管、三极管的好坏。

2. 实训器材

万用表,不同类型、规格的二极管和三极管若干。

3. 实训原理

(1) 万用表的使用方法。

(2) 二极管极性和性能的判别方法。

(3) 三极管的管型和极性的判别方法。

(4) 普通二极管的识别与检测。

①塑封白环一端为负极,玻璃封装黑环一端为负极。

②检测时两手不能同时接触两引脚,表置于 $R \times 1k$ 挡,并进行调零。调零时间不能太长。

(5) 专用二极管的识别与检测。

①测试发光二极管,应用 $R \times 10k$ 挡并调零。

②测稳压二极管时,用 $R \times 1k$ 或 $R \times 10k$ 挡,分别测反向电阻。用 $R \times 1k$ 挡测反向电阻很大,换用 $R \times 10k$ 挡,其反向电阻减小很多。若换挡电阻基本不变,说明是普通二极管,变化则为稳压二极管,如果稳压值大于 9 V 就测不出来了,需另外查资料。

③测光电二极管时要遮住受光窗,接受光时,光线不能太强,否则会损坏二极管,无光照时,光电二极管与普通管一样,反向电流小,反向电阻大(几十兆欧以上);有光照时,反向电流明显增加,反向电阻明显减小(几千欧至几十千欧),反向电流与光照成正比。检测有无光照电阻相差很大。检测结果相差不大说明已坏或不是光电二极管。

4. 实训步骤

(1) 观看二极管、三极管样品,熟悉各种二极管、三极管的外形(封装形式)、结构和标志。

(2) 查阅半导体器件手册,列出所给晶体二极管、三极管的类别、型号及主要参数(表1.2)。

表1.2 参数表

序号	名称	规格	主要参数
1			
2			
3			

(3) 用万用表判别所给二极管的管脚及质量好坏,记录所用万用表的型号、挡位及测量的二极管正、反向电阻读数值(表1.3)。

表 1.3　记录数据表

二极管型号	正向电阻	反向电阻	用途	质量

(4)用万用表判别所给晶体三极管的管脚、类型,用万用表的 h_{FE} 挡测量比较不同晶体管的电流放大系数,并记录测试结果。

①三极管电极的识别;

②三极管管型与基极的判别;

③判定集电极 C 和发射极 E;

④三极管质量的检测。

5. 实训总结

(1)对实训数据进行总结归纳,判断二极管和三极管的质量与性能。

(2)总结测试中遇到的问题及解决方法。

(3)撰写实训报告。

模块 2
基本放大电路

教学聚集

本模块主要讨论单管共发射极放大电路、单管共集电极放大电路、单管共基极放大电路等放大电路的电路组成、电路各元件的作用和电路的特点,并结合以上的具体放大电路介绍放大电路的静态分析方法、动态分析方法和衡量放大电路性能的各项参数。

知识目标

◆掌握三种基本放大电路的组成及各元件的作用;
◆理解放大电路静态工作点和主要性能指标的意义;
◆掌握放大电路的静态分析方法,能计算放大电路的静态工作点;
◆掌握放大电路的动态分析方法,能计算放大电路的主要性能指标;
◆掌握场效应管放大电路的静态分析方法和动态分析方法,能计算静态工作点和主要性能指标;
◆掌握无反馈多级放大电路的特点和主要性能指标的计算方法。

技能目标

◆能用示波器与低频信号发生器、万用表正确调试放大电路;
◆能正确估算放大电路的基本参数、设置静态工作点;
◆能根据要求正确选用放大电路;
◆能正确测试放大电路的参数。

课时建议

理论教学 8 课时;实训 8 课时。

课堂随笔

2.1 放大电路的性能指标

用来对电信号进行放大的电路称为放大电路,习惯上称为放大器,它是使用最为广泛的电子电路之一,也是构成其他电子电路的基本单元电路。

一个放大电路可以用一个带有输入端和输出端的框图来表示。输入端接待放大的信号(信号源),输出端接负载,如图 2.1 所示。

图 2.1 放大电路框图

2.1.1 对放大电路的基本要求

1. 有足够的放大倍数

放大倍数是衡量放大电路放大能力的参数,放大倍数有电压放大倍数(A_u)、电流放大倍数(A_i)和功率放大倍数(A_p)三种,本模块主要讨论电压放大倍数(A_u)。对于不同的放大电路,要求的放大倍数是不一样的,有的几倍、几十倍就可以了,有的则需要几千倍、几万倍。

2. 具有一定宽度的通频带

放大电路放大的信号往往不是单一频率的信号,而是在一定频率范围内变化的。语音、音乐的频率范围是从几十赫到十几千赫。放大时,无论信号频率的高低,都应得到同样的放大。所以,要求放大器应具有一定宽度的通频带。

3. 非线性失真要小

因为放大电路中的晶体三极管是非线性器件,在放大信号过程中,放大了的信号与原信号相比,波形将产生畸变,这种现象称为非线性失真。设计放大电路时应通过合理设计电路和选择元件,使非线性失真减小至最小。

4. 工作要稳定

放大电路的各参数要基本稳定,不随工作时间和环境条件(例如温度)的变化而变化;同时放大器在没有外加信号时,它本身也不能产生其他信号,即不发生自激振荡。

2.1.2 基本放大电路的性能指标

一个具体的放大电路,它的基本性能可以用以下几个指标来进行衡量。

1. 放大倍数

(1) 电压放大倍数 A_u

放大器的输出电压瞬时值 u_o 与输入电压瞬时值 u_i 的比值称为电压放大倍数,即

$$A_u = u_o / u_i$$

(2) 电流放大倍数 A_i

放大器输出电流瞬时值 i_o 与输入电流瞬时值 i_i 的比值称为电流放大倍数,即

$$A_i = i_o / i_i$$

工程上常用分贝(dB)表示放大倍数,称为增益,它们的定义如下

电压增益 $\qquad A_u(\text{dB}) = 20\lg |A_u|$

电流增益 $\qquad A_i(\text{dB}) = 20\lg |A_i|$

2. 输入电阻

在放大电路输出端接入负载电阻 R_L 的情况下,放大电路输入端加上交流信号电压 u_i,将在输入回路产生输入电流 i_i,u_i 与 i_i 的比值称为放大电路的输入电阻,用 r_i 表示,即

$$r_i = \frac{u_i}{i_i}$$

输入电阻是放大电路输入端对信号源的等效电阻,如图 2.2 所示。这个电阻值越大,则放大器要求信号源提供的信号电流越小,信号源的负担就越轻。在电压放大电路中总希望放大电路输入电阻大一些。

3. 输出电阻

放大电路的输出端可以用一个实际电压源模型等效,其中电压源内阻就是放大器的输出电阻 r_o。它是从放大器的输出端(不包括外接负载电阻 R_L)看进去的交流等效电阻,如图 2.2 所示。在电压放大电路中,输出电阻越小,放大器带负载能力越强,并且负载变化时,对放大器影响也小,所以输出电阻越小越好。输出电阻的计算方法在放大电路的分析时将作具体介绍。

4. 通频带

放大器在放大不同频率的信号时,其放大倍数是不一样的。通常放大器的放大能力只适应于一个特定频率范围的信号。在一定频率范围内,放大器的放大倍数稳定,这个频率范围为中频区。离开中频区,随着频率的升高或下降都将使放大倍数急剧下降,如图 2.3 所示。信号频率下降到使放大倍数为中频时的 70.7% 倍时所对应的频率称为下限频率,用 f_L 表示。同理,信号频率上升使放大倍数下降到中频时的 70.7% 倍时所对应的频率称为上限频率,用 f_H 表示。f_L 与 f_H 之间的频率范围称为通频带,记为 BW,即

$$BW = f_H - f_L$$

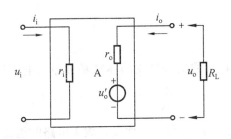

图 2.2　放大电路的输入与输出电阻

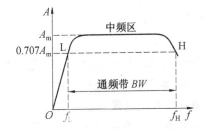

图 2.3　放大电路的通频带

2.2　共发射极放大电路及放大电路的分析方法

放大电路一般由两部分构成,如图 2.4 所示,第一部分为电压放大电路,它的作用是将微弱的电信号加以放大去推动功率放大电路,是整个放大电路的前置级。第二部分是功率放大电路,是放大电路的输出级,它的作用是输出足够的功率去推动执行元件(如喇叭、继电器、电动机、指示仪表等)工作。放大电路的每一级一般都由基本放大电路组成,基本放大电路有基本共发射极放大电路、基本共集电极放大电路和基本共基极放大电路三种。

在工业电子技术中,常用交流放大电路的输入交流信号的频率一般在 20～20 000 Hz 范围内,这类放大电路通常称为低频放大电路。下面的放大电路交流分析方法适用于低频放大电路。

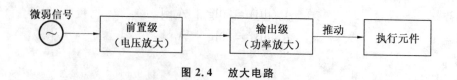

图 2.4 放大电路

2.2.1 基本共发射极放大电路的组成及各元件的作用

1. 电路的组成

常用的基本共发射极放大电路如图 2.5 所示。用晶体管组成放大电路的基本原则是：
① 晶体管工作在放大状态。三极管发射结正向偏置，集电结反向偏置。
② 放大电路的工作点稳定，失真不超过允许范围。

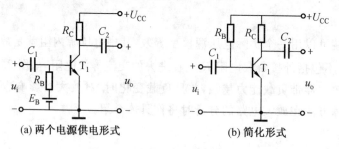

(a) 两个电源供电形式　　　　(b) 简化形式

图 2.5 基本共发射极放大电路

图 2.5 所示电路是由 NPN 型晶体管组成的单管共发射极放大电路。它由直流电源、晶体管、电阻和电容组成。图中有两个电流回路：一个是从输入信号 $u_i(+) \to$ 电容 $C_1 \to T_1$ 基极 $\to T_1$ 发射极 $\to u_i(-)$，这个电流回路称为放大电路的输入回路；另一个是从 T_1 发射极 $\to$ 电源 $U_{CC} \to$ 集电极电阻 $R_C \to$ 集电极 $\to T_1$ 发射极，这个电流回路称为放大电路的输出回路。由于放大电路的输入回路和输出回路以发射极为公共端，故称为共发射极放大电路。

在放大电路中，通常假设公共端电位为"零"，作为电路中其他各点电位的参考点，在电路图上用接地符号来表示。

2. 各元件的作用

(1) 晶体管 T_1

晶体管是电路的放大元件。由于输出端得到的能量较大的信号是受晶体管基极输入电流控制的，故也可以说晶体管是一个控制元件。

(2) 集电极直流电源 U_{CC}

它一方面保证集电结处于反向偏置，以使晶体管起放大作用，另一方面又是放大电路的能源。

(3) 基极电源 E_B 和基极电阻 R_B

它们的作用是使发射结处于正向偏置，串联 R_B 是为了控制基极电流的大小，使放大电路获得合适的工作点。R_B 的阻值一般为几十千欧至几百千欧。

(4) 电容 C_1、C_2

C_1、C_2 为输入、输出隔直电容，又称耦合电容。它们有两个作用：其一是隔直作用，C_1 隔断信号源与放大电路之间的直流通路，C_2 隔断放大电路与负载之间的直流通路，使三者之间（信号源、放大电路、负载）无直流联系，互不影响；其二是交流耦合作用，使交流信号畅通无阻。当输入端加上信号 u_i 时，可以通过 C_1 送到晶体管的基极和发射极之间，而放大了的信号电压经 C_2 耦合到负载 R_L 上。C_1、C_2 容量较大，一般取 $5 \sim 50 \mu F$。容量大对通交流是有利的，当信号频率高时，在分析放大电路的交流通路时，C_1、C_2 对交流信号可视为短路。C_1、C_2 一般采用极性电容（如电解电容），因此连接时一定要注意极性。

(5) 集电极负载电阻 R_C

它将集电极电流的变化转换成集电极—发射极间的电压变化,以实现电压的放大作用。R_C 一般取值为几千欧至几十千欧。

2.2.2 放大电路的分析方法

应用放大电路的分析方法,可以分析具体放大电路的工作情况和性能指标,也可以根据预期性能指标设计放大电路。放大电路的分析分为静态分析和动态分析。放大电路没有输入信号,即 $u_i=0$ 时的工作状态称为静态;放大电路有输入信号,即 $u_i \neq 0$ 时的工作状态称为动态。

静态分析的主要任务是确定放大电路的静态值(直流值)I_B、I_C、U_{CE}。放大电路的质量与静态值关系很大。动态分析的主要任务是确定放大电路的电压放大倍数 A_u、输入电阻 r_i 和输出电阻 r_o。

为了方便分析,我们对放大电路中的各个电压和各个电流的符号作统一规定,见表 2.1。

表 2.1　三极管放大电路中电压、电流的符号

名称	静态值	交流分量		总电压或总电流	
		瞬时值	有效值	瞬时值	有效值
基极电流	I_B	i_b	I_b	i_B	$I_{B(AV)}$
集电极电流	I_C	i_c	I_c	i_C	$I_{C(AV)}$
发射极电流	I_E	i_e	I_e	i_E	$I_{E(AV)}$
集—射电压	U_{CE}	u_{ce}	U_{ce}	u_{CE}	$U_{CE(AV)}$
基—射电压	U_{BE}	u_{be}	U_{be}	u_{BE}	$U_{BE(AV)}$

1. 静态分析

放大电路输入端无输入信号,即 $u_i=0$ 时,电路中只有直流电压和直流电流。这时三极管的基极电流 I_B、集电极电流 I_C、基极与发射极间的电压 U_{BE} 和集电极与发射极间的电压 U_{CE} 称为静态值。这些静态值分别在晶体管的输入、输出特性曲线上对应着一点 Q,如图 2.6 所示,Q 点称为静态工作点,或简称 Q 点。由于 U_{BE} 基本是恒定的,所以在讨论静态工作点时主要考虑 I_B、I_C 和 U_{CE} 三个量,并分别用 I_{BQ}、I_{CQ} 和 U_{CEQ} 表示。

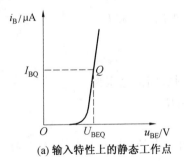
(a) 输入特性上的静态工作点

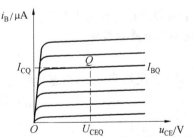
(b) 与输入特性对应的输出特性上的静态工作点

图 2.6　晶体管静态工作点

从图 2.6 可以看出,如保持电源 U_{CC} 不变,调节 R_B 即可改变 I_{BQ},从而使静态工作点改变。为使放大电路能正常工作,放大电路必须有一个合适的静态工作点。首先必须有一个合适的偏置电流(简称"偏流")I_{BQ},这样才能使三极管工作在线性区域,保证信号不失真。对于基本共发射极放大电路,静态工作点应设置在 $U_{CEQ}=0.5U_{CC}$ 附近。如果 Q 点设置过高(U_{CEQ} 小于 $0.5U_{CC}$ 较多),在输入信号的正半周,会使三极管进入饱和区,产生饱和失真。如果 Q 点设置过低(U_{CEQ} 大于 $0.5U_{CC}$ 较多),在输入信号的负半

周,会使三极管截止,产生截止失真。

放大电路常用的静态分析法有估算法和图解法。下面以基本共发射极放大电路为例介绍这两种静态分析法。

(1)估算法

已知电路各元器件的参数,利用公式近似计算来分析放大器性能(静态和动态)的方法称为近似估算法。在分析低频小信号放大器时,一般采用估算法较为简便。

下面以基本共发射极放大电路为例介绍静态分析近似估算法的分析步骤。

① 画直流通路。静态值是直流电压、直流电流,故可用放大电路的直流通路进行分析。所谓直流通路是指直流信号流通的路径。因电容具有隔直作用,所以在画直流通路时,把电容看作断路。如图2.7(b)所示为图2.7(a)基本共发射极放大电路的直流通路。

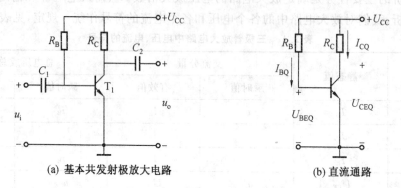

图 2.7　基本共发射极放大电路

② 将三极管发射结的正向压降近似认为是 0.7 V(锗管为 0.3 V)。根据直流通路,应用电路分析方法列出电路方程,解方程得到基极电流 I_{BQ}。

由图 2.7(b)所示共发射极基本放大电路直流通路可得

$$U_{CC} = I_{BQ}R_B + U_{BEQ}$$

则

$$I_{BQ} = \frac{U_{CC} - U_{BEQ}}{R_B}$$

将 U_{CC}、$U_{BEQ} = 0.7$ V、R_B 代入计算,即可得到 I_{BQ}。

③ 根据三极管各极间的电流关系和直流通路,由 I_{BQ} 求出 I_{CQ} 和 U_{CEQ}。

由三极管各极间的电流关系得

$$I_{CQ} = \beta I_{BQ}$$

由图 2.7(b)所示直流通路可知,静态时集电极 — 发射极间的电压为

$$U_{CEQ} = U_{CC} - I_{CQ}R_C$$

(2)图解法

在三极管的特性曲线上用作图的方法求得电路中各直流电流、电压大小的方法,称为图解分析法,简称图解法。图解法分析放大电路静态工作点的步骤如下:

① 对输入回路进行图解分析。列输入回路方程,求 I_{BQ}。

由图 2.7(b)所示直流通路,可列出方程

$$U_{BE} = U_{CC} - I_B R_B$$

令 $I_B = 0$,则 $U_{BE} = U_{CC}$,在三极管输入特性曲线横坐标上得到点 $A(U_{CC}, 0)$,令 $U_{BE} = 0$,则 $I_B = U_{CC}/R_B$,在三极管输入特性曲线纵坐标上得到点 $B(0, U_{CC}/R_B)$。连接 A、B 两点得到直线 AB,AB 与三极管输入曲线相交于点 Q,Q 点即静态工作点。Q 点对应的横坐标是 U_{BEQ},纵坐标是 I_{BQ},如图 2.8(a)所示。

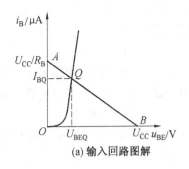 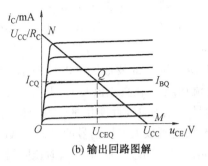

(a) 输入回路图解　　　　　　　(b) 输出回路图解

图 2.8　基本共发射极放大电路图解分析

② 对输出回路进行图解分析。作直流负载线,求 U_{CEQ} 和 I_{CQ}。

由图 2.7(b) 直流通路,可列出方程

$$U_{CE} = U_{CC} - I_C R_C$$

令 $I_C = 0$,则 $U_{CE} = U_{CC}$,在三极管输出特性曲线横坐标上得到点 $M(U_{CC}, 0)$,令 $U_{CE} = 0$,则 $I_C = U_{CC}/R_C$,在三极管输出特性曲线纵坐标上得到点 $N(0, U_{CC}/R_C)$。连接 M、N 两点得到直线 MN,MN 称为输出回路的直流负载线。MN 与 $I_B = U_{CC}/R_C$ 的三极管输出特性曲线相交于点 Q,Q 点即静态工作点。Q 点对应的横坐标是 U_{CEQ},纵坐标是 I_{CQ},如图 2.8(b) 所示。

2. 动态分析

当放大电路接入交流信号后,为了确定叠加在静态工作点上的各交流量而进行的分析,称为动态分析。动态分析可以求出放大电路的输入电阻、输出电阻和电压放大倍数。作动态分析时,若输入信号较小,采用微变等效电路分析法,若输入信号为大信号,则采用图解分析法。在介绍动态分析方法前,我们先学习交流通路和基本共发射极放大电路的动态工作原理。

交流信号在放大电路中的传输通道称为交流通路。画交流通路的原则是:在信号频率范围内,电路中耦合电容 C_1、C_2 容抗很小(见图 2.9(a)),视为短路;直流电源的内阻一般很小,也可以忽略,视为短路。按此原则画出基本共发射极放大电路的交流通路如图 2.9(b) 所示。

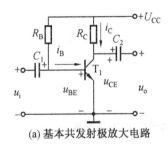 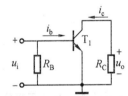

(a) 基本共发射极放大电路　　　　(b) 基本共发射极放大电路的交流通路

图 2.9　放大电路的交流通路

放大电路输入信号 $u_i \neq 0$ 时,即动态时,三极管各极电流和各极间的电压都有直流分量和交流分量,即交直流共存。电路中的电流(电压)是直流分量和交流分量的叠加。图 2.9(a) 所示基本共射放大电路中,当输入信号 $u_i = U_{im}\sin\omega t$ 为小信号正弦信号时,三极管基极与发射极之间的瞬时电压为

$$u_{BE} = U_{BEQ} + u_i = U_{BEQ} + U_{im}\sin\omega t$$

u_{BE} 的变化使基极电流和集电极电流产生相应的变化,它们的瞬时值分别为

$$i_B = I_{BQ} + i_b = I_{BQ} + I_{bm}\sin\omega t$$

$$i_C = \beta i_B = I_{CQ} + i_c = I_{CQ} + I_{cm}\sin\omega t$$

式中,i_b、i_c 是由输入交流电压 u_i 所产生的基极交流电流和集电极交流电流。电流 i_c 的变化经集电极电阻 R_C 转换为电压 $i_c R_C$,因此,三极管集电极和发射极之间的瞬时电压 u_{CE} 为

$$u_{CE}=U_{CC}-i_C R_C=U_{CC}-(I_{CQ}+i_c)R_C=U_{CEQ}-i_c R_C=U_{CEQ}+u_{ce}$$

式中，$U_{CEQ}=U_{CC}-I_{CQ}R_C$，$u_{ce}=-i_c R_C$。由图 2.9(b) 所示交流通路知

$$u_o=u_{ce}=-i_c R_C=-I_{cm}R_C \sin \omega t = U_{om} \sin(\omega t -180°)$$

u_i、u_{BE}、i_B、i_C、u_{CE} 和 u_o 的波形如图 2.10 所示。由此可见，当三极管电路中输入交流信号 u_i 后，三极管各极电压和电流均随 u_i 在直流值 U_{BEQ}、I_{BQ}、I_{CQ}、U_{CEQ} 的基础上而变化，此时三极管的瞬时电压、电流变成了随输入信号变化的单极性变化量。就交流信号而言，如果电路参数选择得当，u_o 的振幅将比 u_i 的振幅大得多，从而达到放大电压信号的目的。从图 2.10 可以看出 $u_o(u_{ce})$ 与 u_i 的相位相反，即 u_i 瞬时值为正时，导致 u_{BE}、i_B、i_C 增大，R_C 上的瞬时压降增大，所以使 u_{CE} 减小，$u_o(u_{ce})$ 瞬时值变负。

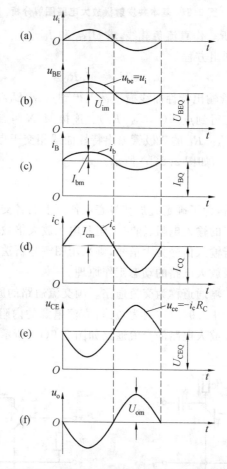

图 2.10　三极管电路中动态电压、电流波形

(1) 图解分析法

三极管放大电路动态工作时的电流、电压，可利用三极管特性曲线，通过作图来求得。现通过例题来说明动态图解分析过程。

【例 2.1】 三极管放大电路如图 2.11(a) 所示，交流电压 u_i 通过电容 C_1 加到三极管的基极，设 C_1 对交流信号的容抗为零；三极管采用硅管，其输入、输出特性曲线如图 2.11(b) 所示。已知 $u_i=10\sin \omega t (\text{mV})$，试用图解法求该电路各交流电压和电流值。

解 (1) 输入回路图解分析

先令 $u_i=0$，由图 2.11(a) 可得

$$I_{BQ}=\frac{U_{CC}-U_{BE}}{R_B}=\frac{6\text{ V}-0.7\text{ V}}{176\text{ k}\Omega}\approx 0.03 \text{ mA}=30 \text{ }\mu\text{A}$$

由此可在图 2.11(b) 的输入特性曲线上确定基极回路的静态工作点 Q。

若输入交流信号 u_i,它在基极回路与直流电压 U_{BEQ} 相叠加,使得三极管 B、E 极之间的电压 U_{BE} 在原有直流电压 U_{BEQ} 的基础上,按 u_i 的变化规律而变化,即 $U_{BE}=U_{BEQ}+u_i=U_{BEQ}+U_{im}\sin\omega t$,其波形如图 2.11(b) 中 ① 所示。根据 u_{BE} 的变化规律,便可在输入特性曲线上画出对应的 i_B 波形,如图 2.11(b) 中 ② 所示。由于输入电压幅值很小,输入特性曲线的动态工作范围很小,可将这一段曲线 Q_1Q_2 看作一段直线,这样由正弦信号 u_i 产生的基极交流电流 i_b 同相地按正弦规律变化,因此,$i_B=I_{BQ}+i_b=I_{BQ}+I_{bm}\sin\omega t$,由图 2.11(b) 可读出其瞬时值在 20~40 μA 之间变动,i_b 的幅度 $I_{bm}=10$ μA,它与 U_{im} 成正比例。

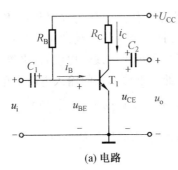

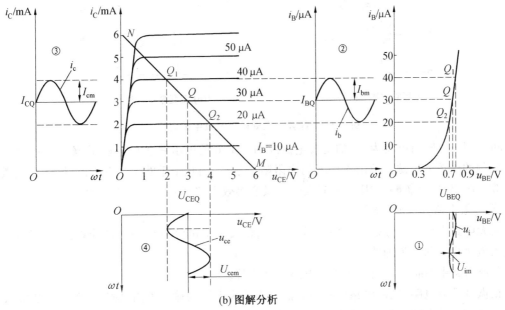

(b) 图解分析

图 2.11 基本共发射极放大电路动态图解分析

(2) 输出回路的图解分析

根据 U_{CC} 及 R_C 值可在图 2.11(b) 所示输出特性曲线中作出直流负载线 MN,它与 $i_B=I_{BQ}=30$ μA 的输出特性曲线相交于 Q 点,Q 点便是集电极回路的直流工作点。由图可知,其对应的 $I_{CQ}=3$ mA,$U_{CEQ}=3$ V。

随着基极电流的变化,负载线 MN 与输出特性曲线簇的交点也随之变化。按基极电流 i_B 在不同时间的数值,找出相应的输出特性曲线及其与负载线 MN 的交点,便可画出集电极电流 i_C 和 C、E 极间电压 u_{CE} 的波形,如图 2.11(b) 中 ③、④ 所示,由图可知,输出电流 i_C 和输出电压 u_{CE} 都在原来静态直流的基础上叠加了一交流量。由于输出特性曲线间距近似相等,故 i_c 与 i_b 成正比,因此,有

$$i_C=I_{CQ}+i_c=I_{CQ}+I_{cm}\sin\omega t$$
$$u_{CE}=U_{CEQ}+u_{ce}=U_{CEQ}+U_{cem}\sin(\omega t-180°)$$

式中,$U_{ce}=-i_c R_C$,$U_{cem}=I_{cm}R_C$。

由图 2.11(b)可读出 i_C 的瞬时值在 2~4 mA 之间变动,i_c 的幅度 $I_{cm}=1$ mA;而 u_{CE} 的瞬时值在 2~4 V 之间变动,u_{ce} 的幅度 $u_{cem}=1$ V。可见,$U_{cem}>U_{im}$,电路实现了交流电压放大作用。此外,可看出 u_{ce} 波形与 u_i 波形的相位相差 180°(即反相关系)。

(2) 微变等效电路分析法

① 晶体管微变等效电路。用图解法进行动态分析具有直观的优点,但图解法较麻烦,而且输入信号过小时,作图的精度较低。当输入交流信号足够小时,通常用三极管的微变等效电路模型进行交流分析。

当输入交流信号很小时,三极管的动态工作点可认为在线性范围内变动,这时三极管各极交流电压、电流的关系近似为线性关系,这样就可把三极管特性线性化,用一个微变等效电路模型来等效。

当输入交流信号很小时,三极管 B、E 之间可用一线性电阻 r_{be} 来等效,如图 2.12 所示。r_{be} 称为晶体管的输入电阻,一般为几百欧至几千欧。低频小功率管的输入电阻常用下式估算

$$r_{be}=300 \text{ }\Omega+(\beta+1)\frac{26 \text{ mV}}{I_E}$$

式中,I_E 为晶体管静态工作点的发射极电流;β 为晶体管的交流电流放大系数。

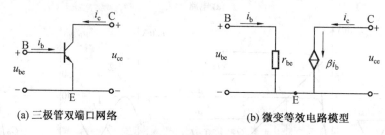

(a) 三极管双端口网络　　　　　(b) 微变等效电路模型

图 2.12　晶体三极管微变等效电路模型

C、E 间可用一个输出电流为 βi_b 的受控电流源和 C、E 间的内阻并联来等效,电流源是一个大小和方向均受 i_b 控制的受控电流源。但由于 C、E 间内阻阻值很高,约几十千欧至几百千欧,因此在画微变等效电路时一般不画出,可以忽略。NPN 型三极管的微变等效电路如图 2.12(b)所示。

② 微变等效电路分析的步骤。

a. 对放大电路进行静态分析,求出晶体管静态时的发射极电流,根据 r_{be} 的计算公式计算出 r_{be}。

b. 画出放大电路的交流通路。

c. 将交流通路中的晶体管用微变等效电路模型代替。

d. 根据微变等效电路,应用电路分析的方法求出放大电路的输入电阻、输出电阻和电压放大倍数。

下面用微变等效电路分析法,对图 2.13(a)所示基本共发射极放大电路进行动态分析。假设已经计算得到晶体管的输入电阻 r_{be},根据画交流通路的原则画出放大电路的交流通路,如图 2.13(b)所示。将交流通路中的三极管用微变等效电路模型代替,得到放大电路的微变等效电路,如图 2.13(c)所示。

由图 2.13(c)计算输入电阻、输出电阻和放大电路的电压放大倍数。

(a) 计算放大电路的电压放大倍数。由图 2.13(c)所示的输入回路可得

$$u_i=u_{be}=i_b r_{be}$$

由输出回路得

$$u_o=-i_c R_L'=-\beta i_b R_L'$$

式中,R_L' 称为等效负载电阻,$R_L'=R_C // R_L$。

> **技术提示：**
> R'_L 是放大电路输出回路的总等效电阻，式 $R'_L = R_C // R_L$ 中的 $R_C // R_L$ 表示电阻 R_C 与电阻 R_L 并联，注意 $R'_L \neq R_L$。在以后分析中如果出现 R'_L，均表示输出回路的总等效电阻，它一般是几个电阻连接后的总电阻。

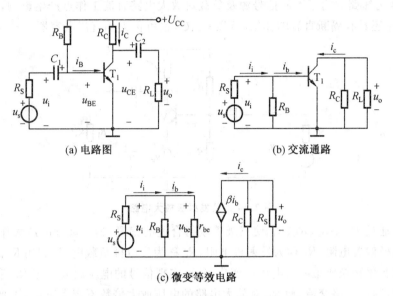

图 2.13　基本共发射极放大电路动态分析

所以电压放大倍数为

$$A_u = \frac{u_o}{u_i} = -\beta \frac{R'_L}{r_{be}}$$

b. 输入电阻 r_i 的计算

$$r_i = \frac{u_i}{i_i} = R_B // r_{be}$$

c. 输出电阻 r_o 的计算

$$r_o = R_C$$

> **技术提示：**
> 输出电阻是负载开路时，从放大电路输出端看进去的等效电阻。计算输出电阻时，输入信号看成为 0，输出回路中电流为 0 的电流源看成开路，将放大电路输出回路的负载去掉，假想在放大电路的输出端加电压 u，这里流入放大电路输出端的电流为 i，则 u 与 i 的比值就是放大电路的输出电阻。

2.2.3　共发射极放大电路

前面介绍的基本共发射极放大电路，没有工作点稳定电路，在工作时，工作点会随温度发生变化，集电极电流会随温度升高而增大，出现饱和失真，严重时放大电路将无法正常工作。图 2.14 所示为具有工作点稳定电路的共发射极放大电路,也称为分压式偏置放大电路。

1. 电路组成

由 NPN 型三极管构成的共发射极放大电路如图 2.14 所示。待放大的输入信号源接到放大电路的输入端 $1—1'$,通过电容 C_1 与放大电路相耦合,放大后的输出信号通过电容 C_2 的耦合,输送到负载 R_L,C_1、C_2 起到耦合交流的作用,称为耦合电容。为了使交流信号顺利通过,要求它们在输入信号频率下的容抗很小,因此,它们的容量均取得较大,在低频放大电路中,常采用有极性的电解电容器,这样对于交流信号,C_1、C_2 可视为短路。为了不使信号源及负载对放大电路直流工作点产生影响,要求 C_1、C_2 的漏电流很小,即 C_1、C_2 还具有隔断直流的作用,所以 C_1、C_2 也可称为隔直流电容器。

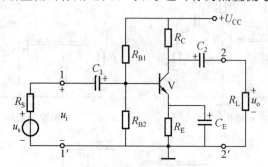

图 2.14　共发射极放大电路

直流电源 U_{CC} 通过 R_{B1}、R_{B2}、R_C、R_E 使三极管获得合适的偏置,为三极管的放大作用提供必要的条件,R_{B1}、R_{B2} 称为基极偏置电阻,R_E 称为发射极电阻,R_C 称为集电极负载电阻,利用 R_C 的降压作用,将三极管集电极电流的变化转换成集电极电压的变化,从而实现信号的电压放大。与 R_E 并联的电容 C_E,称为发射极旁路电容,用以短路交流,使 R_E 对放大电路的电压放大倍数不产生影响,故要求它对信号频率的容抗越小越好,因此,在低频放大电路中 C_E 通常也采用电解电容器。

2. 静态分析

将图 2.14 所示电路中所有电容均断开即可得到该放大电路的直流通路,如图 2.15(a) 所示,可将它改画成图 2.15(b) 所示形式。由图可见,三极管的基极偏置电压是由直流电源 U_{CC} 经过 R_{B1}、R_{B2} 的分压而获得的,所以,图 2.15(a) 所示电路又称为分压偏置式工作点稳定直流通路。

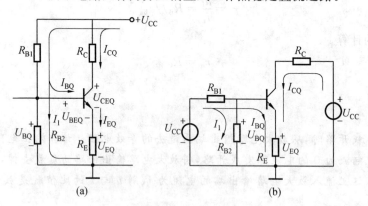

图 2.15　共发射极放大电路的直流通路

流过 R_{B1}、R_{B2} 的直流电流 I_1 远大于基极电流 I_{BQ} 时,可得到三极管基极直流电压 U_{BQ} 为

$$U_{BQ} \approx \frac{R_{B2}}{R_{B1}+R_{B2}} U_{CC}$$

由于 $U_{EQ} = U_{BQ} - U_{BEQ}$,所以三极管发射极直流电流为

$$I_{EQ} \approx \frac{U_{BQ} - U_{BEQ}}{R_E}$$

三极管集电极、基极的直流电流分别为

$$I_{CQ} \approx I_{EQ}, \quad I_{BQ} \approx I_{EQ}/\beta$$

晶体管 C、E 之间的直流管压降为

$$U_{CEQ} = U_{CC} - I_{CQ}R_C - I_{EQ}R_E \approx U_{CC} - I_{CQ}(R_C + R_E)$$

由于三极管的 β、I_{CBO}(I_{CEO}) 和 U_{BE} 等参数都与工作温度有关,当温度升高时,β 和 I_{CBO}(I_{CEO}) 增大,而管压降 U_{BE} 下降。这些变化都将引起放大电路静态工作电流 I_{CQ} 的增大;反之,若温度下降,I_{CQ} 将减小。

由此可见,放大电路的静态工作点会随工作温度的变化而漂移,这不但会影响放大倍数等性能,严重时还会造成输出波形的失真,甚至使放大电路无法正常工作。而分压式偏置电路可以较好地解决这一问题。

若图 2.15 所示电路满足

$$\left.\begin{array}{r}I_1 \geqslant (5 \sim 10)I_{BQ} \\ U_{BQ} \geqslant (5 \sim 10)U_{BEQ}\end{array}\right\}$$

由 U_{BQ} 的计算式可知,U_{BQ} 由 R_{B1}、R_{B2} 的分压而固定,与温度无关。这样当温度上升时,由于 I_{CQ}(I_{EQ}) 的增加,在 R_E 上产生的压降 $I_{EQ}R_E$ 也要增加,因 $U_{BEQ} = U_{BQ} - I_{EQ}R_E$,由于 U_{BQ} 固定,U_{BEQ} 随之减小,迫使 I_{BQ} 减小,从而牵制了 I_{CQ}(I_{EQ}) 的增加,使 I_{CQ} 基本维持恒定。这就是负反馈作用,它是利用直流电流 I_{CQ}(I_{EQ}) 的变化而实现负反馈作用的,所以称为直流电流负反馈。负反馈详见模块 5 的介绍。

由以上分析不难理解分压式电流负反馈偏置电路中,当更换不同参数三极管时,其静态工作点电流 I_{CQ} 也可基本维持恒定。

3. 性能指标分析

图 2.14 所示电路中,由于 C_1、C_2、C_E 的容量均较大,对交流信号可视为短路,直流电源 U_{CC} 的内阻很小,对交流信号也可视为短路,这样便可得到图 2.16(a) 所示的交流通路。然后再将晶体管 V 用微变等效电路模型代入,便得到放大电路的微变等效电路,如图 2.16(b) 所示。由图可求得放大电路的下列性能指标。

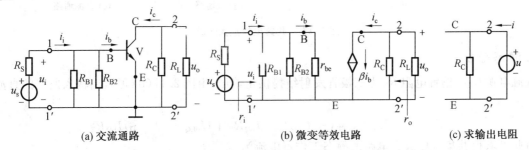

(a) 交流通路　　　　　(b) 微变等效电路　　　　　(c) 求输出电阻

图 2.16　典型共发射极放大电路的微变等效电路

(1) 电压放大倍数

由图 2.16(b) 可知

$$u_o = -\beta i_b (R_C // R_L) = -\beta i_b R'_L$$
$$u_i = i_b r_{be}$$

式中,$R'_L = R_C // R_L$。所以,放大电路的电压放大倍数等于

$$A_u = \frac{u_o}{u_i} = \frac{-\beta i_b R'_L}{i_b r_{be}} = -\frac{\beta R'_L}{r_{be}}$$

式中负号说明输出电压 u_o 与输入电压 u_i 反相。

(2) 输入电阻

由图 2.16(b)可得

$$i_i = \frac{u_i}{R_{B1}} + \frac{u_i}{R_{B2}} + \frac{u_i}{r_{be}} = u_i\left(\frac{1}{R_{B1}} + \frac{1}{R_{B2}} + \frac{1}{r_{be}}\right)$$

所以,放大电路的输入电阻等于

$$r_i = \frac{u_i}{i_i} = \frac{1}{\frac{1}{R_{B1}} + \frac{1}{R_{B2}} + \frac{1}{r_{be}}} = R_{B1} // R_{B2} // r_{be}$$

(3) 输出电阻

由图 2.16(b)可见,当 $u_s = 0$ 时,$i_b = 0$,则 βi_b 开路,所以,放大电路输出端断开 R_L,接入信号源电压 u,如图 2.16(c)所示,可得 $i = u/R_C$,因此放大电路的输出电阻等于

$$r_o = \frac{u}{i} = R_C$$

2.3 共集电极放大电路和共基极放大电路

2.3.1 共集电极放大电路

共集电极放大电路如图 2.17(a)所示,图 2.17(b)、(c)分别是它的直流通路和交流通路。由交流通路看,三极管的集电极是交流地电位,输入信号 u_i 和输出信号 u_o 以它为公共端,故称它为共集电极放大电路,同时由于输出信号 u_o 取自发射极,又称射极输出器。

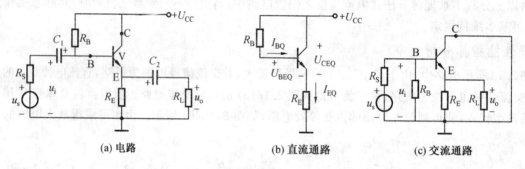

(a) 电路　　　　　　　(b) 直流通路　　　　　　　(c) 交流通路

图 2.17　共集电极放大电路

1. 静态分析

直流电源 U_{CC}、偏置电阻 R_B 为三极管发射结提供正偏压,由图 2.17(b)可列出输入回路的直流方程为

$$U_{CC} = I_{BQ}R_B + U_{BEQ} + I_{EQ}R_E = I_{BQ}R_B + U_{BEQ} + (1+\beta)I_{BQ}R_E$$

由此可求得共集电极放大电路的静态工作点电流为

$$\left.\begin{array}{c} I_{BQ} = \dfrac{U_{CC} - U_{BEQ}}{R_B + (1+\beta)R_E} \\ I_{CQ} = \beta I_{BQ} \approx I_{EQ} \end{array}\right\}$$

由图 2.17(b)集电极回路可得

$$U_{CEQ} = U_{CC} - I_{EQ}R_E$$

2. 性能指标分析

根据图 2.17(c)所示交流通路可画出放大电路微变等效电路如图 2.18 所示。由图可求得共集电极放大电路的各性能指标。

由图 2.18 可得

$$u_i = i_b r_{be} + i_e(R_E//R_L) = i_b r_{be} + (1+\beta)i_b R'_L$$
$$u_o = i_e(R_E//R_L) = (1+\beta)i_b R'_L$$

式中,$R'_L = R_E//R_L$。

因此电压放大倍数为

$$A_u = \frac{u_o}{u_i} = \frac{(1+\beta)R'_L}{r_{be}+(1+\beta)R'_L}$$

一般有 $r_{be} \ll (1+\beta)R'_L$,因此 $A_u \approx 1$,这说明共集电极放大电路的输出电压与输入电压不但大小近似相等(u_o 略小于 u_i),而且相位相同,即输出电压有跟随输入电压的特点,因此,共集电极放大电路又称射极跟随器。

由图 2.18 可得从三极管基极看进去的输入电阻为

$$r'_i = \frac{u_i}{i_b} = \frac{i_b r_{be}+(1+\beta)i_b R'_L}{i_b} = r_{be}+(1+\beta)R'_L$$

因此共集电极放大电路的输入电阻为

$$r_i = \frac{u_i}{i_i} = R_B//r'_i = R_B//[r_{be}+(1+\beta)R'_L]$$

求放大电路输出电阻 r_o 的等效电路如图 2.19 所示。图中 u 为由输出端断开 R_L 接入的交流电源,由它产生的电流为

$$i = i_{R_E} - i_b - \beta i_b = \frac{u}{R_E} + (1+\beta)\frac{u}{r_{be}+R'_S}$$

式中,$R'_S = R_S//R_B$。由此可得共集电极放大电路的输出电阻为

$$r_o = \frac{u}{i} = \frac{1}{\frac{1}{R_E}+\frac{1}{(r_{be}+R'_S)/(1+\beta)}} = R_E//\left(\frac{r_{be}+R'_S}{1+\beta}\right)$$

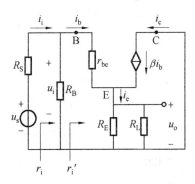 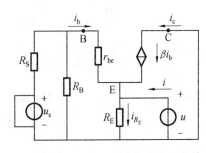

图 2.18 共集电极放大电路微变等效电路　　图 2.19 求共集电极放大电路输出电阻的等效电路

综合上述讨论可见,共集电极放大电路具有电压放大倍数小于 1 而接近于 1、输出电压与输入电压同相、输入电阻大、输出电阻小等特点。虽然共集电极电路本身没有电压放大作用,但由于其输入电阻很大,只从信号源吸取很小的功率,所以对信号源影响很小;又由于其输出电阻很小,当负载 R_L 改变时,输出电压变动很小,故有较好的带负载能力,可作为恒压源输出。所以,共集电极放大电路多用于输入级、输出级或缓冲级。

2.3.2　共基极放大电路

共基极放大电路具有输出电压与输入电压同相,电压放大倍数高、输入电阻小、输出电阻大等特点。由于共基极电路有较好的高频特性,因此广泛用于高频或宽频带放大电路中。

1. 电路组成和静态分析

共基极放大电路如图2.20所示。由图可见，交流信号通过晶体三极管基极旁路电容C_2接地，因此输入信号u_i由发射极引入、输出信号u_o由集电极引出，它们都以基极为公共端，故称共基极放大电路。从图2.21(a)所示直流通路看，它和图2.14所示的共发射极放大电路一样，也构成分压式电流负反馈偏置电路，因此，共基极放大电路的静态分析和分压偏置式共发射极放大电路的静态分析一致。

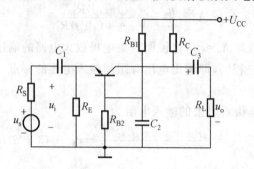

图 2.20　共基极放大电路

2. 动态分析

将C_1、C_2、C_3及U_{CC}短路，画出图2.20所示共基极放大电路的交流通路，如图2.21(b)所示。将交流通路中的三极管拿去，然后在E、B极之间接入r_{be}，在E、C极之间接入受控电流源βi_b，即得共基极放大电路的微变等效电路，如图2.21(c)所示。注意图中电流、电压的方向均为假定正方向，但受控源βi_b的方向必须与i_b的方向对应，不可任意假定。由图2.21(c)可得共基极放大电路的电压放大倍数为

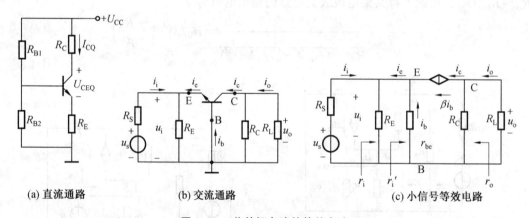

(a) 直流通路　　(b) 交流通路　　(c) 小信号等效电路

图 2.21　共基极电路的等效电路

$$A_u=\frac{u_o}{u_i}=\frac{-i_c(R_C//R_L)}{-i_b r_{be}}=\frac{\beta(R_C//R_L)}{r_{be}}$$

由三极管发射极看进去的等效电阻r_i'，即为三极管共基极电路的输入电阻，可用符号r_{eb}表示。由图2.21(c)可得

$$r_i'=r_{eb}=\frac{u_i}{-i_e}=\frac{-i_b r_{be}}{-i_e}=\frac{r_{be}}{1+\beta}$$

$$r_i=\frac{u_i}{i_i}=R_E//r_{eb}$$

在图2.21(c)中，令$u_i=0$，则$i_b=0$，受控电流源$\beta i_b=0$，可视为开路，断开R_L，假设在输出端接入电压u，则流入放大电路的电流$i=u/R_C$，因此，求得共基极放大电路的输出电阻为

$$r_o=R_C$$

共基极放大电路的源电压放大倍数等于

$$A_{us} = \frac{u_o}{u_s} = \frac{A_u r_i}{R_S + r_i}$$

比较共基极、分压偏置式共发射极放大的主要性能计算式可以看出，两个电路元件参数相同时，它们的电压放大倍数 A_u 数值是相等的，但是，由于共基极放大电路的输入电阻很小，输入信号源电压不能有效地激励放大电路，所以，在 R_S 相同时，共基极电路实际提供的源电压放大倍数将远小于共发射极电路的源电压放大倍数。

2.4 场效应管放大电路

场效应管是一种利用电场效应来控制其电流大小的半导体器件。这种器件不仅有体积小、质量轻、耗电省、寿命长等特点，而且还有输入阻抗高、噪声低、热稳定性好、抗辐射能力强和制造工艺简单等优点，常用于多级放大电路的输入级以及要求噪声低的放大电路，特别是在大规模和超大规模集成电路得到了广泛的应用。

根据结构的不同，场效应管可分为两大类：结型场效应管（JFET）和金属－氧化物－半导体场效应管（MOSFET）。场效应管的源极、漏极、栅极相当于双极型晶体管的发射极、集电极、基极，所以利用场效应管也可构成三种组态电路，它们分别称为共源、共漏和共栅放大电路，其中共栅放大电路应用较少。虽然场效应管放大电路的组成原则与晶体三极管放大电路相同，但由于场效应管是电压控制器件，且种类较多，故在电路组成上仍有其特点。场效应管的共源极放大电路和源极输出器与双极型晶体管的共发射极放大电路和射极输出器在结构上也相类似。场效应管放大电路的分析与双极型晶体管放大电路一样，包括静态分析和动态分析。

2.4.1 场效应管的偏置电路

场效应管放大电路的静态工作点设置有自给偏压式和分压式两种偏置电路。

1. 自给偏压式偏置电路

图 2.22(a) 是采用 N 沟道耗尽型场效应管组成的共源放大电路，C_1、C_2 为耦合电容器，R_D 为漏极负载电阻，R_G 为栅极通路电阻，R_S 为源极电阻，C_S 为源极电阻旁路电容。该电路利用漏极电流 I_{DQ} 在源极电阻 R_S 上产生的压降，通过 R_G 加至栅极以获得所需的偏置电压。由于场效应管的栅极不吸取电流，R_G 中无电流通过，因此栅极 G 和源极 S 之间的偏压 $U_{GSQ} = -I_{DQ}R_S$，这种偏置方式称为自给偏压，也称自偏压电路。

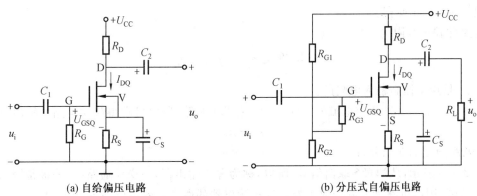

(a) 自给偏压电路　　　　　　　　(b) 分压式自偏压电路

图 2.22　场效应管共源放大电路

必须指出，自给偏压电路只能产生反向偏压，所以它只适用于耗尽型场效应管，而不适用于增强型场效应管,因为增强型场效应管的栅源电压只有达到开启电压后才能产生漏极电流。

2. 分压式偏置电路

图 2.22(b) 所示为采用分压式自偏压电路的场效应管共源放大电路。图中 R_{G1}、R_{G2} 为分压电阻,加 U_{CC} 电压后,取 R_{G2} 上的压降供给场效应管栅极偏压。由于 R_{G3} 中没有电流,它对静态工作点没有影响,所以,由图不难得到

$$U_{GSQ} = U_{CC} R_{G2}/(R_{G1}+R_{G2}) - I_{DQ}R_S$$

可见,U_{GSQ} 可正、可负,所以这种偏置电路也适用于增强型场效应管。

2.4.2 场效应管的动态分析

1. 场效应管的微变等效电路模型

与双极型三极管一样,场效应管也是一种非线性器件,在交流小信号情况下,也可以用它的线性等效电路—微变等效电路模型来代替。

与三极管放大器一样,场效应管放大电路的动态分析也采用微变等效电路,如图 2.23 所示。由于 r_{gs} 和 r_{ds} 阻值很大,一般情况下可将其忽略。

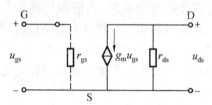

图 2.23 场效应管微变等效电路模型

2. 场效应管放大电路的等效电路分析

(1) 共源极放大器的动态分析

在图 2.22(b) 中,因为源极 S 是输入回路和输出回路的公共端,所以,该电路称为共源极放大电路。

利用场效应管微变等效电路模型,可以画出场效应管放大电路的微变等效电路。图 2.22(b) 所示放大电路的交流通路和微变等效电路如图 2.24(a)、(b) 所示。由图 2.24(b) 可得电压放大倍数为

$$A_u = \frac{u_o}{u_i} = \frac{-g_m u_{gs}(R_D //R_L)}{u_{gs}} = -g_m(R_D //R_L)$$

式中负号表示 u_o 与 u_i 反相。

放大电路的输入电阻为

$$r_i = \frac{u_i}{i_i} = R_{G3} + R_{G1}//R_{G2}$$

可见,R_{G3} 是用来提高输入电阻的。

若 $u_i=0$,即 $u_{gs}=0$,则受控电流源 $g_m u_{gs}=0$,相当于开路,所以可求得放大电路的输出电阻为

$$r_o = R_D$$

(2) 源极跟随器的动态分析

如图 2.25(a) 所示,从源极 S 取出信号,所以,称为源极输出器,在交流通路中,漏极是输入回路和输出回路的公共端,因此也称为共漏极放大器。源极输出器的微变等效电路如图 2.25(b) 所示。

由图 2.25(b) 可知,源极跟随器的电压放大倍数 A_u 为

$$A_u = \frac{u_o}{u_i} = \frac{g_m R'_L}{1 + g_m R'_L} \leqslant 1$$

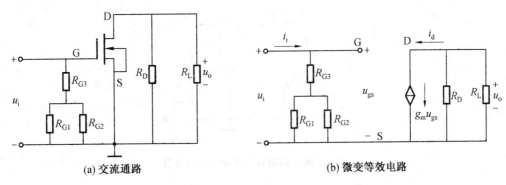

图 2.24　图 2.22(b) 所示放大电路的交流通路和小信号等效电路

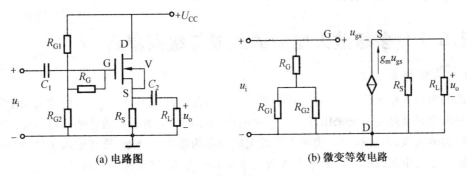

图 2.25　源极跟随器电路及微变等效电路

其中
$$u_i = u_{gs} + u_o = u_{gs} + g_m u_{gs} R'_L = u_{gs}(1 + g_m R'_L)$$
$$u_o = g_m u_{gs}(R_S // R_L) = g_m u_{gs} R'_L$$

可见，源极输出器的输出电压与输入电压同相，且放大倍数小于等于1。

由图 2.25(b) 可得源极跟随器的输入电阻为
$$r_i = R_G + (R_{G1} // R_{G2}) \approx R_G$$

与射极输出器一样，源极输出器的输出电阻也必须用求含受控源电路的等效电阻的方法计算，如图 2.26 所示。

$$r_o = \frac{u}{i}$$
$$u = -u_{gs}$$
$$i = \frac{u}{R_S} - g_m u_{gs} = u\left(\frac{1}{R_S} + g_m\right)$$

所以
$$r_o = \frac{u}{i} = \frac{1}{\frac{1}{R_S} + g_m} = R_S // (1/g_m)$$

如果 $R_S \gg \frac{1}{g_m}$，则
$$r_o \approx \frac{1}{g_m}$$

输出电阻较小。

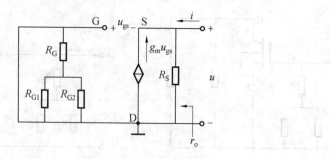

图 2.26　源极输出器输出电阻计算

2.5　多级放大电路

2.5.1　多级放大电路的组成与级间耦合

1. 多级放大电路的组成

以上讨论的为基本单元放大电路,其性能通常很难满足电路或系统的要求,因此实用上需将两级或两级以上的基本单元电路连接起来组成多级放大电路,如图 2.27 所示。通常把与信号源相连接的第一级放大电路称为输入级,与负载相连接的末级放大电路称为输出级,输出级与输入级之间的放大电路称为中间级。输入级与中间级的位置处于多级放大电路的前几级,故又称为前置级。

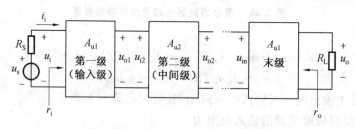

图 2.27　多级放大电路的组成框图

前置级一般都属于小信号工作状态,主要进行电压放大;输出级是大信号放大,以提供负载足够大的信号,常采用功率放大电路。

2. 多级放大电路的级间耦合方式

多级放大电路级与级之间的信号采用直接连接(直接耦合)、电容连接(电容耦合)和变压器耦合方式。电容耦合方式由于耦合电容器隔断了级间的直流通路,因此各级直流工作点彼此独立,互不影响,这也使得电容耦合放大电路不能放大直流信号或缓慢变化的信号,若放大的交流信号的频率较低,则需采用大容量的电解电容。直接耦合方式可省去级间耦合元件,信号传输的损耗很小,它不仅能放大交流信号,而且还能放大变化十分缓慢的信号,但由于级间为直接耦合,所以前后级之间的直流电位相互影响,使得多级放大电路的各级静态工作点不能独立,当某一级的静态工作点发生变化时,其前后级也将受到影响。例如,当工作温度或电源电压等外界因素发生变化时,直接耦合放大电路中各级静态工作点将跟随变化,这种变化称为工作点漂移。值得注意的是,第一级的工作点漂移将会随信号传送至后级,并被逐级放大。这样一来,即使输入信号为零,输出电压也会偏离原来的初始值而上下波动,这个现象称为零点漂移。零点漂移将会造成有用信号的失真,严重时有用信号将被零点漂移所"淹没",使人们无法辨认是漂移电压,还是有用信号电压。

在引起工作点漂移的外界因素中,工作温度变化引起的漂移最严重,称为温漂。这主要是由于晶体管的 β、I_{CBO}、U_{BE} 等参数都随温度的变化而变化,从而引起工作点的变化。衡量放大电路温漂的大小,不能只看输出端漂移电压的大小,还要看放大倍数多大。因此,一般都是将输出端的温漂折合到输入端来衡量。如果输出端的温漂电压为 ΔU_o,电压放大倍数为 A_u,则折合到输入端的零点漂移为

$$\Delta U_I = \frac{\Delta U_o}{A_u}$$

ΔU_I 越小,零点漂移越小。采用差分放大电路可有效抑制零点漂移。

2.5.2 多级放大电路性能指标的估算

图 2.27 所示多级放大电路的框图中,每级电压放大倍数分别为 $A_{u1} = u_{o1}/u_i$、$A_{u2} = u_{o2}/u_{i2}$、$A_{un} = u_o/u_{in}$,由于信号是逐级传送的,前级的输出电压便是后级的输入电压,所以整个放大电路的电压放大倍数为

$$A_u = \frac{u_o}{u_i} = \frac{u_{o1}}{u_i} \cdot \frac{u_{o2}}{u_{i2}} \cdot \cdots \cdot \frac{u_o}{u_{in}} = A_{u1} \cdot A_{u2} \cdot \cdots \cdot A_{un}$$

上式表明,多级放大电路的电压放大倍数等于各级电压放大倍数的乘积,若用分贝表示,则多级放大电路的电压总增益等于各级电压增益之和,即

$$A_u(\text{dB}) = A_{u1}(\text{dB}) + A_{u2}(\text{dB}) + \cdots + A_{un}(\text{dB})$$

应当指出,在计算各级电压放大倍数时,要注意级与级之间的相互影响。即计算每级的放大倍数时,下一级输入电阻应作为上一级的负载来考虑。

由图 2.27 可见,级间无反馈的多级放大电路,其输入电阻就是由第一级求得的考虑到后级放大电路影响后的输入电阻,即 $r_i = r_{i1}$。

多级放大电路的输出电阻即由末级求得的输出电阻,即 $r_o = r_{on}$。

【例 2.2】 两级共发射极电容耦合放大电路如图 2.28(a) 所示,已知三极管 V_1 的 $\beta_1 = 60$,$r_{be1} = 2$ kΩ,V_2 的 $\beta_2 = 100$,$r_{be2} = 2.2$ kΩ,其他参数如图 2.28(a) 所示,各电容的容量足够大。试求放大电路的 A_u、r_i、r_o。

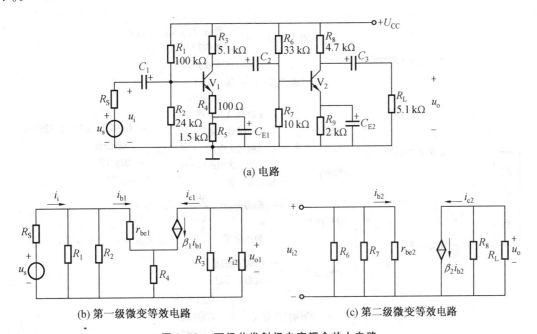

图 2.28 两级共发射极电容耦合放大电路

解 在小信号工作情况下,两级共发射极放大电路的小信号等效电路如图 2.28(b)、2.28(c) 所示,其中图 2.28(b) 中的负载电阻 r_{i2},即为后级放大电路的输入电阻,即

$$r_{i2}=R_6//R_7//r_{be2}=\dfrac{1}{\dfrac{1}{33}+\dfrac{1}{10}+\dfrac{1}{2.2}}\text{k}\Omega\approx 1.7\text{ k}\Omega$$

因此,第一级的总负载为

$$R'_{L1}=R_3//r_{i2}\approx 1.3\text{ k}\Omega$$

第一级电压增益为

$$A_{u1}=\dfrac{u_{o1}}{u_i}=\dfrac{-\beta_1 R'_{L1}}{r_{be1}+(1+\beta_1)R_4}=\dfrac{-60\times 1.3\text{ k}\Omega}{2\text{ k}\Omega+61\times 0.1\text{ k}\Omega}\approx -9.6$$

$$A_{u1}/\text{dB}=20\lg 9.6=19.6$$

第二级电压增益为

$$A_{u2}=\dfrac{u_o}{u_{i2}}=\dfrac{-\beta_2 R'_L}{r_{be2}}=\dfrac{-100\times(4.7\text{ k}\Omega//5.1\text{ k}\Omega)}{2.2\text{ k}\Omega}\approx -111$$

$$A_{u2}/\text{dB}=20\lg 111\approx 41$$

两级放大电路的总电压增益为

$$A_u=A_{u1}A_{u2}=(-9.6)\times(-111)=1\,066$$

$$A_u/\text{dB}=A_{u1}(\text{dB})+A_{u2}(\text{dB})=19.6+41=60.6$$

式中没有负号,说明两级共发射极放大电路的输出电压与输入电压同相。

两级放大电路的输入电阻等于第一级的输入电阻,即

$$r_i=r_{i1}=R_1//R_2//[r_{be1}+(1+\beta_1)R_4]\approx 5.7\text{ k}\Omega$$

输出电阻等于第二级的输出电阻,即

$$r_o=R_8=4.7\text{ k}\Omega$$

重点串联

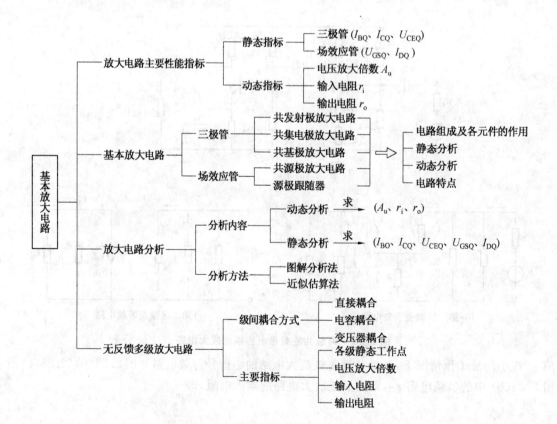

拓展与实训

基础训练

一、单项选择题

1. 场效应管的电路符号如图 2.29 所示,其中耗尽型 NMOS 场效应管的电路符号为( )。

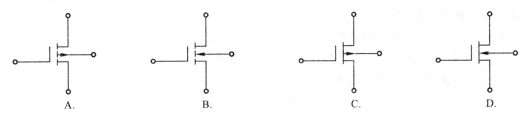

图 2.29 题 1 图

2. 二极管电路如图 2.30 所示,图中二极管导通情况为( )。
   A. D_1 导通,D_2 截止
   B. D_2 导通,D_1 截止
   C. D_1、D_2 均导通
   D. D_1、D_2 均不导通

3. 工作在放大状态的某三极管,其电流如图 2.31 所示,则此三极管是( )型三极管。
   A. NPN
   B. PNP

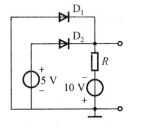

图 2.30 题 2 图　　图 2.31 题 3 图

4. 在放大电路中,为使晶体管不工作到饱和区,则其静态管压降 U_{CEQ} 应选择为( )。
   A. $U_{CEQ}=U_{CC}$
   B. $U_{CEQ}\approx 0.7\ \text{V}+U_{om}$
   C. $U_{CEQ}=0.3\ \text{V}$
   D. $U_{CEQ}=0$

5. 晶体三极管能进行电流放大的外部条件是( )。
   A. 发射结反偏,集电结反偏
   B. 发射结反偏,集电结正偏
   C. 发射结正偏,集电结反偏
   D. 发射结正偏,集电结正偏

6. 在图 2.32 中所示放大电路,已知 $U_{CC}=6\ \text{V}$,$R_C=2\ \text{k}\Omega$,$R_B=200\ \text{k}\Omega$,$\beta=50$。若 R_B 减小,三极管工作在( )状态。
   A. 放大
   B. 截止
   C. 饱和
   D. 导通

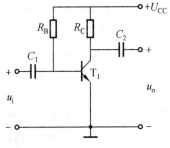

图 2.32 题 6 图

7. 用万用表欧姆挡测量小功率三极管的特性好坏时,应把欧姆挡拨到( )。
   A. $R\times 100$ 或 $R\times 1\text{k}$ 挡
   B. $R\times 1$ 挡
   C. $R\times 10\text{k}$ 挡

8. 单管共发射极放大电路的 u_o 与 u_i 相位差为（　　）。
   A. 0°　　　　　B. 90°　　　　　C. 180°　　　　　D. 360°
9. 晶体三极管的输入特性类似于晶体二极管的（　　）。
   A. 伏安特性　　B. 正向特性　　C. 反向特性　　D. 击穿特性
10. 影响放大器工作稳定的主要因素是（　　）。
    A. 偏置电阻的阻值　B. 负载的变化　　C. 温度的变化
11. 调整静态工作点最简便的方法是改变（　　）。
    A. 偏流电阻　　B. 集电极负载　　C. 直流电源 U_{CC}　　D. 管子 β 值
12. 单管放大器设置静态工作点的目的是为了（　　）
    A. 使管子在信号的整个周期内都导通　　B. 改变输入、输出电阻
    C. 使管子工作在放大区　　　　　　　　D. 使管子工作在饱和区
13. 晶体三极管含有 PN 结的个数为（　　）。
    A. 一个　　　　B. 两个　　　　C. 三个　　　　D. 四个
14. 晶体三极管属于（　　）控制型器件。
    A. 可逆　　　　B. 功率　　　　C. 电压　　　　D. 电流
15. 如果在 NPN 型三极管放大电路中测得发射结为正向偏置，集电结也为正向偏置，则此管的工作状态为（　　）。
    A. 放大状态　　B. 截止状态　　C. 饱和状态　　D. 不能确定
16. 两级放大电路，$A_{u1}=-40$，$A_{u2}=-50$，若输入电压 $U_i=5$ mV，则输出电压 U_o 为（　　）。
    A. -200 mV　　B. -250 mV　　C. 10 V　　D. 100 V
17. 图 2.32 所示放大电路，已知 $U_{CC}=6$ V，$R_C=2$ kΩ，$R_B=200$ kΩ，$β=50$。则放大电路的静态工作点 I_{BQ} 为（　　）。
    A. 26 μA　　B. 1.5 mA　　C. 3 mA　　D. 1 mA
18. 收音机发出的交流声属于（　　）。
    A. 机械噪声　　B. 气体动力噪声　　C. 电磁噪声　　D. 电力噪声
19. 共发射极放大电路如图 2.32 所示，现在处于饱和状态，欲恢复放大状态，通常采用的方法是（　　）。
    A. 增大 R_B　　B. 减小 R_B　　C. 减小 R_C　　D. 改变 U_{CC}
20. 如果 NPN 型三极管放大电路中测得发射结为正向偏置，集电结为反向偏置，则此管的工作状态为（　　）。
    A. 放大状态　　B. 截止状态　　C. 饱和状态　　D. 不能确定

二、判断题
1. 射极输出器即共集电极放大器，其电压放大倍数小于1，输入电阻小，输出电阻大。　（　）
2. 放大器中常采用正反馈来提高放大倍数。　（　）
3. 阻容耦合放大器只能放大交流信号，不能放大直流信号。　（　）
4. 一般来说，硅二极管的死区电压小于锗二极管的死区电压。　（　）
5. 发射结处于正向偏置的晶体管，一定是工作在放大状态。　（　）
6. 晶体管图示仪使用时，被测晶体管接入测试台之前，应先将峰值电压调节旋钮逆时针调至零位，将基极阶梯信号选择开关调到最小。　（　）
7. 稳定静态工作点常用的措施是在电路中引入负反馈或正反馈。　（　）
8. 三极管截止时相当于开关断开。　（　）
9. 在交流放大器中，只要设置了静态工作点就不会发生失真。　（　）

10. 固定偏置电路的最大优点是能够稳定静态工作点。（ ）
11. 设置静态工作点的目的是为了使三极管工作在放大区。（ ）
12. 稳定静态工作点主要是在放大电路中引入正反馈。（ ）
13. 晶体管放大电路的实质是电流的控制作用。（ ）
14. 放大电路中耦合电容的作用是隔直流通交流。（ ）
15. 晶体管基本放大电路中动态工作点和静态工作点是同一个点。（ ）
16. 晶体管基本放大电路的微变等效电路就是用线性的方法分析非线性电路。（ ）
17. 对放大电路工作点影响最大的是温度的变化。（ ）
18. 放大电路阻抗匹配时输出功率最大。（ ）
19. 放大电路中常见的反馈类型有四种。（ ）
20. 放大电路中的失真主要有两种情况。（ ）

三、计算题

1. 放大电路如图 2.33 所示，已知：$U_{CC}=12\text{ V}$, $R_B=300\text{ k}\Omega$, $R_C=4\text{ k}\Omega$, $\beta=60$, $R_L=4\text{ k}\Omega$，求：

(1) 放大器的静态工作点（忽略 U_{BE}）。
(2) 三极管的 r_{be}。
(3) 输出端未接负载时的电压放大倍数 A_u。
(4) 输出端接负载时的电压放大倍数 A_u'。
(5) 输入电阻 r_i 和输出电阻 r_o。

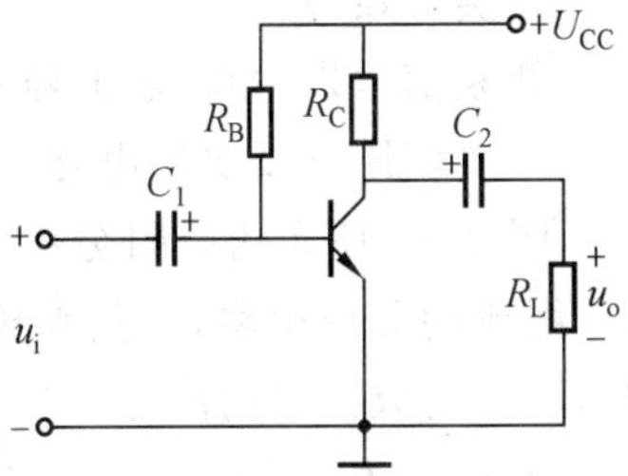

图 2.33 题 1 图

2. 放大电路如图 2.34(a) 所示，已知：$U_{CC}=12\text{ V}$, $R_B=300\text{ k}\Omega$, $R_C=3\text{ k}\Omega$, $R_L=6\text{ k}\Omega$。三极管的输出特性曲线如图 2.34(b) 所示。要求：

(1) 在图 2.34(b) 上画出直流负载线。
(2) 确定静态工作点 Q，并从图中读出 I_{CQ} 和 U_{CEQ}。
(3) 在图 2.34(b) 上画出交流负载线。

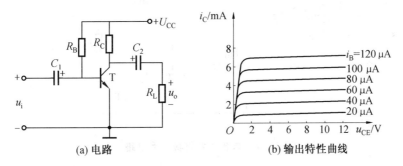

(a) 电路 (b) 输出特性曲线

图 2.34 题 2 图

3. 分压式偏置放大器如图 2.35 所示。已知：$U_{CC}=16\text{ V}$, $R_{B1}=60\text{ k}\Omega$, $R_{B2}=20\text{ k}\Omega$, $R_C=3\text{ k}\Omega$, $R_E=2\text{ k}\Omega$, $R_L=6\text{ k}\Omega$, $\beta=60$。

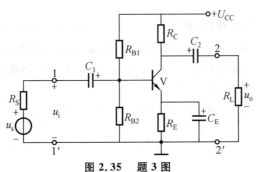

图 2.35 题 3 图

(1) 画出放大电路的直流通路和交流通路。
(2) 求静态工作点。
(3) 求电压放大倍数 A_u、输入电阻 r_i 和输出电阻 r_o。
(4) 假定环境温度升高,试述稳定工作点的过程。

职业能力训练

单管共发射极放大电路的调整与测试

1. 实训目的

(1) 验证静态工作点和电路参数对放大器工作的影响。
(2) 学会测量放大电路的性能指标。

2. 实训器材

低频信号发生器;示波器;毫伏表;直流稳压电源;实训电路板。

3. 实训原理及实训电路

图 2.36 所示为电阻分压式工作点稳定单管共发射极放大电路。三极管 T 的偏置电路采用 R_{B1} 和 R_{B2} 组成的分压电路,通过调整 R_W 设置三极管 T 的静态工作点,另外,在三极管的发射极中接有电阻 R_E,以稳定放大器的静态工作点。当在放大器的输入端加入输入信号 u_i 后,在放大器的输出端便可得到一个与 u_i 相位相反、幅值被放大了的输出信号 u_o,从而实现电压放大。

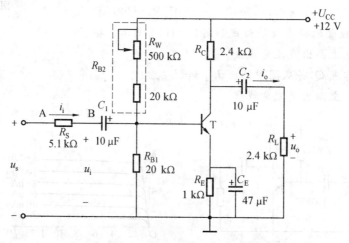

图 2.36 单管共发射极放大电路

4. 实训步骤

(1) 按图 2.36 将稳压电源与实训电路板进行连接,检查无误后,接通直流稳压电源的电源,将稳压电源输出调至 12 V 送入实训电路板,调节 R_W,使 $U_{CE}=5\sim 7$ V,为三极管建立合适的静态工作点(实训电路暂不接负载 R_L)。

(2) 三极管静态工作点设置完毕后,将信号发生器接入放大器输入端,向放大器输入 1 kHz、5 mV 的正弦信号。同时将已预热的示波器接至放大电路输出端,观察输出电压 u_o 波形。

(3) 将信号发生器输入放大器的电压 u_i 调大,使 u_o 的不失真波形幅度最大,用毫伏表测量 u_i 和 u_o 的值并记入表 2.2 中,算出电压放大倍数 A_u。

(4) 将放大器加上负载 R_L,按上述方法测量 u_i 和 u_o 的值,并记入表 2.2 中,算出电压放大倍数 A_u。

表 2.2 电压放大倍数测试数据

输入信号频率	是否接负载 R_L	U_i/mV	U_o/mV	$A_u = U_o/U_i$
1 kHz	未接			
	已接			

(5) 放大电路不接负载电阻 R_L,将放大器的输入电压 u_i 调为 5 mV,用毫伏表测量输出电压 u_o 和电阻 R_S 两端的电压,并记入表 2.3,算出放大电路输入电流 I_i。放大电路接入负载电阻 R_L,维持放大器的输入电压 u_i 为 5 mV,用毫伏表测量输出电压 u_o 和电阻 R_S 两端的电压,并记入表 2.3,算出放大电路输入电流 I_i 和输出电流 I_o,然后计算放大电路电压放大倍数 A_u、输入电阻和输出电阻。

表 2.3 输入电阻和输出电阻测试数据

输入信号幅度	是否接负载 R_L	U_o/mV	$A_u = \dfrac{U_o}{U_i}$	U_{RS}/mV	I_i/mA	I_o/mA	输入电阻	输出电阻
5 mV	未接							
	已接							

5. 实训总结

(1) 列表整理测量结果,并把实测的静态工作点、电压放大倍数与理论计算值比较,分析产生误差的原因。

(2) 总结 R_C、R_L 及静态工作点对放大器电压放大倍数、输入电阻、输出电阻的影响。

(3) 讨论静态工作点变化对放大器输出波形的影响。

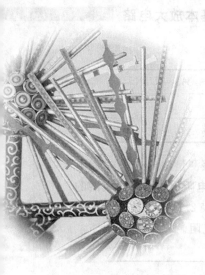

模块 3 差分放大电路

教学聚焦

本模块从分析由基本放大电路构成的直接耦合多级放大电路存在的问题出发,引出差动放大电路,重点介绍差动放大电路的电路结构、工作原理和特点,以及差动放大电路的分析方法,并简要介绍差动放大电路的信号输入和信号输出方式。

知识目标

◆ 了解信号直接耦合放大电路存在的问题;
◆ 掌握差分放大电路的电路结构及工作原理;
◆ 差分放大电路的分析方法和差分放大电路的优点。

技能目标

◆ 熟练掌握差分放大电路静态工作点的调整方法;
◆ 熟练掌握差分放大电路电压放大倍数的测试方法。

课时建议

理论教学 4 课时;实训 2 课时。

课堂随笔

3.1 直接耦合放大电路存在的问题

由于直接耦合放大电路前后级之间没有耦合电容,级与级之间直接用导线连接,因此直接耦合放大电路存在两个主要问题,一个是各级间静态工作点相互影响的问题;另一个是零点漂移问题。但直接耦合放大电路既可以放大交流信号,又可以放大直流和变化缓慢的信号;直接耦合放大电路便于大规模集成,故集成电路中多采用直接耦合方式。

3.1.1 零点漂移问题

理想的直接耦合放大器,当输入信号为零时,其输出端的电位应该保持不变。但实际上,由于温度、频率等因素的影响,直接耦合的多级放大电路中,即使将输入端短路,用灵敏的直流电压表测量输出端,也会有变化缓慢的输出电压。如图3.1所示,这种输入电压(u_i)为零而输出电压的变化(Δu_o)不为零的现象称为零点漂移现象(简称零漂)。

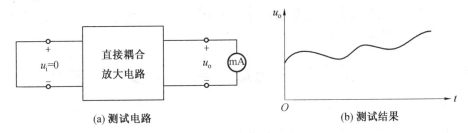

(a) 测试电路　　　　　　　　(b) 测试结果

图3.1 零点漂移现象

引起零点漂移的原因很多,电路中任何元件参数的变化,如电源电压的波动、元件的老化、半导体器件参数随温度变化而产生的变化,都将产生输出电压的漂移。其中温度的影响是最严重的。由温度变化所引起的半导体器件参数的变化就成为产生零点漂移现象的主要原因,因此,也称零点漂移为温度漂移,简称温漂。在阻容耦合放大电路中,这种缓慢变化的漂移电压都将降落在耦合电容之上,而不会传递到下一级电路进一步放大。但是,在直接耦合放大电路中,由于前后级直接相连,前一级的漂移电压会和有用信号一起被送到下一级,而且逐级放大,以至于有时在输出端很难区分什么是有用信号,什么是漂移电压,放大电路不能正常工作。所以有效抑制第一级零点漂移至关重要。

抑制零点漂移方法有很多,如采用温度补偿电路、稳压电源以及精选电路元件等方法。但最有效且被广泛采用的方法是输入级采用差分放大电路。

技术提示:
零点漂移现象:输入没有变化,输出变化了。产生原因:温度变化(使半导体的参数发生了变化);直流电源波动;元器件老化(原子排列发生变化)。其中晶体管的特性对温度敏感是主要原因。克服温漂的方法:引入直流负反馈,进行温度补偿。

3.1.2 各级静态工作点相互影响

如图3.2所示直接耦合放大电路,因级与级之间直接用导线连接,前级的集电极电位恒等于后级的基极电位,前级的集电极电阻 R_{C1} 同时又是后级的偏流电阻,前、后级的静态工作点就互相影响,互相牵制。由于在集成电路中无法制作大容量电容,电路只能采用直接耦合方式,因而在直接耦合放大电路中必须采取一定的措施,必须全面考虑各级的静态工作点的合理配置。常用的办法之一是提高后级的发

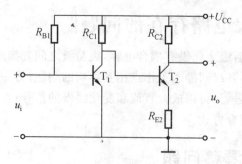

图 3.2 直接耦合放大电路

射极电位。在图 3.2 中是利用 T_2 的发射极电阻 R_{E2} 上的压降来提高发射极的电位。在工程中还有其他方法可以实现前、后级静态工作点的配合。

3.2 差分放大电路

差分放大电路又称差动放大电路,它的输出电压与两个输入电压之差成正比,由此得名。由于它在电路和性能方面具有很多优点,因而广泛应用于集成电路。

3.2.1 差分放大电路组成及零点漂移抑制方法

1. 电路组成

如图 3.3 所示典型差分放大电路,它由完全相同的两个共发射极放大电路组成,采用双电源 U_{CC}、U_{EE} 供电。输入信号 u_{i1} 和 u_{i2} 分别加在两管的基极上,输出电压 u_o 从两管的集电极输出。这种连接方式称为双端输入、双端输出方式。R_C 为三极管的集电极电阻。为了克服电路中可能存在的不完全对称引起的零点漂移,增加差分放大电路公共发射极电阻 R_E,因此该电路也称为长尾式差分放大电路。电路中两管集电极负载电阻的阻值相等,两基极电阻阻值相等。

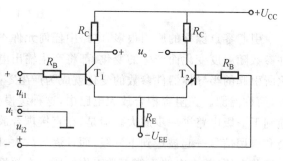

图 3.3 典型差分放大电路

2. 抑制零点漂移的原理

① 依靠电路的对称,采用特性相同的管子,使它们的温漂相互抵消。

图 3.3 所示电路,电路完全对称,两个三极管 T_1、T_2 的特性一样,外接电阻相等,两边各元件的温度特性也一样。当温度变化等原因引起两个管子的基极电流 I_{B1}、I_{B2} 变化时,由于两边电路完全对称,势必引起两管子集电极电流 I_{C1}、I_{C2} 的变化量相等,方向相同,即 $\Delta I_{C1} = \Delta I_{C2}$,集电极电位 U_{C1}、U_{C2} 的变化量也相同,即 $\Delta U_{C1} = \Delta U_{C2}$。

例如:在输入信号为零时,假定温度上升,有

$$\left. \begin{array}{l} T_1 \uparrow \to I_{B1} \uparrow \to I_{C1} \uparrow \to (U_{C1} - \Delta U_{C1}) \downarrow \\ T_2 \uparrow \to I_{B2} \uparrow \to I_{C2} \uparrow \to (U_{C2} - \Delta U_{C2}) \downarrow \end{array} \right\} \to u_o = u_{c1} - u_{c2} = (U_{C1} - \Delta U_{C1}) - (U_{C2} - \Delta U_{C2}) = 0$$

可见,虽然温度变化对每个管子都产生了零点漂移,但在输出端两个管子的集电极电压的变化互相抵消了,所以抑制了输出电压的零点漂移。此方法也可归结为温度补偿。

② 在电路中引入 R_E 的负反馈作用。

发射极电阻 R_E 具有负反馈作用，可以稳定静态工作点，从而进一步减小 U_{C1}、U_{C2} 的绝对漂移量。

3.2.2 差分放大电路的静态分析

当输入信号为零时，放大电路的直流通路如图 3.4 所示。由电路对称性可得

$$I_{BQ1} = I_{BQ2} = I_{BQ}$$
$$I_{CQ1} = I_{CQ2} = I_{CQ}$$
$$I_{EQ1} = I_{EQ2} = I_{EQ}$$
$$U_{CQ1} = U_{CQ2} = U_{CQ}$$
$$U_o = U_{CQ1} - U_{CQ2} = 0$$

由基极回路可以得到

$$U_{EE} = I_{BQ}R_B + U_{BEQ} + 2I_{EQ}R_E$$

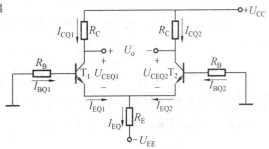

图 3.4 直流通路

通常，R_B 很小，且 I_{BQ} 很小，故

$$I_{EQ} \approx \frac{U_{EE} - U_{BEQ}}{2R_E}$$

$$I_{BQ} = \frac{I_{EQ}}{1+\beta}$$

因 I_{BQ} 很小，把基极电位视为零，发射极电位约等于 $-U_{BEQ}$

$$U_{CEQ} \approx U_{CC} - I_{CQ}R_C + U_{BEQ}$$

所以，选合适的 U_{EE} 和 R_E 就可得合适的工作点 Q。

共发射极电路是先确定 I_{BQ}，而它是利用 U_{EE} 和 R_E 来确定静态工作点，即先确定 I_{EQ}，再去分析其他参数。

由以上分析可知，静态时，每个管子的发射极电路中相当于接入了 $2R_E$ 的电阻，这样每个晶体管的工作点稳定性都得到提高。U_{EE} 的作用是补偿 R_E 上的直流压降，使得晶体管有合适的工作点。

3.2.3 差分放大电路的动态分析

1. 差模输入动态分析

在放大器两输入端分别输入大小相等、极性相反的信号，即 $u_{i1} = -u_{i2}$ 时，所输入的信号称为差模输入信号。差模输入信号用 u_{id} 来表示。差模输入电路如图 3.5 所示。

$$u_{i1} = -u_{i2} = \frac{1}{2}u_{id} \quad \text{或} \quad u_{id} = 2u_{i1}$$

图 3.5 电路中，在输入差模信号 u_{id} 时，由于电路的对称性，使得 T_1 和 T_2 两管的集电极电流为一增一减的状态，而且增减的幅度相同。如果 T_1 的集电极电流增大，则 T_2 的集电极电流减小，即 $i_{c1} = -i_{c2}$。显然，此时 R_E 上的电流没有变化，说明 R_E 对差模信号没有作用，在 R_E 上既无差模信号的电流也无差模信号的电压，因此画差模信号交流通路时，T_1 和 T_2 的发射极是直接接地的，如图 3.6 所示。

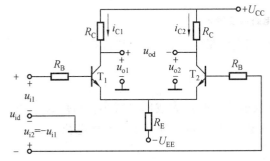

图 3.5 差模输入电路

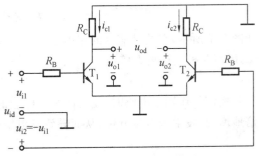

图 3.6 差模输入交流通路

由图3.6看出,在输入差模信号时,两管集电极的对地输出电压 u_{o1} 和 u_{o2} 也是一升一降地变化,因而 T_1 管集电极输出电压 u_{o1} 与 T_2 管集电极输出电压 u_{o2} 大小相等、极性相反,即 $u_{o2}=-u_{o1}$。两管集电极之间输出差模电压为

$$u_{od}=u_{o1}-u_{o2}=2u_{o1}$$

双端输入双端输出差分放大电路的差模电压放大倍数为

$$A_{ud}=\frac{u_{od}}{u_{id}}=\frac{2u_{o1}}{2u_{i1}}=\frac{u_{o1}}{u_{i1}}=A_{ud1}\ (A_{ud1}\ 为单管的差模电压放大倍数)$$

可见,差分放大电路虽用两只晶体管,但它的电压放大能力只相当于单管共射放大电路。因而差分放大电路是以牺牲一只管子的放大倍数为代价,来换取抑制温漂的效果。

由图3.6画出微变等效电路分析可得

$$A_{ud}=-\frac{\beta R_C}{R_B+r_{be}}$$

若图3.6所示电路中,在两管集电极之间接入负载电阻 R_L 时,由于 $u_{o2}=-u_{o1}$,必有 R_L 的中心位置为差模电压输出的交流"地",因此,每边电路的交流等效负载电阻 $R'_L=R_C//(R_L/2)$。这时差模电压放大倍数变为

$$A_{ud}=-\frac{\beta R'_L}{R_B+r_{be}}$$

根据输入电阻的定义,差模信号输入时,从差分放大电路的两个输入端看进去所呈现的等效电阻,称为差分放大电路的差模输入电阻,由图3.6画出微变等效电路可得

$$r_{id}=2(R_B+r_{be})$$

差分放大电路两管集电极之间对差模信号所呈现的等效电阻,称为差分放大电路的差模输出电阻,由图3.6可得

$$r_o=2R_C$$

2. 共模输入动态分析

在放大器两输入端分别输入大小相等、极性相同的信号,即 $u_{i1}=u_{i2}$ 时,所输入的信号称为共模输入信号。共模输入信号用 u_{ic} 来表示。共模输入电路如图3.7所示。可得

$$u_{ic}=u_{i1}=u_{i2}$$

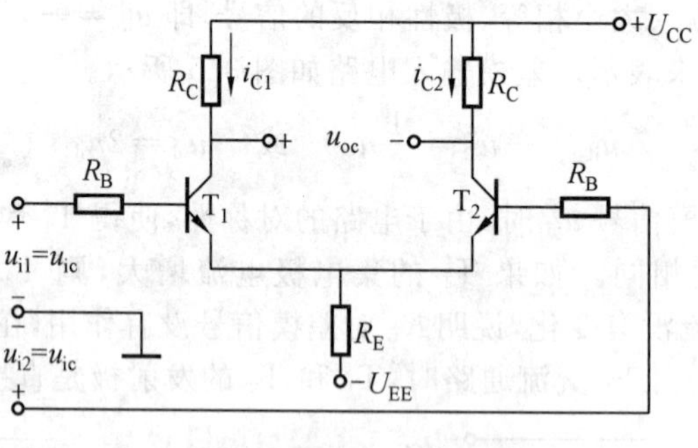

图3.7 差分放大电路共模输入

如图3.7所示,在共模信号的作用下,T_1 管和 T_2 管相应电量的变化完全相同,共模输出电压 $u_{o1}-u_{o2}=0$,因而共模电压放大倍数

$$A_{uc}=0$$

当共模信号作用于电路时,使得两个晶体管的集电极电流同时增大或同时减小,流过 R_E 的电流就会成倍地增加,发射极电位升高,从而导致发射结的两端电压减小,也就抑制了集电极电位的变化。

3. 共模抑制比

为了综合差分放大电路对差模信号的放大能力和对共模信号的抑制能力,引入共模抑制比 K_{CMR},其定义为:差模放大倍数 A_{ud} 与共模放大倍数 A_{uc} 之比,即

$$K_{CMR} = \left| \frac{A_{ud}}{A_{uc}} \right|$$

从上式可以看出,共模抑制比越大,差动放大电路对差模信号的放大能力越强,对零点漂移的抑制能力也越强。当差动放大电路完全对称时,共模抑制比为 ∞。当差动放大电路不完全对称时,共模抑制比是一有限值。

4. 差分放大器的其他输入输出方式

除了前面所述的双端输入双端输出方式外,还有双端输入单端输出、单端输入双端输出、单端输入单端输出,这些输入输出方式在实际中也经常使用。单端输出时,电压放大倍数只有双端输出时电压放大倍数的一半。表 3.1 列出了四种输入输出方式的比较。

表 3.1　差分放大电路四种输入输出方式的比较

输出方式	双端输出		单端输出	
	双端输入	单端输入	双端输入	单端输入
电路	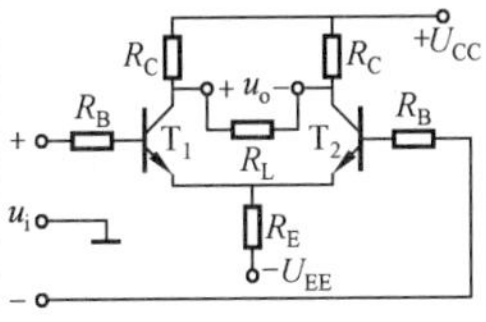 (电路图)	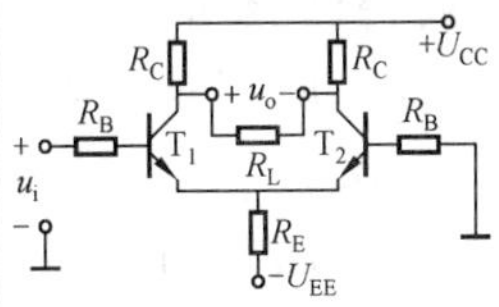 (电路图)	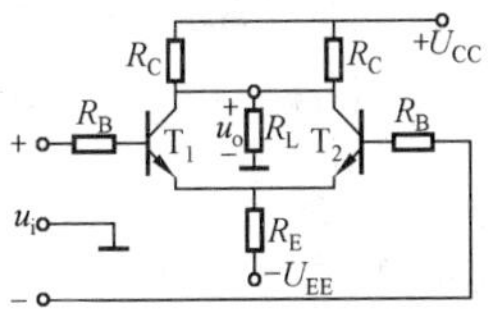 (电路图)	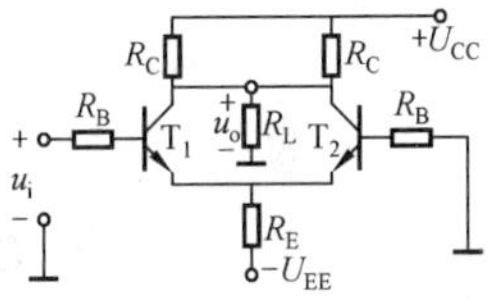 (电路图)
差模电压放大倍数	$A_{ud} = \dfrac{u_o}{u_i} = -\dfrac{\beta(R_C // \frac{R_L}{2})}{R_B + r_{be}}$		$A_{ud} = \dfrac{u_o}{u_i} = -\dfrac{1}{2} \dfrac{\beta(R_C // R_L)}{R_B + r_{be}}$	
共模电压放大倍数及共模抑制比	$A_{uc} \to 0$ $K_{CMR} \to \infty$		A_{uc} 很小 K_{CMR} 高	
输出电阻	$2R_C$		R_C	
差模输入电阻	$2(R_B + r_{be})$			
用途	适用于输入、输出均不接地的情况;常用于多级直接耦合放大器输入级和中间级	适用于将单端输入转换为双端输出,常用于多级直接耦合放大器的输入级	适用于将双端输入转换为单端输出,常用于多级直接耦合放大器的输入级、中间级	适用于输入、输出均要求接地的情况,选择不同管子输出,可使输出电压与输入电压反相或同相

【例 3.1】 差分放大电路如图 3.8 所示。已知:$U_{CC} = U_{EE} = 12$ V,$R_C = R_E = 12$ kΩ,$R_B = 1$ kΩ,晶体管 $\beta = 50$,$U_{BEQ} = 0.6$ V,负载 $R_L = 10$ kΩ。求:

(1) 估算电路中晶体管的静态工作点;

(2) 当 $U_i = 10$ mV 时,输出电压 U_o 为多少?

解　(1) 估算静态工作点

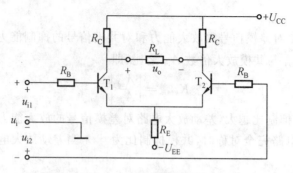

图 3.8　差分放大电路

电路两边完全对称：R_L 上没有电流流过，视为开路，不影响工作点计算，R_E 可视为两个 $2R_E$ 电阻并联，一边一个；只需估算单边电路的静态工作点即可。

列回路电压方程

$$I_{BQ}R_B + U_{BEQ} + (1+\beta)I_{BQ} \times 2R_E = U_{EE}$$

则

$$I_{BQ}/mA = \frac{U_{EE} - U_{BEQ}}{R_B + (1+\beta)2R_E} = \frac{12 - 0.6}{1 + 51 \times 24} \approx 0.01$$

$$I_{CQ}/mA = \beta I_{BQ} = 50 \times 0.01 = 0.5$$

$$U_{CEQ} = U_{CC} - R_C I_{CQ} - 2R_E(1+\beta)I_{BQ} + U_{EE}$$

则

$$U_{CEQ}/V = 12 - 12 \times 0.5 - 2 \times 12 \times 51 \times 0.01 + 12 \approx 6.2$$

（2）计算输出电压

因

$$r_{be} = 300 + (1+\beta)\frac{26}{I_{EQ}(mA)} = 300 + (1+50)\frac{26}{0.5}\ \Omega \approx 3\ k\Omega$$

$$A_{ud} = -\frac{\beta(R_C // \frac{1}{2}R_L)}{R_B + r_{be}} = -\frac{50(12//5)}{1+3} \approx -44$$

故

$$U_o/mV = A_{ud}U_i = (-44) \times 10 = -440$$

> **技术提示：**
> （1）分析差分放大电路时，仍遵循"先静态，后动态"的顺序进行，只有 Q 点正常，动态分析才有意义；
> （2）由于差分电路的特殊性，在分析时要注意判断电路是否具有理想对称性，输入和输出的接法以及由此带来的特点；
> （3）能从射极注入电流，工作点是可以稳定的。在长尾式差分放大电路中，选择合适的 U_{EE} 和 R_E 就可得合适的 Q。

重点串联

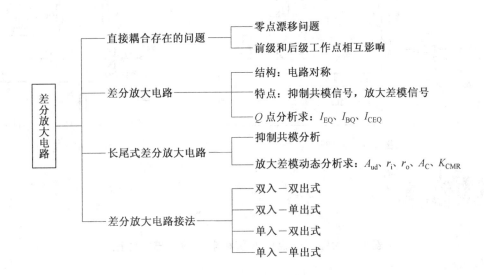

拓展与实训

基础训练

一、选择题

1. 直接耦合放大电路存在零点漂移的原因是（　　）。
   A. 元件老化　　　　　　　　　　　B. 晶体管参数受温度影响
   C. 放大倍数不够稳定　　　　　　　D. 电源电压不稳定

2. 集成放大电路采用直接耦合方式的原因是（　　）。
   A. 便于设计　　　　B. 放大交流信号　　　　C. 不易制作大容量电容

3. 选用差分放大电路的原因是（　　）。
   A. 克服温漂　　　　B. 提高输入电阻　　　　C. 稳定放大倍数

4. 差分放大电路的差模信号是两个输入端信号的（　　），共模信号是两个输入端信号的（　　）。
   A. 差　　　　　　　B. 和　　　　　　　　　C. 平均值

5. 用恒流源取代长尾式差分放大电路中的发射极电阻 R_e，将使电路的（　　）。
   A. 差模放大倍数数值增大　　　　B. 抑制共模信号能力增强　　　　C. 差模输入电阻增大

二、什么是零点漂移？零点漂移产生的原因是什么？零点漂移对放大器工作有何影响？差分放大电路为什么能抑制零点漂移？

三、什么是共模信号、差模信号和共模抑制比？

四、差分放大电路如图 3.9 所示，已知 $U_{CC}=12\ V$，$U_{EE}=-12\ V$，$R_B=2\ k\Omega$，$R_C=8.2\ k\Omega$，$R_E=6.8\ k\Omega$，$\beta=60$，$U_{BEQ}=0.7\ V$，试求：(1) 静态工作点 I_{CQ}、U_{CEQ}；(2) 差模电压放大倍数 $A_{ud}=u_o/u_i$；(3) 差模输入电阻 r_{id} 和输出电阻 r_o。

五、如图 3.10 所示为单端输入单端输出差分放大电路，已知 $U_{CC}=15\ V$，$U_{EE}=-15\ V$，$R_C=10\ k\Omega$，$R_E=14.3\ k\Omega$，$\beta=50$，$U_{BEQ}=0.7\ V$，试求：(1) 静态工作点 I_{CQ}、U_{CEQ}；(2) 差模电压放大倍数 $A_{ud}=u_o/u_i$。

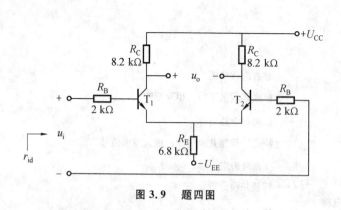
图 3.9 题四图

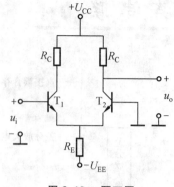
图 3.10 题五图

> 职业能力训练

差分放大器工作点的调整和电压放大倍数测试

1. 实训目的

(1) 通过实验加深了解差分放大器的性能和特点。
(2) 掌握差分放大器的调试方法。
(3) 学习测量差分放大器的差模放大倍数、共模放大倍数及计算共模抑制比的方法。

2. 实训器材

低频信号发生器;示波器;毫伏表;直流稳压电源;通用电学实验台。

3. 实训电路及说明

实训电路如图 3.11 所示。

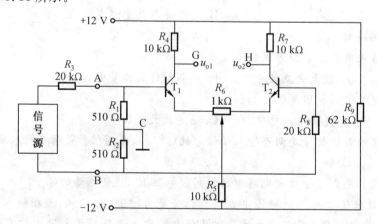
图 3.11 差动放大器实训电路

(1) T_1、T_2 是一对特性相近的对管,两管特性相差越小,差动放大器的优点越能充分发挥。
(2) 在电路的输入端,A、B 两点是对称双端输入端,C 是中心端即接地端;R_6 是调节平衡的电位器。

4. 实训步骤

(1) 按图 3.9 在通用电学实验台上进行插拼连接,检查无误后接入 ±12 V 稳压电源。并调节两组电源输出电压至电路所要求的相应电压值。
(2) 电路的测试。

① 静态工作点的测量。输入端对地短接(A、B、C三点相连接),调节 R_6 使双端输出端 G、H 间的电位差 $U_o=0$ V,测出 T_1、T_2 两管输出 U_{o1}、U_{o2} 的值及 R_5 电阻上的电压 U_{R5};求出 I_C 并完成表3.2的要求。

表3.2 静态工作电压倍数测试数据

$U_{R5}=$				$I_C=$	
差动管	U_C/V	U_B/V	U_E/V	U_{CE}/V	输出端 $U_{o1}-U_{o2}$
T_1					
T_2					

② 差模放大倍数 A_{ud} 的测量。A、B 端的差模信号 $U_i=100$ mV,$f=1$ kHz,测量单端输出电压 U_{o1}、U_{o2} 分别计算其电压放大倍数,并记入表3.3中。

表3.3 差模放大倍数测试数据

U_i	U_{o1}	U_{o2}	$U_o=U_{o1}-U_{o2}$	$A_{ud}=\dfrac{U_o}{U_i}$

③ 共模放大倍数 A_{uc} 的测量。A、B 两端短接,A 与地间加共模信号,$U_i=500$ mV,测出 U_{o1}、U_{o2} 计算出各三极管的电压放大倍数,并记录到表3.4中。

表3.4 共模放大倍数测试数据

U_i	U_{o1}	U_{o2}	$U_o=U_{o1}-U_{o2}$	$A_{uc}=\dfrac{U_o}{U_i}$

计算共模抑制比=

5.实验报告

(1) 复制表3.2、表3.3和表3.4,计算差模电压放大倍数 A_{ud} 和共模电压放大倍数 A_{uc}。
(2) 计算共模抑制比 K_{CMR}。
(3) 思考题:影响共模抑制比的因素是什么?

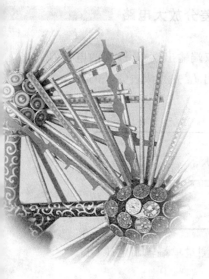

模块 4
功率放大电路

教学聚集

本模块首先介绍对功率放大电路的要求和甲类、乙类、甲乙类功率放大电路的特点,然后介绍OTL、OCL 功率放大电路的结构、工作原理和电路的特点,以及功率放大电路静态工作点的设置方法。

知识目标

◆掌握对功率放大电路的基本要求;
◆掌握功率放大电路的分类及各类放大电路的特点;
◆掌握互补对称功率放大电路的电路结构和工作原理。

技能目标

◆掌握甲类、乙类、甲乙类功率放大电路静态工作点的设置方法。

课时建议

理论教学 4 课时;实训 2 课时。

课堂随笔

4.1 对功率放大电路的要求及功率放大电路的分类

在实际电路中,往往要求放大电路的末级(即输出级)输出一定的功率,以驱动负载。能够向负载提供足够信号功率的放大电路称为功率放大电路,简称功放。从能量控制和转换的角度看,功率放大电路与其他放大电路在本质上没有根本的区别;只是功放既不是单纯追求输出高电压,也不是单纯追求输出大电流,而是追求在电源电压确定的情况下,输出尽可能大的功率。

4.1.1 对功率放大电路的要求

1. 输出功率尽可能大

功率放大电路提供给负载的信号功率称为输出功率。在输入为正弦波且输出不失真条件下,输出功率是交流功率,表达式为 $P_o = I_o U_o$,式中 I_o 和 U_o 均为交流有效值。最大输出功率 P_{om} 是在电路参数确定的情况下负载上可能获得的最大交流功率,即在电源电压一定的情况下,最大不失真输出电压最大。

2. 效率尽可能高

功率放大电路的最大输出功率与电源所提供的功率之比称为转换效率 $W_o \sim W_s$。电源提供的功率是直流功率,其值等于电源输出电流平均值及其电压之积。通常功放输出功率大,电源消耗的直流功率也就多。因此,在一定的输出情况下,减小直流电源的功耗,就可以提高电路的效率。即电路损耗的直流功率尽可能小,静态时功放管的集电极电流近似为零。

3. 非线性失真小

功率放大电路是在大信号状态下工作,电压、电流变化幅度很大,极易超出管子特性曲线的线性范围而进入非线性区造成输出波形的非线性失真。因此,功率放大电路比小信号的电压放大电路线性失真问题严重。

4. 热稳定性好

功放管承受高电压、大电流,管子的功耗使集电结发热、升温,影响功率放大电路性能,严重时会使功放管烧毁,因而大功率管都要安装散热器,以得到良好的热稳定性。

4.1.2 功率放大电路的分类

功率放大电路一般是根据功放管工作点选择的不同进行分类的。常见的有甲类、乙类及甲乙类三种工作状态。

当功率管的静态工作点设在负载线的中间,管子在信号的整个周期内都处于导通状态(导通角为 $d_3 \sim d_0$),如图 4.1(a)所示,称为甲类工作状态,简称甲类功放。

当功放管静态工作点 Q 设在静态电流 $I_C=0$ 处,即 Q 点在截止区时,功放管只在信号的半个周期内导通(导通角为 π),输出波形被削掉一半,如图 4.1(b)所示,称为乙类工作状态,简称乙类功放。在乙类功放状态下,输入信号等于零时,直流电源提供的功率也为零。随着输出信号的增大,电源供给的功率也增大,从而提高了效率。

当功放管静态工作点 Q 设在负载线的下部靠近截止区,管子在信号的半个周期以上的时间内导通(导通角为 $\pi < \theta < 2\pi$),如图 4.1(c)所示,称为甲乙类工作状态,简称甲乙类功放。

按输出耦合方式不同,功率放大路又可分为变压器耦合功率放大电路、无输出变压器(OTL)功率放大电路、无输出耦合电容(OCL)功率放大电路及双向推挽无输出变压器(BTL)功率放大电路等。此外,功率放大电路又可分为分立元件功率放大电路和集成功率放大电路。

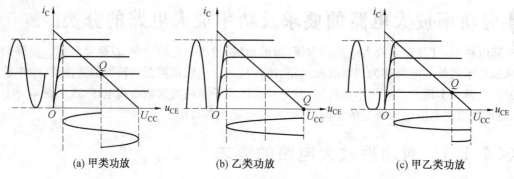

(a) 甲类功放　　　　　(b) 乙类功放　　　　　(c) 甲乙类功放

图 4.1　功率放大电路的分类

> **技术提示：**
>
> 　　希望在输入信号是零时，输出是零。这样输出电压的最大峰值就会接近电源电压，这样的电路能够达到最大不失真输出电压最大。输出功率是负载上获得的交流功率，要注意它是交流功率。

4.2　互补对称功率放大电路

4.2.1　OCL 电路

1. 电路组成及工作原理

图 4.2 是乙类双电源互补对称功率放大电路，又称无输出电容的功率放大电路，简称 OCL 电路。T_1 为 NPN 型管，T_2 为 PNP 型管，两管参数完全对称，称为互补对称管。两管构成的电路形式都为射极输出器，电路工作原理分析如下。

（1）静态分析

由于电路无静态偏置通路，故两管的静态参数 I_{BQ}、I_{CQ}、I_{EQ} 均为零，即两个三极管静态时都工作在截止区，无管耗，电路属于乙类工作状态。负载上无电流，输出电压 $u_o=0$。

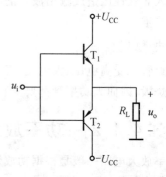

图 4.2　乙类双电源互补对称功率放大电路

（2）动态分析

设晶体管 B−E 间的开启电压可忽略不计，输入电压为正弦波。当 $u_i>0$ 时，T_1 管导通，T_2 管截止，正电源供电，电流如图 4.3(a) 中实线所示，电路为射极输出形式，$u_o\approx u_i$；当 $u_i<0$ 时，T_2 管导通，T_1 管截止，负电源供电，电流如图 4.3(a) 中虚线所示，电路也为射极输出形式，$u_o\approx u_i$。在负载 R_L 上能够获得与输入信号 u_i 变化规律相同的、几乎完整的正弦波输出信号，如图 4.3(b) 所示。可见，电路中 T_1 和 T_2 交替工作，正、负电源交替供电，输出与输入之间双向跟随。不同类型的两只晶体管（T_1 和 T_2）交替工作，且均组成射极输出形式的电路称为"互补"电路，两只管子的这种交替工作方式称为"互补"工作方式。

2. 输出功率和效率

当输入信号按正弦规律变换时，且忽略电路失真。

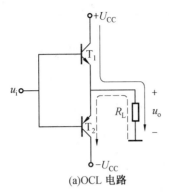
(a)OCL 电路

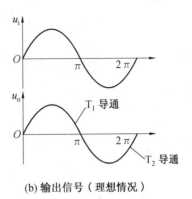
(b)输出信号（理想情况）

图 4.3　乙类双电源互补对称功率放大电路工作原理图

(1) 最大输出功率 P_{om}

根据功率的定义得

$$P_o = \frac{U_o^2}{R_L}$$

功率放大电路在 u_i 从零逐渐增大时，输出电压 u_o 随之增大，管压降逐渐减小，当管压降下降到饱和管压降时，输出电压达到最大幅值，其值为 $U_{CC} - U_{CES}$，因此最大不失真输出电压的有效值为

$$U_{om} = \frac{U_{CC} - U_{CES}}{\sqrt{2}}$$

最大输出功率为

$$P_{om} = \frac{U_{om}^2}{R_L} = \frac{(U_{CC} - U_{CES})^2}{2R_L}$$

若忽略饱和管压降 U_{CES}，则负载上得到的最大输出功率为

$$P_{om} = \frac{1}{2R_L}(U_{CC} - U_{CES})^2 \approx \frac{U_{CC}^2}{2R_L}$$

(2) 直流电源提供的功率 P_E

电源在负载获得最大交流功率时所消耗的平均功率等于其平均电流与电源电压之积，即

$$P_E = \frac{1}{\pi}\int_0^\pi \frac{U_{CC} - U_{CES}}{R_L}\sin(\omega t) \cdot U_{CC} \mathrm{d}(\omega t)$$

则有

$$P_E = \frac{2}{\pi R_L} U_{CC}(U_{CC} - U_{CES})$$

忽略饱和管压降 U_{CES}，电源提供的最大功率为

$$P_{Em} = \frac{2}{\pi R_L} U_{CC}^2$$

(3) 效率 η

输出功率与电源提供的功率之比称为功率放大器的效率。一般情况下效率为

$$\eta = \frac{P_{om}}{P_E} \times 100\% = \frac{\pi}{4} \cdot \frac{U_{CC} - U_{CES}}{U_{CC}}$$

理想情况下忽略 U_{CES}，则得到电路的最大效率为

$$\eta_m \approx \frac{\pi}{4} \cdot \frac{U_{CC} - 0}{U_{CC}} \times 100\% = \frac{\pi}{4} \times 100\% \approx 78.5\%$$

(4) 管耗 P_T

直流电源提供的功率与输出功率之差是消耗在三极管上的功率，即

$$P_T = P_E - P_{om} = \frac{2U_{CC}(U_{CC} - U_{CES})}{\pi R_L} - \frac{(U_{CC} - U_{CES})^2}{2R_L}$$

设 $U_{om} = U_{CC} - U_{CES}$，令 $\frac{dP_T}{dU_{om}} = 0$，由上式可得，当输出电压峰值 $U_{om} = 2U_{CC}/\pi \approx 0.6U_{CC}$ 时，三极管总管耗最大，其值为

$$P_T = P_{Tmax} = \frac{2U_{CC}^2}{\pi^2 R_L} = \frac{4}{\pi^2} P_{om} \approx 0.4 P_{om}$$

每个管子的最大功耗为

$$P_{T1max} = P_{T2max} = \frac{1}{2} P_{Tmax} \approx 0.2 P_{om}$$

（5）功率管的选择

功率管的极限参数有 I_{Cm}、P_{Cm} 和 $U_{(BR)CEO}$，若想得到最大输出功率，功率管的参数应满足下列条件：

① 功率管的最大功耗应大于单管的最大功耗，即

$$P_{Cm} > \frac{1}{2} P_{Tmax} = 0.2 P_{om}$$

② 功率管的最大耐压为

$$|U_{(BR)CEO}| \approx 2U_{CC}$$

即一只三极管饱和导通时，另一只三极管承受的最大反向电压约为 $2U_{CC}$。

③ 功率管的最大集电极电流为

$$I_{Cm} \geq \frac{U_{CC}}{R_L}$$

3. 交越失真及其消除

在乙类互补对称功率放大电路中，静态时三极管处于截止区。由于三极管存在死区电压，当输入信号小于死区电压时，三极管 2^{n-1}、2^{n-2} 仍不导通，输出电压 u_o 也为零。因此在输入信号正、负半周交接的附近，无输出信号，输出波形出现一段失真，如图4.4所示，这种失真称为交越失真。

为了消除交越失真，通常给功率三极管加适当的静态偏置，使其静态时处于微导通状态，导通角在180°～360°之间，电路属于甲乙类功放电路。由于三极管处于微导通状态，静态电流与信号电流相比较，可忽略不计，所以甲乙类功率放大电路的效率接近于乙类功率放大电路。图4.5所示是常用的甲乙类偏置电路，且为二极管偏置电路，图中的 R_1、R_2、D_1、D_2 用来作为 T_1、T_2 的偏置电路，适当选择 R_1、R_2 的阻值，可使 D_1、D_2 连接点的静态电位为0，T_1、T_2 的发射极电位也为0，这样 D_1 上的导通电压为 T_1 提供发射结正偏电压，D_2 上的导通电压为 T_2 提供发射结正偏电压，使功放管静态时微导通，保证了功放管对小于死区电压的小信号也能正常放大，从而克服了交越失真。

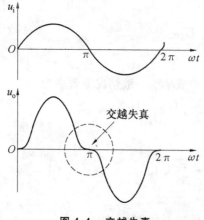

图4.4 交越失真

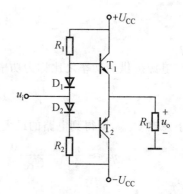

图4.5 甲乙类双电源互补对称功率放大电路

4.2.2 OTL 电路

如图 4.6 所示,采用单电源供电,在两管发射极与负载之间接入一个大容量电容。这种电路称为单电源互补对称功率放大电路,通常称为无输出变压器电路,简称 OTL 电路。

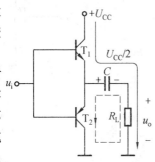

图 4.6 OTL 功率放大电路

静态时,前级电路应使基极电位为 $U_{CC}/2$,由于 T_1 和 T_2 特性对称,发射极电位也为 $U_{CC}/2$,故电容上的电压为 $U_{CC}/2$,极性如图 4.6 所标注。设电容容量足够大,对交流信号可视为短路;晶体管 B-E 间的开启电压可忽略不计;输入信号为正弦波。当 $u_i>0$ 时,T_1 管导通,T_2 管截止,同时对电容 C 充电,电流如图 4.6 实线所示,由 T_1 和 R_L 组成的电路为射极输出形式,$u_o \approx u_i$;当 $u_i<0$ 时,T_2 管导通,T_1 管截止,已充电的电容 C 代替负电源向 T_2 供电电流如图 4.6 中虚线所示,由 T_2 和 R_L 组成的电路也为射极输出形式,$u_o \approx u_i$;故电路输出电压跟随输入电压,只要电容 C 的容量足够大,使其充、放电时间常数 RC 远大于信号周期 T,就可认为在信号变化过程中,电容两端电压基本保持不变。这样,负载 R_L 上就可得到一个完整的信号波形。从基本工作原理上看,OCL、OTL 两个电路基本相同,只是在单电源互补对称电路中每个功放管的工作电压不是 U_{CC},而是 $U_{CC}/2$。所以前面导出的输出功率、管耗和最大管耗等估算公式,要加以修正才能使用,请同学们自行推导。

由于一般情况下功率放大电路的负载电流很大,电容容量常选为几千微法,且为电解电容。电容容量越大,电路低频特性将越好。但是,当电容容量增大到一定程度时,由于两个极板面积很大,需卷制而成,电解电容不再是纯电容,而存在漏阻和电感效应,低频特性将不会明显改善。

4.2.3 采用复合管的准互补对称功率放大电路

互补对称电路需要一对特性对称的功放管,但由于工艺上的原因,类型不同的大功率管难以做到特性对称,因此在大功率输出电路中,常采用复合管互补对称电路。

1. 复合管

复合管是由两个或两个以上三极管通过一定的方式连接形成的一个等效三极管,如图 4.7 所示。复合管由一只小功率的三极管和一只大功率的三极管组成,复合管的等效管型和极性与第一只三极管即小功率三极管的类型相同。

2. 复合管组成的准互补对称功放电路

把互补对称 OTL 电路的 NPN 和 PNP 互补管分别用图 4.7(a)、4.7(d) 中的复合管来代替,就可得到复合管组成的准互补对称功放电路,如图 4.8 所示。之所以称为准互补是因为该电路的输出管 T_3、T_4 是同型管,而互补作用是由 T_1、T_2 实现的。图中 T_1 发射极和 T_2 集电极所接的电阻 R_{E1} 和 R_{E2} 分别为 T_1 和 T_2 的穿透电流 I_{CEO} 提供的泄放通路,以避免这两个不稳定电流被输出管放大,造成输出电流的稳定性变差。二极管 D_1、D_2 和电阻 R 为三极管提供微导通电压。大电容可起到负电源的作用。R_{B1}、R_{B2} 可使静态两复合管发射极电位为 $0.5U_{CC}$。

【例 4.1】 在图 4.5 所示电路中,已知 $U_{CC}=16\ V$,$R_L=4\ \Omega$,T_1 和 T_2 管的饱和管压降 $U_{CES}=2\ V$,输入电压足够大。试问:

(1) 最大输出功率 P_{om} 和效率 η 各为多少?

(2) 晶体管的最大功耗 P_{Tmax} 为多少?

(3) 为使输出功率达到 P_{om},输入电压的有效值约为多少?

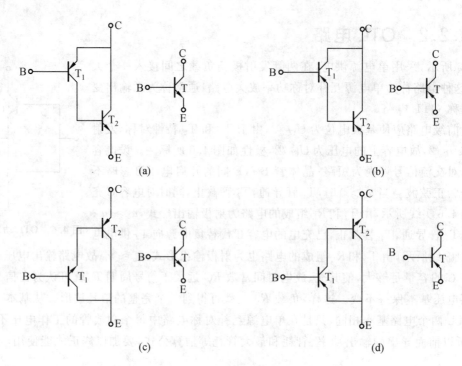

图 4.7 复合管的几种接法

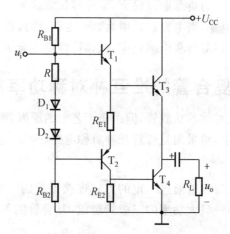

图 4.8 准互补对称功放电路

解 (1) 最大输出功率和效率分别为

$$P_{om}/W = \frac{(U_{CC} - |U_{CES}|)^2}{2R_L} = \frac{(16-2)^2}{2 \times 4} = 24.5$$

$$\eta = \frac{\pi}{4} \cdot \frac{U_{CC} - |U_{CES}|}{U_{CC}} = \frac{\pi}{4} \cdot \frac{16-2}{16} \times 100\% \approx 68.7\%$$

(2) 晶体管的最大功耗

$$P_{Tmax}/W = \frac{U_{CC}^2}{\pi^2 R_L} = \frac{16^2}{\pi^2 \times 4} \approx 6.48$$

(3) 因为该电路为射极输出形式,输入电压有效值约等于最大不失真输出电压的有效值,故输出功率为 P_{om} 时的输入电压有效值,即

$$U_i/V \approx U_{om} \approx \frac{U_{CC} - |U_{CES}|}{\sqrt{2}} = \frac{16-2}{\sqrt{2}} \approx 9.9$$

【例 4.2】 图 4.9 所示为两种功率放大电路。已知图中所有晶体管的电流放大系数、饱和管压降的

数值等参数完全相同,导通时 B−E 间电压可忽略不计,电源电压 U_{CC} 和负载电阻 R_L 均相等。填空:

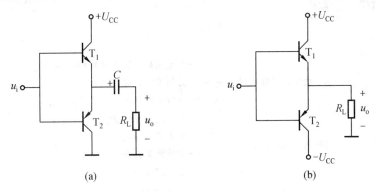

图 4.9　功率放大电路

(1) 分别将各电路的名称(OCL、OTL)填入空内,图 4.9(a)所示为_____电路,图 4.9(b)所示为_____电路;

(2) 静态时,晶体管发射极电位 u_e 为零的电路为_____;

(3) 在输入正弦波信号的正半周,图 4.9(a)中导通的晶体管是_____,图 4.9(b)中导通的晶体管是_____;

(4) 负载电阻 R_L 获得的最大输出功率最大的电路为_____;

(5) 效率最高的电路为_____。

解　提示,本题考查是否掌握电路的结构、特点。

(1) 答案为 OTL、OCL。

(2) 由于图 4.9(a)所示电路是单电源供电,为使电路的最大不失真输出电压最大,静态应设置晶体管发射极电位为 $U_{CC}/2$,因此,只有图 4.9(b)所示的 OCL 电路在静态时晶体管发射极电位为零。答案为图(b)。

(3) 根据电路的工作原理,图 4.9(a)和 4.9(b)所示电路中的两只管子在输入为正弦波信号时应交替导通。因此答案为 T_1、T_1。

(4) 在两个电路中,哪个电路的最大不失真输出电压最大,哪个电路的负载电阻 R_L 获得的最大输出功率最大。两个电路最大不失真输出电压的峰值分别为 $\left(\dfrac{U_{CC}}{2}-|U_{CES}|\right)$、$(U_{CC}-|U_{CES}|)$,所以答案为图 4.9(b)。

(5) 根据(4)中的分析可知,在同样的电源电压条件下 OCL 电路输出电压的峰值最大,即最大输出功率最大,其转换效率最高,因而答案为图 4.9(b)。如果忽略 U_{CES},效率是一样的。

技术提示:

(1) 大功率管的饱和管压降 U_{CES} 常为 2~3 V,数值较大不可忽略。

(2) 求解功率放大电路最大输出功率 P_{om} 的方法是:首先求出最大不失真输出电压(有效值)U_{om},然后利用 $P_{om}=U_{om}^2/R_L$ 求出 P_{om}。

(3) 在电源电压确定的情况下,功率放大电路以输出尽可能大的不失真信号功率和具有尽可能高的转换效率为组成原则。

重点串联

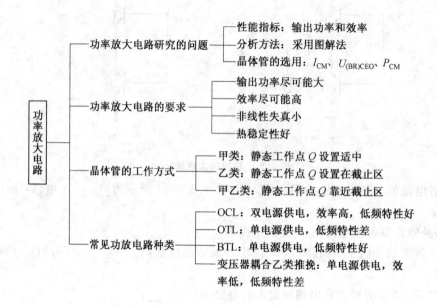

表 4.1 常用 OLC、OTL 电路功率放大电路一览表

电路名称	电路组成	U_{om}	P_{om}	η	特点
OCL 电路		$\dfrac{U_{CC} - \lvert U_{CES} \rvert}{\sqrt{2}}$	$\dfrac{(U_{CC} - \lvert U_{CES} \rvert)^2}{2R_L}$	$\eta = \dfrac{\pi}{4} \cdot \dfrac{U_{CC} - \lvert U_{CES} \rvert}{U_{CC}}$	双电源供电,效率较高,P_{om} 决定于 U_{CC},低频特性好
OTL 电路		$\dfrac{(U_{CC}/2) - \lvert U_{CES} \rvert}{\sqrt{2}}$	$\dfrac{[(U_{CC}/2) - \lvert U_{CES} \rvert]^2}{2R_L}$	$\eta = \dfrac{\pi}{4} \cdot \dfrac{\dfrac{U_{CC}}{2} - \lvert U_{CES} \rvert}{\dfrac{U_{CC}}{2}}$	单电源供电,效率较 OCL 电路低,P_{om} 决定于 $U_{CC}/2$,低频特性差

拓展与实训

基础训练

1. 分析下列说法是否正确,用"√"、"×"表示判断结果填入括号内。

(1) 在功率放大电路中,输出功率越大,功放管的功耗越大。 ( )

(2) 功率放大电路的最大输出功率是指在基本不失真情况下,负载上可能获得的最大交流功率。
( )
(3) 当 OCL 电路的最大输出功率为 1 W 时,功放管的集电极最大耗散功率应大于 1 W。( )
(4) 功率放大电路与电压放大电路、电流放大电路的共同点是
① 都使输出电压大于输入电压; ( )
② 都使输出电流大于输入电流; ( )
③ 都使输出功率大于信号源提供的输入功率。 ( )
(5) 功率放大电路与电压放大电路的区别是
① 前者比后者电源电压高; ( )
② 前者比后者电压放大倍数数值大; ( )
③ 前者比后者效率高; ( )
④ 在电源电压相同的情况下,前者比后者的最大不失真输出电压大; ( )
⑤ 前者比后者的输出功率大。 ( )
(6) 功率放大电路与电流放大电路的区别是
① 前者比后者电流放大倍数大; ( )
② 前者比后者效率高; ( )
③ 在电源电压相同的情况下,前者比后者的输出功率大。 ( )

2. 已知电路如图 4.5 所示,T_1 和 T_2 管的饱和管压降 $|U_{CES}|=3$ V,$U_{CC}=15$ V,$R_L=8$ Ω。选择正确答案填入空内。

(1) 电路中 D_1 和 D_2 管的作用是消除( )。
A. 饱和失真　　　B. 截止失真　　　C. 交越失真
(2) 静态时,晶体管发射极电位 U_{EQ} _____。
A. >0 V　　　B. =0 V　　　C. <0 V
(3) 最大输出功率 P_{om}( )。
A. ≈28 W　　　B. =18 W　　　C. =9 W

3. 选择合适的答案,填入空内。
(1) 功率放大电路的最大输出功率是在输入电压为正弦波时,输出基本不失真情况下,负载上可能获得的最大( )。
A. 交流功率　　　B. 直流功率　　　C. 平均功率
(2) 功率放大电路的转换效率是指( )。
A. 输出功率与晶体管所消耗的功率之比
B. 最大输出功率与电源提供的平均功率之比
C. 晶体管所消耗的功率与电源提供的平均功率之比

4. 功率放大电路如图 4.10 所示,已知电源电压 $U_{CC}=6$ V,负载 $R_L=4$ Ω,C_2 的容量足够大,三极管 T_1、T_2 对称,$U_{CES}=1$ V,试求:
(1) 说明电路名称;
(2) 求理想情况下负载获得的最大不失真输出功率;
若 $U_{CES}=2$ V,求电路的最大不失真功率;
(3) 选择功率管的参数 I_{CM}、P_{CM} 和 $U_{(BR)CEO}$;
(4) 输入电压有效值 $U_i=4$ V 时的输出功率 P_o(忽略 U_{BEQ})。

5. 甲乙类互补对称电路如图 4.11 所示,$U_{CC}=12$ V,$R_L=35$ Ω,两个管子的饱和压降 $U_{CES}=2$ V。试求:

(1)最大不失真输出功率;
(2)电源供给功率和最大输出功率时的效率。

6.分析图4.12所示的OCL电路原理,试回答:

(1)静态时,负载R_L中的电流应为多少?如果不符合要求,应调整哪个电阻?

(2)若输出电压波形出现交越失真,应调整哪个电阻,如何调整?

(3)若二极管D_1和D_2的极性接反,将产生什么后果?

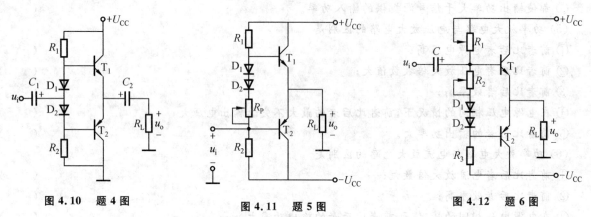

图4.10 题4图　　图4.11 题5图　　图4.12 题6图

7.已知互补对称功率放大电路如图4.9(b)所示,已知$U_{CC}=24\text{ V}$,$R_L=8\text{ }\Omega$。试估算该放大电路最大输出功率P_{om}及此时电源供给的功率P_E和管耗P_T,并说明该功放电路对功率管的要求。

8.为什么单管放大电路不适宜作为功率放大电路?

9.分析OTL、OCL电路的最大不失真电压、最大输出功率和效率。

▶职业能力训练

互补对称OCL功率放大电路调试

1.实验目的

(1)了解互补对称功率放大器的工作原理和特点。

(2)掌握功率放大电路工作点设置。

(3)了解产生交越失真的原因及消除交越失真的办法。

2.实训电路

实训电路如图4.13所示。

3.实训器材

低频信号发生器;示波器;万用表;直流稳压电源;实训电路板。

4.实训步骤

将±15 V双路直流稳压电源接入图4.13所示电路。

(1)调整直流工作状态

令$u_i=0$,配合调节R_{P1}和R_{P2},用万用表测量C点的电位U_C,使$U_C=0\text{ V}$,U_{AB}等于T_2、T_3两管死区电压之和。一般R_{P1}和R_{P2}需要反复调节,才能使$U_C=0\text{ V}$且又刚好不失真。

(2)观察并消除交越失真现象

①A、B不短接,输入信号为50 mV、频率为1 kHz时,功率放大电路输出不失真波形。观察后画出输出波形。

② 将电路中 A、B 两点用导线短路,在输入端加入 $f=1\ \text{kHz}$ 的正弦信号。调整输入信号幅度(如 50 mV),放大电路产生交越失真,观察并画出输出波形。

③ 比较(1)、(2)两步的输出波形,并回答两波形不同的原因。

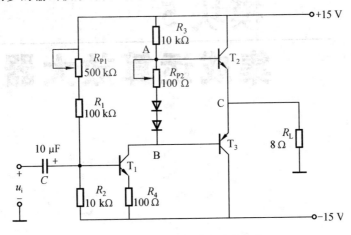

图 4.13 互补对称功率放大电路

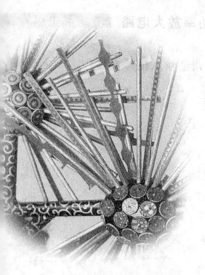

模块 5
集成运算放大器及应用

教学聚集

本模块介绍了集成运算放大器的组成、主要参数和电压传输特性；理想运算放大器的特性和虚短、虚断两个重要概念；反馈的概念；反馈类型的判别方法；负反馈对放大器性能的影响；集成运算放大器的线性应用及线性应用电路的分析方法；集成运算放大器的非线性应用及非线性应用电路的分析方法。

知识目标

◆掌握集成运算放大器的组成、主要参数和理想运算放大器的特点；
◆掌握反馈的概念；
◆掌握反馈类型的判别方法；
◆掌握负反馈对放大器性能的影响；
◆掌握集成运算放大器应用电路的分析方法。

技能目标

◆掌握运算放大器的应用方法。

课时建议

理论教学 4 课时；实训 4 课时。

课堂随笔

5.1 集成运算放大器概述

集成电路(IC)是一种将"管"和"路"紧密结合的器件,它以半导体单晶硅为芯片,采用专门的制造工艺,把晶体管、场效应管、二极管、电阻和电容等元件及它们之间的连线所组成的完整电路制作在一起,使之具有特定功能的电子器件。集成运算放大电路最初多用于各种模拟信号的运算(如比例、求和、求差、积分、微分……)上,故被称为集成运算放大电路或集成运算放大器,简称集成运放。集成运放广泛用于模拟信号的处理和信号发生电路之中,因其高性能、低价位,在大多数情况下,已经取代了分立元件放大电路。

5.1.1 集成运算放大器的符号和组成

1. 常用集成运算放大器

在电子电路中,常用的集成运放有:通用型运放,如 μA741、LM358 等,这类器件的特点是价格低廉,产品量大,应用面广,其性能指标适合于一般性使用;高阻型运放,如 LF347、LF355、CA3140 等,特点是差模输入阻抗非常高,输入偏置电流非常小;高速型运放,如 LM318,特点是具有高的转换速率和宽的频率响应;低功耗型运放,如 OPA333;低温漂型运放,如 OP-07。以上各例如图 5.1 所示。

图 5.1 常用集成运放

2. 集成运算放大器的组成

集成运算放大器主要由输入级、中间级、输出级和偏置电路四部分组成,如图 5.2 所示。

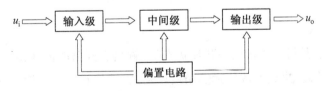

图 5.2 集成运放的组成

(1) 输入级

输入级是集成运放的关键部分,对运放的许多指标起着决定性作用。输入级大都采用差分放大电路的形式,可以减小放大电路的"零点漂移",提高输入电阻。

(2) 中间级

中间级的主要任务是提高整个电路的电压放大倍数,它可由一级或多级放大器组成。

(3)输出级

输出级的主要作用是提供足够的输出功率以满足负载的需要,同时还应具有较低的输出电阻以便增强带负载的能力,也应有较高的输入电阻,以免影响前级的电压放大倍数。一般由射极输出器或互补对称电路构成,输出电阻很小,能使输出端获得较大功率,提高带负载的能力。

(4)偏置电路

偏置电路的作用是给集成运放的各级电路提供合适的偏置电流,确定各级静态工作点。

3. 符号与特性

运算放大器的图形符号如图5.3(a)所示。运算放大器有两个输入端,一个输出端。标有"−"号的输入端称为反相输入端,仅由此端输入信号时,输出电压u_o与输入电压u_i相位相反;标有"+"号的输入端称为同相输入端,仅由此端输入信号时,输出电压u_o与输入电压u_i相位相同。图5.3(b)中,A、B间是集成运放的线性运行区,A、B两点以外的区域为正、负饱和区。

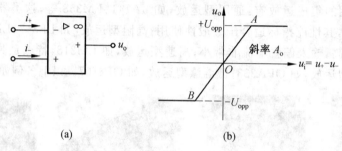

图 5.3 运算放大器的符号与特性

技术提示:

集成运放实质上是一个具有高放大倍数的多级直接耦合放大电路。对于由双极型晶体管组成的集成运放,输入级多采用差分放大电路,中间级为共射电路,输出级多采用互补输出电路,偏置电路是多路电流源电路。

5.1.2 集成运算放大器的主要参数

集成运放的参数是反映其性能好坏的指标,是正确选择和使用集成运放的依据。常用的主要参数如下:

1. 开环电压放大倍数 A_{ud}

开环电压放大倍数 A_{ud} 是指集成运放在开环状态下,输出端开路时的输出电压与两个输入端信号电压之差的比值。A_{ud} 值越高,集成运放的运算精度就越高,工作越稳定。性能良好的集成运放的 A_{ud} 值可高达几万至几十万。

2. 差模输入电阻 r_{id}

两输入端之间的等效电阻称为差模输入电阻。它等于两个输入端的差模电压与差模电流的比值。

3. 开环输出电阻 r_o

开环输出电阻 r_o 是指元件在开环状态下,在差模输入电压恒定时,运算放大器带负载前与带负载后的输出电压变化量与输出电流变化量的比值。

4. 最大输出电压 U_{opp}

能使输出电压和输入电压保持线性关系的输出电压的最大值称为最大输出电压。

5. 输入失调电压 U_{IO}

由于实际运放在输入电压为零时,输出电压并不完全为零,为达到零输入时零输出的要求,在输入端加入补偿电压,即输入失调电压 U_{IO},一般运放的 U_{IO} 值为 $1\sim 10$ mV,高质量的在 1 mV 以下。

6. 输入偏置电流 I_{IB}

当运放输出电压为零时,两个输入端静态电流的平均值称为输入偏置电流,其值一般为 10 nA $\sim$ 1 μA。

7. 输入失调电流 I_{IO}

实际运放由于元件的离散性,当输入电压为零时两个输入端的静态电流一般不相等,它们的差值即输入失调电流,其值一般为 1 nA $\sim$ 0.1 μA。

8. 共模抑制比 K_{CMR}

运放的开环差模电压放大倍数与共模电压放大倍数的比值为共模抑制比,常用对数表示,$K_{CMR} = 20\lg\left|\dfrac{A_{ud}}{A_{uc}}\right|$,值越大,表示抑制共模信号的能力越强。

> **技术提示:**
> (1) 开环与闭环的概念:运放在没有外加反馈时的工作状态称为开环;运放在引入深度负反馈时的工作状态称为闭环,此时运放的输入和输出电压具有线性关系。
> (2) 集成运放主要有两种输入方式,差模输入和共模输入。当运放的同相输入端和反相输入端的输入电压信号大小相等、相位相反时,该输入信号为差模输入信号;当运放的同相输入端和反相输入端的输入电压信号大小相等、相位相同时,该输入信号为共模输入信号。

5.1.3 理想运算放大器

1. 理想运放的参数

在分析集成运放的各种应用电路时,为简化分析,常常将实际的运算放大器视为理想运算放大器。理想运放的各项参数是:

差模输入电阻 $r_{id} = \infty$;

输出电阻 $r_o = 0$;

开环电压放大倍数 $A_{ud} = \infty$;

共模抑制比 $K_{CMR} = \infty$;

输入偏置电流 $I_{IB} = 0$;

输入失调电压 $U_{IO} = 0$;

输入失调电流 $I_{IO} = 0$。

2. 两个重要法则

理想运放工作在线性区时有两个重要特点:

(1) 虚短

当工作在线性区,运放的输出电压与两个输入端的电压间存在着线性放大关系,即

$$u_o = A_{ud}(u_+ - u_-) \quad (5.1)$$

式中,u_o 是集成运放的输出端电压;u_+ 和 u_- 分别是其同相输入端和反相输入端电压;A_{ud} 是开环电压放大倍数。因为理想运放的 $A_{ud} = \infty$,所以由式(5.1)可得

$$u_+ - u_- = \frac{u_o}{A_{ud}} \approx 0$$

即

$$u_+ \approx u_- \quad (5.2)$$

上式表示运放同相与反相输入端两点的电位接近相等,如同将这两点短路一样。但实际上并未被短路,因而是虚假的短路,所以将这种现象称为"虚短"。

(2) 虚断

由于理想运放的差模输入电阻 $r_{id} = \infty$,差模输入电压 $u_i \approx 0$,因此两个输入端电流接近零,即

$$i_+ = i_- \approx 0 \quad (5.3)$$

此时,运放的同相和反相输入端的电流都可看成零,如同这两点被断开一样,这种现象称为"虚断"。

"虚短"和"虚断"是理想运放工作在线性区时的两点重要结论,常常作为今后分析运放应用电路的出发点,因此必须牢牢掌握。

> **技术提示:**
> 理想运放的两个输入端电位相等(虚短),净输入电流为0(虚断)。但须注意:$i_+ = i_- \approx 0$ 可适用于任何场合,但 $u_+ \approx u_-$ 只适用于线性工作的情况。

5.2 负反馈放大器

在实用放大电路中,几乎都要引入这样或那样的反馈,以改善放大电路某些方面的性能。因此,掌握反馈的基本概念及判断方法是研究实用电路的基础。

5.2.1 反馈及其分类

1. 反馈的基本概念

什么是电子电路中的反馈?在电子电路中,将输出量(输出电压或输出电流)的一部分或全部通过一定的电路作用到输入回路,用来影响其输入量(放大电路的输入电压或输入电流)的措施称为反馈。

按照反馈放大电路各部分的功能可将其分为放大电路和反馈电路两部分,如图5.4所示。前者主要功能是放大信号,后者主要功能是传输反馈信号。放大电路的输入信号称为净输入量(图中 x_i'),它不但取决于输入量(图中 x_i),还与反馈量(图中 x_f)有关。图中的符号 $\otimes$ 表示求和环节。

放大电路的放大倍数用 A 表示,反馈电路的输出信号 x_f 与反馈电路的输入信号 x_o 的比值称为反馈系数,用 F 表示,它们分别为

$$A = \frac{x_o}{x_i'} \quad (5.4)$$

$$F = \frac{x_f}{x_o} \quad (5.5)$$

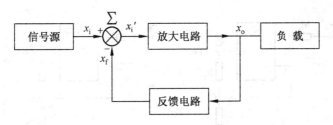

图 5.4　反馈放大电路的一般框图

$$x_i' = x_i - x_f \tag{5.6}$$

将 A_f 定义为反馈放大电路的闭环放大倍数，含义是引入反馈后放大电路的输出信号与外加输入信号之间总的放大倍数，表达式为 $A_f = \dfrac{x_o}{x_i}$，整理以上式子可得

$$A_f = \dfrac{A}{1 + AF} \tag{5.7}$$

2. 反馈的形式

下面来具体地学习反馈的几种形式：

(1) 正反馈和负反馈

根据反馈极性的不同，可以分为正反馈和负反馈。

如果引入的反馈信号增强了外加输入信号的作用，从而使放大电路的输出电压得到提高，这样的反馈称为正反馈。

如果反馈信号削弱外加输入信号的作用，使放大电路的输出电压降低，则称为负反馈。负反馈使电路的很多性能得到改善，因而获得广泛应用。

正、负反馈的判断可以采用瞬时极性法：先假定输入信号在某一时刻对地的极性，然后逐级推出电路其他有关各点电流的流向和电压的极性，最后判断反馈到输入端信号的瞬时极性是增强还是削弱了原来的输入信号，如图 5.5(a)、(b) 所示。

(2) 电压反馈和电流反馈

反馈信号取自输出端的电压，且与输出电压成正比，称为电压反馈；反馈信号取自输出端的电流并与输出电流成正比，称为电流反馈。

判断方法是：假设将输出端短路，如输出电压 u_o 为零，反馈信号 u_f 也为零，则为电压反馈；若输出电压 u_o 为零，反馈信号 u_f 不为零，则为电流反馈，如图 5.5(c)、(d) 所示。

(3) 串联反馈和并联反馈

根据反馈信号和输入信号在放大电路输入回路中的连接方式来区分。串联反馈是指放大电路的净输入电压是由输入信号 u_i 和反馈信号 u_f 串联而成；并联反馈是指放大电路的净输入电流是由反馈电流 i_f 与输入电流 i_i 并联而成。

判断方法是：假设将输入端短路，如果这时反馈信号不为零，则为串联反馈；如果这时反馈信号同样被短路，净输入信号为零，则为并联反馈，如图 5.5(e)、(f) 所示。

【例 5.1】　试判断图 5.6(a) 所示电路中标有 R_F 的反馈电阻所形成的反馈类型（正、负、串联、并联、电压、电流），并写出对应的输出电压表达式。

解　反馈信号 u_f 取自输出电压，所以是电压反馈；反馈信号和输入信号接在不同的输入端，是串联反馈；反馈信号接在反相输入端，所以是负反馈，综上所述电阻 R_F 形成的反馈为电压串联负反馈。

用定义法求输出电压的表达式。如图 5.6(b) 所示，设 A 点电位为 u_A，根据"虚短"有 $u_+ = u_- = u_i$；根据"虚断"有 $i_1 = i_f$，即

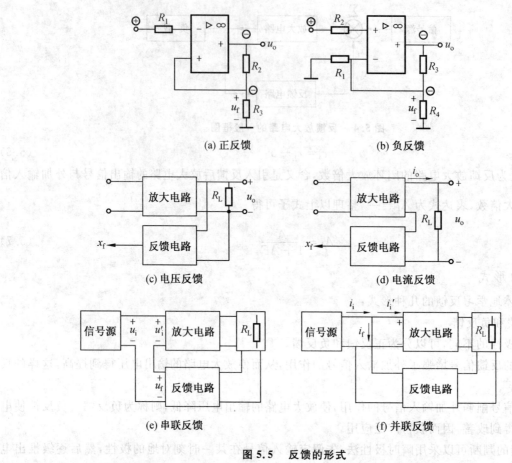

图 5.5 反馈的形式

$$-\frac{u_-}{R_1} = \frac{u_- - u_A}{R_F} \Rightarrow u_A = \left(1 + \frac{R_F}{R_1}\right) u_i$$

在图 5.6(b) 中,节点 A 的电流关系为 $i_3 = i_4 - i_f = i_4 - i_1$,即

$$\frac{u_o - u_A}{R_3} = \frac{u_A}{R_4} + \frac{u_-}{R_1}$$

则

$$u_o = \frac{R_3}{R_4} u_A + \frac{R_3}{R_1} u_- + u_A = \left(1 + \frac{R_F}{R_1}\right)\left(1 + \frac{R_3}{R_4}\right) u_i + \frac{R_3}{R_1} u_i$$

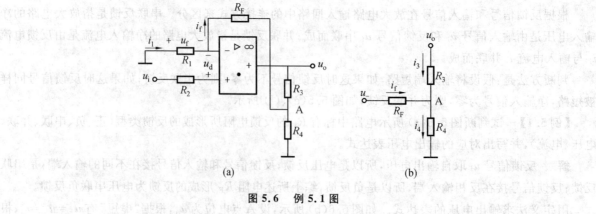

图 5.6 例 5.1 图

5.2.2 负反馈放大器

通过引入负反馈,可以使放大器的诸多性能如增益的稳定性、线性、频率响应、阶跃响应等得到改善。此外,制造过程以及使用环境所造成的器件参数偏差对放大器性能的影响,可以通过引入负反馈得到缓解。引入了负反馈的放大器称为负反馈放大器。

负反馈有四种组态,它们分别是:电压串联负反馈、电压并联负反馈、电流串联负反馈和电流并联负反馈。

1. 电压串联负反馈

在图5.7(a)中,从集成运放的输出端到反相输入端之间通过电阻R_f引入一个反馈。反馈电压u_f等于输出电压u_o在电阻R_1和R_f分压后得到的值,即反馈电压与输出电压成正比。在输入回路中,净输入电压u_i'等于其同相输入端与反相输入端的电压之差。在理想情况下,运放的输入电流为零,故电阻R_2上没有压降,于是得$u_i'=u_i-u_f$,即输入信号与反馈信号以电压的形式求和,而且,反馈电压将削弱外加输入电压的作用,使放大倍数降低。以上分析说明,图5.7(a)引入的是电压串联负反馈。

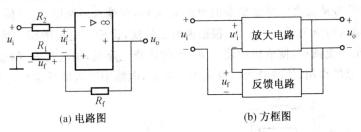

(a) 电路图　　　　　　　　(b) 方框图

图 5.7　电压串联负反馈

为了便于分析引入负反馈后的一般规律,常利用方框图来表示各种组态的负反馈。电压串联负反馈的方框图如图 5.7(b) 所示。

电压串联负反馈的工作过程如下:设输入信号u_i不变,若负载电阻因某种原因减小,导致输出电压u_o减小,则经R_f、R_1分压得到的反馈信号u_f也随之减小,使得净输入信号u_i'增大($u_i'=u_i-u_f$),相应地输出信号u_o也增大,从而抑制了u_o减小的趋势,稳定了输出电压。

2. 电压并联负反馈

图5.8(a)中,反馈信号i_f从放大电路的输出电压u_o采样,属于电压反馈。而在输入回路中,净输入电流i_i'等于外加输入电流i_i与反馈电流i_f之差,即$i_i'=i_i-i_f$,说明二者以电流形式求和。根据瞬时极性法,设输入电压的瞬时值升高,则输出电压将反相,即其瞬时值将降低,于是流过电阻R_f的反馈电流i_f将增大,又由于$i_i'=i_i-i_f$,在i_i不变的情况下,i_i'减小,故为负反馈。以上分析说明,图5.8(a)所示电路引入的是电压并联负反馈,其方框图如图5.8(b)所示。

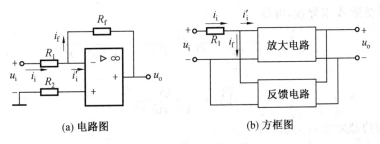

(a) 电路图　　　　　　　　(b) 方框图

图 5.8　电压并联负反馈

3. 电流串联负反馈

图 5.9 中，反馈电压为 $u_f = i_o R_f$，即反馈电压与输出电流成正比。在放大电路的输入回路中，净输入电压为 $u_i' = u_i - u_f$，即外加输入信号与反馈信号以电压的形式求和。根据瞬时极性法，不难判断出反馈电压将削弱输入电压的作用，使放大倍数降低，因此，这个组态是电流串联负反馈。

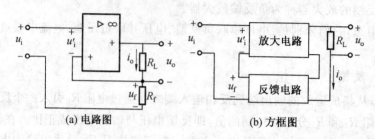

(a) 电路图　　　　　　　　(b) 方框图

图 5.9　电流串联负反馈

4. 电流并联负反馈

图 5.10 中，反馈信号从放大电路输出端的电流 i_o 采样，在输入回路中，反馈信号与外加输入信号以电流的形式求和，净输入电流为 $i_i' = i_i - i_f$。根据瞬时极性法，设输入电压的瞬时值升高，则输出电压的瞬时值降低，于是输出电流减小，使输出电流在 R_3 上的压降也降低，则流过 R_f 的反馈电流将增大，此反馈电流将削弱输入电流的作用，使净输入电流减小。可见，电路中引入的反馈是电流并联负反馈。

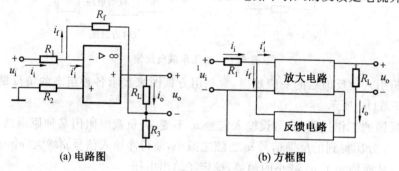

(a) 电路图　　　　　　　　(b) 方框图

图 5.10　电流并联负反馈

5.2.3　负反馈对放大器性能的影响

放大电路引入负反馈后，虽然放大倍数有所下降，但是提高了放大电路的稳定性。而且远不止于此，采用负反馈还能改善放大电路的其他各项性能，归纳如下：

1. 提高放大倍数的稳定性

将式(5.7)对变量 A 求导数，可得

$$\frac{dA_f}{dA} = \frac{1}{1+AF} - \frac{AF}{(1+AF)^2} = \frac{1}{(1+AF)^2}$$

或

$$dA_f = \frac{dA}{(1+AF)^2}$$

将上式等号两边都除以 A_f，则可得

$$\frac{dA_f}{A_f} = \frac{1}{1+AF} \times \frac{dA}{A} \tag{5.8}$$

式(5.8)表明，负反馈放大电路闭环放大倍数 A_f 的相对变化量，等于无反馈时放大倍数 A 的相对变

化量的 $1+AF$ 分之一。也就是说,引入负反馈后,放大倍数下降为原来的 $1+AF$ 分之一,但放大倍数的稳定性提高了 $1+AF$ 倍。

2. 减小非线性失真

由于放大器件特性曲线的非线性,当输入信号为正弦波时,输出信号的波形可能不再是一个正弦波,而将产生或多或少的非线性失真。当信号幅度比较大时,非线性失真现象更明显。引入负反馈可以减小非线性失真。由图 5.11 可见,如果正弦波输入信号 x_i 经过放大后产生的失真波形为正半周大,负半周小,经过反馈后,反馈信号 x_f 也是正半周大,负半周小,它和输入信号 x_i 相减后得到的净输入信号的波形却变成正半周小,负半周大,这样就把输出信号的正半周压缩,负半周扩大,结果使正负半周的幅度趋于一致,从而改善了输出波形。

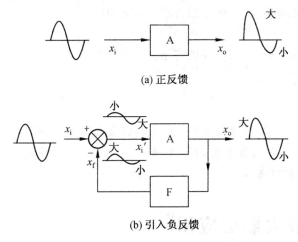

图 5.11 利用负反馈减小非线性失真

3. 展宽频带

由于引入负反馈后,因各种原因引起的放大倍数的变化都将减小,当然也包括因信号频率变化而引起的放大倍数的变化,因此其效果是展宽了通频带。

无反馈时,由于电路中电抗元件的存在,以及寄生电容和晶体管结电容的存在,会造成放大器放大倍数随频率而变,使中频段放大倍数较大,而高频段和低频段放大倍数较小,放大电路的幅频特性如图 5.12 所示。图中 $A(f)$、A_m、f_H、f_L、f_{BW} 分别为无反馈时放大电路的幅频特性、中频放大倍数、上限频率、下限频率和通频带宽度,其通频带 $f_{BW}=f_H-f_L$ 较窄;$A_f(f)$、A_{mf}、f_{Hf}、f_{Lf}、f_{BWf} 分别为引入负反馈后放大电路的幅频特性、中频放大倍数、上限频率、下限频率和通频带宽度,其通频带 $f_{BWf}=f_{Hf}-f_{Lf}$ 较宽。

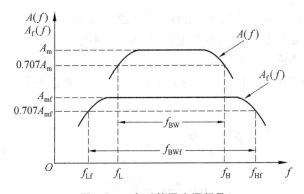

图 5.12 负反馈展宽通频带

加入负反馈后,利用负反馈的自动调整作用,可以纠正放大倍数随频率而变的特性,使通频带展宽。具体过程是:中频段由于放大倍数大,输出信号大,反馈信号也大,使净输入信号减少得较多,结果是中频段放大倍数比无负反馈时下降较多。而在高频段和低频段,由于放大倍数小,输出信号小,而反馈系数不变,其反馈信号也小,使净输入信号减少的程度比中频段小,结果使它们的放大倍数减小得也比中频段少。这样,从高、中、低频段总体考虑,放大倍数随频率的变化就因负反馈的引入而减小了,幅频特性变得比较平坦,通频带得以展宽。

4. 改变输入电阻和输出电阻

放大电路引入不同组态的负反馈后,对输入电阻和输出电阻将产生不同的影响。

(1) 对输入电阻的影响

串联负反馈将增大输入电阻,并联负反馈将减小输入电阻。

(2) 对输出电阻的影响

电压负反馈将减小输出电阻,电流负反馈将增大输出电阻。

> **技术提示:**
> 无论何种极性和组态的反馈放大电路,其闭环放大倍数均可写成一般表达式: $A_f = A/(1+AF)$。电压负反馈使输出电压保持稳定,因而降低了放大电路的输出电阻;而电流负反馈使输出电流保持稳定,因而提高了输出电阻。

5.3 集成运算放大器的应用

模拟信号的运算是集成运算放大器典型的应用领域,由于运算电路的输入、输出信号均为模拟量,因此要求集成运放工作在线性区,条件是引入深度负反馈,这是集成运放的线性应用。除此以外,还将介绍集成运放的非线性应用。

5.3.1 集成运放的线性应用

用集成运放外加反馈网络可构成各种运算电路,如比例运算、加减运算、微分运算和积分运算等。

1. 比例运算电路

实现输出信号与输入信号成比例关系的电路即比例运算电路。根据输入方式的不同,可以分为反相比例运算电路和同相比例运算电路。

(1) 反相比例运算电路

如图 5.13 所示,输入信号 u_i 经电阻 R_1 加到集成运放的反相输入端,同相输入端经电阻 R_2 接地,输出电压 u_o 经反馈电阻 R_f 接在反相输入端,形成电压并联负反馈。它的工作情况分析如下:

同相接地,$u_+ = 0$,根据"虚短",有 $u_- = u_+ = 0$,在输入信号 u_i 的作用下,输入电流 i_1 为

$$i_1 = \frac{u_i - u_-}{R_1} = \frac{u_i}{R_1}$$

反馈电流为

$$i_f = \frac{u_- - u_o}{R_f} = -\frac{u_o}{R_f}$$

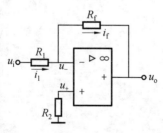

图 5.13 反相比例运算电路

由"虚断"得 $i_+ = i_- = 0$，所以 $i_1 = i_f$，得

$$u_o = -\frac{R_f}{R_1} u_i \tag{5.9}$$

式中负号表示输入信号与输出信号反相且大小呈正比例关系，其比例系数仅与运算放大器的外电路参数有关，而与其内部各项参数无关。若 $R_1 = R_f$，则有

$$u_o = -u_i$$

这时图 5.13 所示的电路称为反相器，这种运算称为变号运算。

电路中同相输入端的电阻 R_2 称为平衡电阻，要求 $R_2 = R_1 // R_f$，它的作用是使两个输入端的电阻保持平衡，以提高输入级差分放大电路的对称性。

（2）同相比例运算电路

如图 5.14 所示，输入信号 u_i 通过电阻 R_2 接在同相输入端，输出信号通过反馈电阻 R_f 送回到反相输入端，构成电压串联负反馈。R_2 为平衡电阻，$R_2 = R_1 // R_f$。

在同相比例运算电路中，有 $i_+ = i_- = 0$，$u_+ = u_i = u_-$，$i_1 = i_f$

$$i_1 = \frac{0 - u_-}{R_1} = -\frac{u_i}{R_1}$$

$$i_f = \frac{u_- - u_o}{R_f} = \frac{u_i - u_o}{R_f}$$

$$-\frac{u_i}{R_1} = \frac{u_i - u_o}{R_f}$$

将上式整理后得

$$u_o = \left(1 + \frac{R_f}{R_1}\right) u_i \tag{5.10}$$

上式说明，同相比例运算电路的输出信号与输入信号同相且呈比例关系，比例系数 $\geqslant 1$，且只与运放的外电路参数有关，与运放自身参数无关。

当 $R_f = 0$ 时，$u_o = u_i$，这时的同相比例运算放大器称为电压跟随器，如图 5.15 所示。

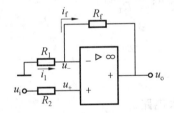

图 5.14 同相比例运算电路

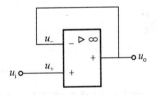

图 5.15 电压跟随器

2. 加法、减法运算电路

（1）加法运算电路

加法运算电路是指电路的输出电压等于各输入端电压的代数和。如图 5.16(a) 所示，有两个输入信号加到了反相输入端，同相输入端的平衡电阻 $R_3 = R_1 // R_2 // R_f$。

根据"虚地"的概念，有 $u_+ = u_- = 0$，各支路的电流为

$$i_1 = \frac{u_{i1} - u_-}{R_1} = \frac{u_{i1}}{R_1}, \quad i_2 = \frac{u_{i2} - u_-}{R_2} = \frac{u_{i2}}{R_2}, \quad i_f = \frac{u_- - u_o}{R_f} = -\frac{u_o}{R_f}$$

根据"虚断"的概念，有 $i_+ = i_- = 0$，导出 $i_f = i_1 + i_2$，即有

$$-\frac{u_o}{R_f} = \frac{u_{i1}}{R_1} + \frac{u_{i2}}{R_2}$$

整理得

$$u_o = -\left(\frac{R_f}{R_1}u_{i1} + \frac{R_f}{R_2}u_{i2}\right) \tag{5.11}$$

负号表示输出与输入反相。如果 $R_1 = R_2 = R_f$,则式(5.11)变为

$$u_o = -(u_{i1} + u_{i2}) \tag{5.12}$$

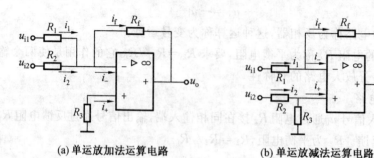

(a) 单运放加法运算电路　　　　　(b) 单运放减法运算电路

图 5.16　加法、减法运算电路

(2) 减法运算电路

减法运算电路是指电路的输出电压与两个输入电压之差成比例,如图 5.16(b) 所示。

根据"虚断"的概念可知 $i_+ = i_- = 0$,R_2 和 R_3 相当于串联,因此

$$u_+ = \frac{R_3}{R_2 + R_3}u_{i2}$$

同理,R_1 与 R_f 上的电流为同一个电流,即 $i_1 = i_f$,所以

$$\frac{u_{i1} - u_-}{R_1} = \frac{u_- - u_o}{R_f}$$

根据"虚短"的概念,$u_+ = u_- = \frac{R_3}{R_2 + R_3}u_{i2}$,代入上式得

$$u_o = \left(1 + \frac{R_f}{R_1}\right)\frac{R_3}{R_2 + R_3}u_{i2} - \frac{R_f}{R_1}u_{i1} \tag{5.13}$$

若取 $\frac{R_3}{R_2} = \frac{R_f}{R_1}$,可得

$$u_o = \frac{R_f}{R_1}(u_{i2} - u_{i1}) \tag{5.14}$$

即输出信号与两个输入信号之差成正比,又称为差分放大电路。

当 $R_1 = R_f$ 时

$$u_o = u_{i2} - u_{i1} \tag{5.15}$$

输出电压等于两个输入电压之差,从而实现了减法运算。

【例 5.2】 如图 5.17(a) 所示放大器,组成放大器的三个运放 A_1、A_2、A_3 都工作于负反馈条件下,计算其差模电压放大倍数。

分析　因为三个运放 A_1、A_2、A_3 都工作于负反馈条件下,所以工作在线性状态,则它们的输入端都有"虚短"和"虚断"的特性,由于运放 A_1、A_2 完全对称,所以可以将 R 等分成两部分,中点接地,其等效电路如图 5.17(b) 所示,A_3 构成了一个差分放大器。

解　根据图 5.17(b) 有

$$u_{o1} = \left(1 + \frac{R_1}{R/2}\right)u_{i1}, \quad u_{o2} = \left(1 + \frac{R_1}{R/2}\right)u_{i2}$$

则输出电压为

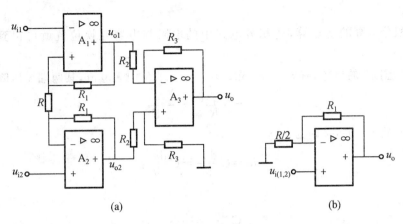

图 5.17 例 5.2 图

$$u_o = \frac{R_3}{R_2}(u_{o2} - u_{o1}) = \left(1 + \frac{2R_1}{R}\right)\frac{R_3}{R_2}(u_{i2} - u_{i1})$$

因此其差模电压放大倍数为

$$A_d = \frac{u_o}{u_{i2} - u_{i1}} = \left(1 + \frac{2R_1}{R}\right)\frac{R_3}{R_2}$$

3. 微分、积分运算电路

(1) 积分电路

将反相比例运算电路中的反馈电阻换成电容，即可构成基本积分电路，如图 5.18(a) 所示。

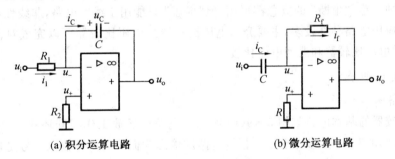

(a) 积分运算电路　　　　　　　　(b) 微分运算电路

图 5.18 微分、积分运算电路

根据"虚短"和"虚断"的概念，可得 $u_+ = u_-$ 及 $i_+ = i_- = 0$，即 R_2 中无电流，其两端无压降，故 $u_+ = u_- = 0$，

$$i_1 = \frac{u_i - u_-}{R_1} = \frac{u_i}{R_1}$$

又因为 $i_- = 0$，故 $i_1 = i_C$，即

$$i_C = i_1 = \frac{u_i}{R_1}$$

假设电容的初始电压为零，则

$$u_o = -u_C = -\frac{1}{C}\int i_C \mathrm{d}t = -\frac{1}{R_1 C}\int u_i \mathrm{d}t \tag{5.16}$$

上式说明，输出电压 u_o 为输入电压 u_i 对时间的积分，负号表示输出与输入相位相反，$R_1 C$ 为时间常数，其值越小，积分作用越强。

当输入电压为常数（$u_i = U_i$）时，式(5.16) 变为

$$u_o = -\frac{U_i}{R_1 C}t \tag{5.17}$$

(2) 微分电路

微分运算是积分运算的逆运算,将积分电路中的电阻与电容互换位置就可得到微分电路,如图 5.18(b) 所示。

由"虚短"和"虚断"的概念,有 $u_+ = u_-$ 及 $i_+ = i_- = 0$,即 R 中无电流,其两端无压降,故 $u_+ = u_- = 0$,

$$i_\mathrm{f} = \frac{u_- - u_\mathrm{o}}{R_\mathrm{f}} = -\frac{u_\mathrm{o}}{R_\mathrm{f}}$$

考虑到 $i_- = 0$,故 $i_\mathrm{f} = i_C$,又因为

$$i_C = C\frac{\mathrm{d}u_C}{\mathrm{d}t} = C\frac{\mathrm{d}u_\mathrm{i}}{\mathrm{d}t}$$

所以

$$C\frac{\mathrm{d}u_\mathrm{i}}{\mathrm{d}t} = -\frac{u_\mathrm{o}}{R_\mathrm{f}}$$

整理得

$$u_\mathrm{o} = -R_\mathrm{f}C\frac{\mathrm{d}u_\mathrm{i}}{\mathrm{d}t} \tag{5.18}$$

上式说明,输出电压 u_o 取决于输入电压 u_i 对时间 t 的微分,负号表示输出与输入相位相反,$R_\mathrm{f}C$ 为微分时间常数,其值越大,微分作用越强。

5.3.2 集成运放的非线性应用

下面将要介绍的是集成运放的非线性应用。当运放处于开环或正反馈状态时,运放工作在非线性区。不管是哪一种电路,"虚断"的概念都可用,但"虚短"只能用于线性电路,非线性电路不再适用。集成运放的非线性应用电路种类较多,主要介绍电压比较器。电压比较器可以完成对两个电压的比较工作,常见的有简单电压比较器和滞回电压比较器。

1. 简单电压比较器

(1) 基本电路

简单电压比较器的基本电路如图 5.19(a) 所示。电路中运放工作在开环状态,输入信号加在反相输入端,同相输入端的 U_REF 是参考电压。根据电路的输出我们可以判断输入信号是比参考电压高还是低:由于 $U_\mathrm{REF} = u_+$,$u_\mathrm{i} = u_-$,当 $u_\mathrm{i} > U_\mathrm{REF}$ 时,即 $u_- > u_+$,比较器输出低电平;而当 $u_\mathrm{i} < U_\mathrm{REF}$ 时,即 $u_- < u_+$ 时,输出高电平。其传输特性如图 5.19(b) 所示。

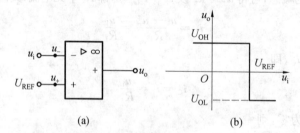

图 5.19　简单电压比较器的基本电路及传输特性

通常,输出状态发生跳变时的输入电压值被称为阈值电压或门限电压,用 U_TH 表示,很明显 $U_\mathrm{TH} = U_\mathrm{REF}$。图 5.19(a) 所示电路只有一个门限电压,也被称为单门比较器。电路中,输入信号被加在反相输入端,因而该电路又被称为反相输入比较器;若输入信号加至同相输入端,电路被称为同相输入比较器,其传输特性与反相输入时相反。

（2）过零比较器

由上述分析可知，若让 $U_{REF}=0$，则输入电压每次过零变换时，输出电压就会发生一次跳变，此电路被称为过零比较器，电路如图 5.20(a)所示。

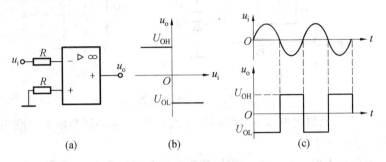

图 5.20　过零比较器

电路图中的电阻 R 为限流电阻，可避免由于 u_i 过大而损坏器件。图 5.20(b)为过零比较器的传输特性。图 5.20(c)表明，过零比较器可用作波形变换器，将任意波形变换成矩形波。

（3）输出限幅电路

有时为了需要，常要求对比较器输出信号的电压幅值加以限制，此时可在运放的输出端或反馈支路加一个双向稳压管（可理解为背靠背串接的两个参数相同的稳压管，设单个稳压管的稳定电压为 U_Z，则由于工作时，两个稳压管一个反向击穿，一个正向导通，假定正向导通电压为零，可得其稳定电压为 $\pm U_Z$）构成限幅电路，如图 5.21 所示。

图 5.21(a)所示电路工作时，若运放输出电压值大于 U_Z，则输出高电平 $U_{OH}=U_Z$，反之则输出低电平 $U_{OL}=-U_Z$。

图 5.21(b)所示电路稳压管接在反馈回路中，由于 u_o 在 u_i 过零时发生跳变，在跳变瞬间 $u_+=u_-=0$，所以反馈回路中的电流为零，即跳变时刻运放处于开环状态，同样得到 $U_{OH}=U_Z,U_{OL}=-U_Z$，而在其他时刻，因为稳压管导通，运放处于闭环限幅状态。

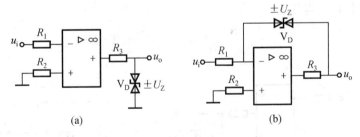

图 5.21　输出限幅电路

2. 滞回比较器

简单电压比较器灵敏度较高，因而也造成了在实际运用时，由于干扰或噪声的影响，使得输出信号发生反复从一个电平跳到另一个电平的现象。为解决这种情况，设计了滞回比较器，电路如图 5.22(a)所示。

它是在过零比较器的基础上，从输出端引入一个分压电阻 R_f 到同相输入端，形成正反馈，这样，作为参考电压的 u_+ 不再固定为零，而是随输出电压 u_o 而变。双向稳压管 V_D 使得比较器的输出电压 u_o 被钳位于 $\pm U_Z$ 值。

当输出电压 u_o 为正最大 U_Z 时，假设同相输入端的电压为 U_T，则有

$$U_T=\frac{R_2}{R_2+R_f}U_Z \tag{5.19}$$

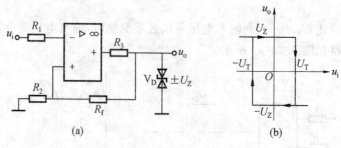

图 5.22 滞回比较器

此间,若保持 $u_i < U_T$,则输出电压 u_o 保持 U_Z 不变。当 u_i 从小逐渐增大到刚刚大于 U_T,则输出电压 u_o 迅速从 U_Z 跃变为 $-U_Z$。

当输出电压 u_o 为负最大值 $-U_Z$ 时,假设同相输入端的电压为 U'_T,则有

$$U'_T = \frac{R_2}{R_2+R_f}(-U_Z) = -U_T \tag{5.20}$$

此间,若保持 $u_i > -U_T$,则输出电压 u_o 保持 $-U_Z$ 不变。当 u_i 从大逐渐减小到刚刚小于 $-U_T$,则输出电压 u_o 迅速从 $-U_Z$ 跃变为 U_Z。

由此可见,正是由于正反馈支路的存在,同相输入端电压受到输出电压的制约,使门限电压变为两个值:U_T 和 $-U_T$。其中 U_T 是输出电压从正最大值跃变为负最大值时的门限电压,而 $-U_T$ 是输出电压从负最大值跃变为正最大值时的门限电压。这使得比较器具有滞回的特性,其传输特性如图 5.22(b) 所示。两个门限电压之差称为门限宽度,用 ΔU_T 表示。

在图 5.22(a) 中,若同相输入端电阻 R_2 不接地,改接一个固定电压 U_{REF},如图 5.23(a) 所示,此时两个门限电压也随之改变,不再对称。

当输出为 U_Z 时,门限电压(即同相输入端电压)为

$$U_{T1} = \frac{R_f}{R_2+R_f}U_{REF} + \frac{R_2}{R_2+R_f}U_Z \tag{5.21}$$

当输出为 $-U_Z$ 时,门限电压为

$$U_{T2} = \frac{R_f}{R_2+R_f}U_{REF} + \frac{R_2}{R_2+R_f}(-U_Z) \tag{5.22}$$

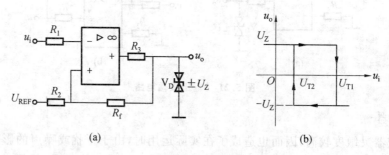

图 5.23 门限电压不对称的滞回比较器

门限宽度 ΔU_T 为

$$\Delta U_T = U_{T1} - U_{T2} = \frac{2R_2 U_Z}{R_2+R_f} \tag{5.23}$$

改变门限宽度,可以在保证一定的灵敏度下提高抗干扰能力,只要噪声和干扰的大小在门限宽度以内,输出电平就不会出现失真。

重点串联

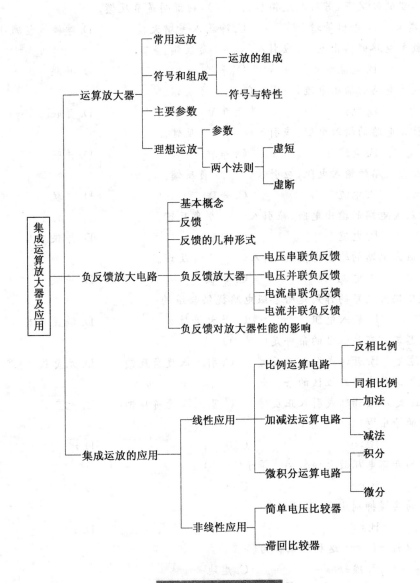

拓展与实训

基础训练

一、选择题

1. 通用型集成运放适用于(　　)。
   A. 高频信号　　B. 低频信号　　C. 任何频率信号

2. 集成运放的输入级采用差分放大电路是因为可以(　　)。
   A. 减小温漂　　B. 增大放大倍数　　C. 提高输入电阻

3. 对于放大电路,所谓开环是指(　　)。
   A. 无信号源　　B. 无反馈通路　　C. 无电源　　D. 无负载

4.对于放大电路,所谓闭环是指(　　)。
   A.考虑信号源内阻　B.存在反馈通路　　C.接入电源　　　　　　D.接入负载
5.在输入量不变的情况下,若引入反馈后,(　　),则说明是负反馈。
   A.输入电阻增大　　B.输出量增大　　C.净输入量增大　　　　D.净输入量减小
6.为了稳定放大电路的输出电压,应引入(　　)负反馈。
   A.电压　　　　　　B.电流　　　　　　C.串联　　　　　　　　D.并联
7.为了稳定放大电路的输出电流,应引入(　　)负反馈。
   A.电压　　　　　　B.电流　　　　　　C.串联　　　　　　　　D.并联
8.为了增大放大电路的输入电阻,应引入(　　)负反馈。
   A.电压　　　　　　B.电流　　　　　　C.串联　　　　　　　　D.并联
9.为了减小放大电路的输入电阻,应引入(　　)负反馈。
   A.电压　　　　　　B.电流　　　　　　C.串联　　　　　　　　D.并联
10.为了增大放大电路的输出电阻,应引入(　　)负反馈。
    A.电压　　　　　　B.电流　　　　　　C.串联　　　　　　　　D.并联
11.为了减小放大电路的输出电阻,应引入(　　)负反馈。
    A.电压　　　　　　B.电流　　　　　　C.串联　　　　　　　　D.并联
12.集成运放中偏置电路的作用是给各级电路提供合适的(　　)。
    A.电压　　　　　　B.输入电阻　　　　C.放大倍数　　　　　　D.偏置电流
13.运算放大器工作在线性区的条件是(　　)。
    A.输入信号过大　　B.开环或引入正反馈　C.引入深度负反馈　　D.无负载
14.运算放大器工作在非线性区的条件是(　　)。
    A.输入信号过大　　B.开环或引入正反馈　C.引入深度负反馈　　D.无负载
15.理想运放的输出电阻r_o等于(　　)。
    A.1　　　　　　　 B.∞　　　　　　　C.0　　　　　　　　　D.r_i
16.理想运放的开环电压放大倍数A_{uo}等于(　　)。
    A.1　　　　　　　 B.∞　　　　　　　C.0　　　　　　　　　D.10
17.理想运放的共模抑制比K_{CMR}等于(　　)。
    A.1　　　　　　　 B.∞　　　　　　　C.0　　　　　　　　　D.10
18.理想运放中$i_+ = i_- = 0$,这种现象称为(　　)。
    A.虚断　　　　　　B.虚短　　　　　　C.虚地
19.反相比例运算电路中,若$u_+ = u_- = 0$,此时反相输入端称为(　　)点。
    A.短路　　　　　　B.断路　　　　　　C.静态工作　　　　　　D.虚地
20.负反馈对放大器性能的影响不包含下列(　　)项。
    A.提高放大倍数的稳定性　　　　　　　B.减小非线性失真
    C.缩小通频带　　　　　　　　　　　　D.改变输入电阻和输出电阻

二、判断题
1.所谓共模输入信号是指加在差分放大器的两个输入端的电压之和。　　　　　　　　　(　　)
2.反相运算放大器是一种电压并联负反馈放大器。　　　　　　　　　　　　　　　　(　　)
3.同相运算放大器是一种电压串联负反馈放大器。　　　　　　　　　　　　　　　　(　　)
4.理想运算放大器的开环电压放大倍数为无穷大。　　　　　　　　　　　　　　　　(　　)
5.运算放大器处于闭环工作状态时,其输入和输出电压具有线性关系。　　　　　　　(　　)
6.集成运算放大器实际上是一个高放大倍数的多级直接耦合放大器。　　　　　　　　(　　)

7. 将实际运算放大器理想化是为了便于分析和运算。（　）
8. 理想运放中存在 $u_+ = u_-$，即两个输入端"虚断"。（　）
9. 反相比例运算电路的输出信号与输入信号反相，而同相比例运算电路的输出信号与输入信号同相。（　）
10. 放大电路中引入的负反馈越强，电路的放大倍数就一定越稳定。（　）
11. 为了改善放大电路的性能，电路中只能引入负反馈。（　）
12. 运算放大器标有"—"号的输入端称为反相输入端。（　）
13. 理想运放的两个重要法则是"虚短"和"虚地"。（　）
14. 电路中正反馈和负反馈的判断采用"瞬时极性法"。（　）
15. 闭环放大倍数的含义是引入反馈后放大电路的输出信号与净输入信号之间的比值。（　）
16. 引入负反馈后，放大器放大倍数增大为原来的 $1+AF$ 倍。（　）
17. 电压跟随器是反相比例运算放大器的一种。（　）
18. 过零比较器可用作波形变换器，将任意波形变换成矩形波。（　）
19. 集成运放广泛用于数字信号的处理和发生电路之中。（　）
20. 滞回比较器中两个门限电压之差称为门限宽度。（　）

三、计算题

1. 如图 5.24 所示的运算电路中，已知 $R_1 = 5\ \text{k}\Omega$，$R_f = 25\ \text{k}\Omega$，$u_i = -2\ \text{V}$，求 u_o。
2. 如图 5.25 所示的运算电路中，已知 $R_1 = 6\ \text{k}\Omega$，$R_f = 30\ \text{k}\Omega$，$u_i = 3\ \text{V}$，求 u_o。

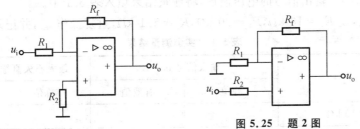

图 5.24　题 1 图　　　　　图 5.25　题 2 图

四、思考题

1. 理想运放的条件是什么？"虚短"和"虚断"的含义是什么？
2. 反馈有哪些形式？
3. 简述负反馈放大器的类型。
4. 简述负反馈对放大器性能的影响。

 职业能力训练

集成运算放大器的测试

1. 实训目的

(1) 掌握比例运算放大电路的工作特点；
(2) 熟悉加法、减法运算电路的工作特点；
(3) 认识 LM324 集成芯片的外形和管脚排列；
(4) 学会比例运算放大器和加法运算电路的测试。

2. 实训器材

双踪示波器一台；函数信号发生器一台；直流电压表一块；万用表一块；LM324 集成芯片一片（见图 5.26）。

3.基本知识

(1)反相比例运算电路和加法运算电路的结构和特性。

(2)双踪示波器的使用方法。

(3)信号发生器的使用方法。

4.实训步骤

(1)反相比例放大器的测试。

① 按照图5.27进行连线,使$R_1 = R_f = 10 \text{ k}\Omega$,$R' = 5.1 \text{ k}\Omega$。

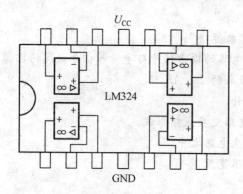
图5.26 LM324引脚排列图

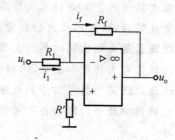
图5.27 反相比例运算电路

② 在反相输入端加上频率为$f = 100 \text{ Hz}$的输入信号,用万用表测量输入、输出电压的有效值,使用双踪示波器观察输入信号、输出信号的电压波形,将测量结果填入表5.1中。

③ 电路保持不变,使$R_1 = 10 \text{ k}\Omega$,$R_f = 20 \text{ k}\Omega$,$R' = 5.1 \text{ k}\Omega$,重复操作②,并记录结果。

表5.1 实训测量结果

	输入信号u_i/V		最大不失真输出的电压u_o/V	
	峰值	有效值	峰值	有效值
$R_1 = R_f = 10 \text{ k}\Omega$				
$R_1 = 10 \text{ k}\Omega, R_f = 20 \text{ k}\Omega$				

(2)加法器的测试。

① 按照图5.28进行连线,使$R_1 = R_2 = R_f = 10 \text{ k}\Omega$,$R' = 5.1 \text{ k}\Omega$。

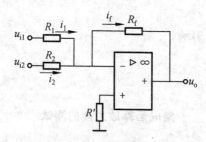

图5.28 加法运算电路

② 分别在u_{i1}、u_{i2}输入端加上频率为$f = 100 \text{ Hz}$、幅度为10 mV的输入信号,使用万用表测量输入、输出电压的有效值,使用双踪示波器观察输入信号、输出信号的电压波形,填入表5.2中。

表 5.2 测量结果

输入信号 u_{i1}/V		输入信号 u_{i2}/V		最大不失真输出的电压 u_o/V		
峰值	有效值	峰值	有效值	峰值	有效值(测量值)	有效值(计算值)

5. 实训总结

(1)将实验结果与计算结果进行比较分析。

(2)描述"虚短"和"虚断"的概念。

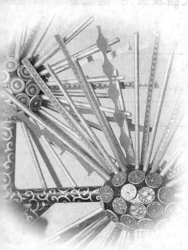

模块 6

信号发生电路

教学聚集

本模块介绍正弦波振荡电路的结构、起振条件、维持振荡的幅值条件和相位条件;RC 正弦波振荡电路、LC 正弦波振荡电路、石英晶体正弦波振荡电路等正弦波振荡电路的电路结构和工作原理;矩形波发生电路、三角波发生电路、锯齿波发生电路、压控振荡电路的工作原理;锁相环电路的工作原理和集成锁相环电路应用介绍。

知识目标

◆ 掌握正弦波振荡电路的工作原理;
◆ 掌握 RC、LC、石英晶体正弦波振荡电路的电路结构和工作原理;
◆ 掌握非正弦波振荡电路的工作原理;
◆ 掌握锁相环振荡电路的工作原理。

技能目标

◆ 掌握正弦波振荡电路调整与测试的基本方法;
◆ 掌握方波振荡电路的调整与测试方法。

课时建议

理论教学 6 课时;实训 4 课时。

课堂随笔

信号发生电路通常也称振荡器,用于产生一定频率和幅度的信号。按输出信号波形的不同可分为两大类,即正弦波振荡电路和非正弦波振荡电路,而正弦波振荡电路按电路形式又可分为 RC 振荡电路、LC 振荡电路和石英晶体振荡电路等;非正弦波振荡电路按信号形式又可分为方波、三角波和锯齿波振荡电路等。

正弦波振荡电路也称为正弦波发生电路或正弦波振荡器。正弦波振荡电路能产生正弦波输出,它是在放大电路的基础上加上正反馈而形成的,是各类波形发生器和信号源的核心电路。这些波形信号常被作为信号源广泛应用于许多工程领域。

振荡电路的性能指标主要有两个:

①要求输出信号的幅度准确而且稳定;

②要求输出信号的频率准确而且稳定。

一般来讲准确度比稳定度容易做到,而幅度稳定比频率稳定容易实现。此外输出波形的失真度、输出功率和效率也是较重要的指标。

6.1 正弦波发生电路

6.1.1 正弦波发生电路的自激振荡条件

1. 正弦波振荡电路的定义

在没有外加输入信号的情况下,依靠电路自激振荡而产生正弦波输出信号的电路,称为正弦波振荡电路。如实验室的低频信号发生器就是一种正弦波振荡电路。

2. 自激振荡条件

一个放大电路的输入端不需要外加信号就能将直流电能转换为具有一定频率、一定波形和一定幅值的信号输出的现象称为自激振荡。放大电路必须引入正反馈并满足一定的条件才能产生自激振荡。

放大电路产生自激振荡的条件可以用图 6.1 所示的正反馈振荡电路原理框图来说明。在无输入信号($\dot{X}_i=0$)时,电路中的噪扰电压(如元件的热噪声、电路参数波动引起的电压、电流的变化、电源接通时引起的瞬变过程等)使放大器产生瞬间输出,经反馈网络反馈到输入端,放大电路得到瞬间输入信号,再经放大器放大,又在输出端产生新的输出信号,如此反复。在无反馈或负反馈情况下,输出信号会逐渐减小,直到消失。但在正反馈情况下,输出信号会很快增大,最后由于饱和等原因输出稳定在 $\dot{X}_o$,并靠反馈永久保持下去。

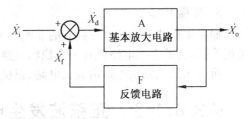

图 6.1　正反馈振荡电路原理图

由电路可得

$$\begin{cases} \dot{X}_o = \dot{A}\dot{X}_d \\ \dot{X}_f = \dot{F}\dot{X}_o \\ \dot{X}_d = \dot{X}_i + \dot{X}_f \end{cases}$$

可见,只要能够维持反馈输入量 $\dot{X}_f = \dot{X}_d$,就可以保证输出信号 $\dot{X}_o$ 的大小不变,因此可得产生自激振荡的条件为

$$\dot{A}\dot{F} = 1$$

由于 $\dot{A} = A\angle\varphi_A, \dot{F} = F\angle\varphi_F$,所以 $\dot{A}\dot{F} = A\angle\varphi_A \cdot F\angle\varphi_F = AF\angle(\varphi_A + \varphi_F) = 1$。

因此,自激振荡条件又可分为:幅值平衡条件($AF = 1$);相位平衡条件($\varphi_A + \varphi_F = \pm 2n\pi$)。

幅值条件表示反馈信号与输入信号的大小相等,相位条件表示反馈信号与输入信号的相位相同,即必须是正反馈。

技术提示：

正、负反馈放大电路产生自激的条件十分类似。

负反馈自激振荡中是反馈信号的相位变化能够使负反馈转换为正反馈，即会产生自激振荡，如话筒中的啸叫声。只不过负反馈放大电路中是由于信号频率达到了通频带的两倍，产生了足够的附加相移，从而使负反馈变成了正反馈。振荡电路中的反馈就是正反馈，但在起振后就只有引起自激的频率信号输出，不再有附加相移。

正反馈自激振荡中主要是反馈信号的幅度能够维持放大电路的工作条件，从而产生振荡。

振荡器在刚刚起振时，电路中的噪扰信号通常很微弱，为了克服电路中的损耗，需要正反馈强一些，即要求 $AF>1$（略大于1），这称为起振条件。

事实上，只有使 $AF>1$，才能经过反复的反馈放大，使幅值迅速增大而建立起稳定的振荡。随着振幅的逐渐增大，放大电路进入非线性区，使放大电路的放大倍数 A 逐渐减小，最后满足 $AF=1$，振幅趋于稳定。

6.1.2 正弦波发生电路的组成

1. 基本放大电路和反馈网络

为了产生正弦波，必须在放大电路里加入正反馈，因此放大电路和正反馈网络是振荡电路的主要部分。但是，这两部分构成的振荡器一般得不到正弦波，这是由于很难控制正反馈的量。

2. 选频网络

为了获得单一频率的正弦波输出，应该有选频网络，选频网络往往和正反馈网络或放大电路合而为一。选频网络由 R、C 和 L、C 等元件组成。正弦波振荡器的名称一般由选频网络来命名。

3. 稳幅环节

如果正反馈起振后由三极管的非线性来限幅，这必然产生非线性失真。反之，如果正反馈量不足则可能停振，为此振荡电路要有一个稳幅电路。

所以正弦波发生电路由放大电路、正反馈网络、选频网络、稳幅电路组成。

6.1.3 正弦波发生电路分类

正弦波振荡电路按常用选频网络所用元件可分为表6.1所示三类。

表6.1 正弦波发生电路分类

名　　称	选频网络	分　　类	特　　点
RC正弦波发生电路	RC网络	文氏电桥式	$1\sim1MHz$
		移相式	
		双T选频网络式	
LC正弦波发生电路	LC网络	变压器反馈式	$1\sim100MHz$
		电容三点式	
		电感三点式	
石英晶体正弦波发生电路	石英晶体	并联式	几十kHz以上，频率高度稳定
		串联式	

6.1.4 RC正弦波发生电路

采用RC选频网络构成的振荡电路称为RC振荡电路,它适用于低频振荡,一般用于产生1～1MHz的低频信号。常用的RC振荡电路有RC桥式振荡电路和RC移相式振荡电路。

1. RC桥式正弦波发生电路

如图6.2所示,将RC串并联选频网络(见图6.3)和放大器结合起来即可构成RC振荡电路,RC串并联网络是正反馈网络,另外还增加了R_F和R_1负反馈网络。放大电路可采用集成运放。RC串并联网络与R_F和R_1负反馈支路正好构成一个桥路,称为文氏电桥。运算放大器的输入端和输出端分别跨接在电桥的对角线上,故把这种振荡电路称为RC文氏桥振荡电路。

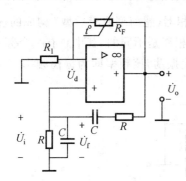
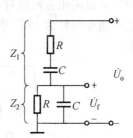

图6.2 文氏桥振荡电路　　图6.3 文氏桥振荡电路正反馈网络

放大电路的电压放大倍数为

$$\dot{A}=1+\frac{R_F}{R_1}$$

RC反馈网络的反馈系数为

$$\dot{F}=\frac{Z_2}{Z_1+Z_2}=\frac{1}{3+\mathrm{j}\left(\omega RC-\dfrac{1}{\omega RC}\right)} \tag{6.1}$$

因此

$$\dot{A}\dot{F}=\left(1+\frac{R_F}{R_1}\right)\cdot\frac{1}{3+\mathrm{j}\left(\omega RC-\dfrac{1}{\omega RC}\right)} \tag{6.2}$$

为满足振荡的相位条件$\varphi_A+\varphi_F=\pm 2n\pi$,式(6.2)的虚部必须为零,即

$$\omega_0=\frac{1}{RC}$$

所以,振荡频率为

$$f_0=\frac{1}{2\pi RC}$$

可见,该电路只有在特定的频率f_0下才能形成正反馈。同时,为满足振荡的幅值条件$AF=1$,当$\omega=\omega_0$时$F=\dfrac{1}{3}$,故还必须使

$$A=1+\frac{R_F}{R_1}=3$$

为了顺利起振,应使$AF>1$,即$A>3$。接入一个具有负温度系数的热敏电阻R_F,且$R_F>2R_1$,以便顺利起振。当振荡器的输出幅值增大时,流过R_F的电流增加,产生较多的热量,使其阻值减小,负反馈作用增强,放大器的放大倍数A减小,从而限制了振幅的增长。直至$AF=1$,振荡器的输出幅值趋于

稳定。这种振荡电路,由于放大器始终工作在线性区,输出波形的非线性失真较小,应用最广泛。

除使用热敏电阻进行稳幅外,还可以用二极管或场效应管做稳幅元件,利用电流增大时元件动态电阻减小、电流减小时元件动态电阻增大的特点,加入非线性环节,从而使输出电压稳定。

技术提示:

起振时,A须大于3,但不能太大,否则输出信号将因放大倍数太大而变成方波信号。A小于3,则电路不能起振。

2. 移相式正弦波发生电路

移相式正弦波发生电路由反相放大器和三级基本RC移相器(超前型或滞后型)构成的选频网络组成。如图6.4中三节超前相移网络对不同频率的信号产生的相移是不同的,其中总有一个频率的信号,通过此网络产生的相移刚好为180°,满足相位平衡条件而产生振荡,该频率即为振荡频率f_0。振荡频率和起振条件如下:

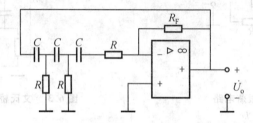

图6.4 RC超前移相式振荡电路

振荡频率

$$f_0 = \frac{1}{2\pi\sqrt{6}RC}$$

起振条件

$$R_F > 12R$$

移相式正弦波发生电路输出波形差,不稳定,f_0不易调。适用于f_0固定、要求不高的场合。

3. 双T网络正弦波发生电路

双T网络正弦波发生电路由反相放大器和由RC双T电路构成的选频网络组成,如图6.5所示。

当$f=f_0$时,双T网络的相移为180°;反相比例运放的相移为180°,因此满足产生正弦波振荡的相位条件。

如果放大电路的放大倍数足够大,同时满足自激振荡的幅值条件,即可产生正弦波振荡,振荡频率和起振条件如下:

振荡频率

$$f_0 \approx \frac{1}{5RC}$$

起振条件

$$R_1 < \frac{R}{2}$$

双T式正弦波发生电路输出频率稳定,但不易调整。适用于f_0固定的场合。

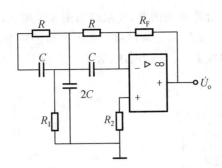

图 6.5 双 T 网络正弦波产生电路

6.1.5 LC 正弦波发生电路

LC 正弦波发生电路采用 LC 并联谐振回路作为选频网络,有时也兼作反馈网络。选频性能取决于品质因素 Q,Q 越大,选频性能越好,LC 谐振回路的 Q 值一般为几十至几百。谐振频率由 LC 并联谐振回路决定。LC 正弦波振荡器可产生频率高达 1 000 MHz 以上的正弦波。由于普通运放的频带窄,而高速运放的价格高,所以 LC 电路一般由分立元件组成。

根据反馈形式的不同,LC 振荡电路可分为变压器反馈式和三点式(L 或 C)振荡电路。

> **技术提示:**
> 对于 LC 并联谐振电路:
> (1)当 $f=f_0$ 时,电路为纯电阻性,等效阻抗最大;当 $f<f_0$ 时,电路为感性;当 $f>f_0$ 时,电路为容性。所以 LC 并联电路具有选频特性。
> (2)Q 值越大选频性能越好。
> (3)谐振时,电容支路的电流与电感支路的电流(并联回路内)大小近似相等,而谐振回路的输入电流(并联回路外)极小,即电流谐振。

1. 变压器反馈式正弦波发生电路

变压器反馈式 LC 振荡电路原理图如图 6.6 所示。图中变压器有三个线圈,分别是一次侧线圈(电感为 L)、反馈线圈和负载线圈。反馈线圈电感用来构成正反馈,负载线圈输出正弦波信号,一次侧线圈电感 L 与并联的电容 C 组成并联谐振回路,作为放大器的负载,构成选频放大器。R_{B1}、R_{B2} 和 R_E 为放大器的直流偏置电阻,C_1 为耦合电容,C_E 为发射极旁路电容,对振荡频率而言,C_1、C_E 的容抗很小,可看成短路。

当 $\dot{U}_i$ 的频率与 LC 谐振回路谐振频率相同时,LC 回路的等效阻抗为一纯电阻,且为最大,可见,$\dot{U}_o$ 与 $\dot{U}_i$ 反相。如变压器同名端如图 6.6 所示,则 $\dot{U}_o$ 与 $\dot{U}_f$ 反相,所以,$\dot{U}_f$ 与 $\dot{U}_i$ 同相,满足了振荡的相位条件。由于 LC 回路的选频作用,电路中只有等于谐振频率的信号得到足够的放大,只要变压器一、二次间有足够的耦合度,就能满足振荡的幅度条件而产生正弦波振荡,其振荡频率决定于 LC 并联谐振回路的谐振频率,即

$$f_0 \approx \frac{1}{2\pi\sqrt{LC}}$$

2. 电感三点式正弦波振荡电路(哈特莱振荡器)

三点式振荡电路是另一种常用的 LC 振荡电路,其特点是电路中 LC 并联谐振回路的三个端子分别与放大器的三个端子相连,故而称为三点式振荡电路。

电感三点式振荡电路又称为哈特莱振荡器,其原理如图 6.7 所示,图中三极管 VT 构成共发射极放大电路,电感 L_1、L_2 和电容 C 构成正反馈选频网络。谐振回路的三个端点 1、2、3,分别与三极管的三个电极相接,反馈信号 $\dot{U}_f$ 取自电感线圈 L_2 两端电压,故称为电感三点式振荡电路,也称为电感反馈式振荡电路。

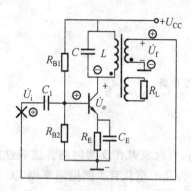

图 6.6 变压器反馈式正弦振荡电路

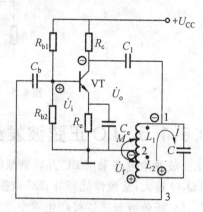

图 6.7 哈特莱振荡器

由图 6.7 可知,当回路谐振时,相对于参考点地电位,输出电压 $\dot{U}_o$ 与输入电压 $\dot{U}_i$ 反相,而 $\dot{U}_f$ 与 $\dot{U}_o$ 反相,所以 $\dot{U}_f$ 与 $\dot{U}_i$ 同相,电路在回路谐振频率上构成正反馈,从而满足了振荡的相位平衡条件。由此可得到振荡频率为

$$f_0 = \frac{1}{2\pi\sqrt{LC}} = \frac{1}{2\pi\sqrt{(L_1+L_2+2M)C}}$$

式中,M 为两部分线圈之间的互感系数,L 为谐振回路总电感。

电感三点式振荡电路的优点是容易起振,这是因为 L_1 与 L_2 之间耦合很紧,正反馈较强的缘故。此外,改变振荡回路的电容,就可很方便地调节振荡信号频率。但由于反馈信号取自电感 L_2 两端,而 L_2 对高次谐波呈现高阻抗,故不能抑制高次谐波的反馈,因此振荡电路输出信号中的高次谐波成分较多,信号波形较差。

3. 电容三点式正弦波振荡器(考比兹振荡器)

电容三点式振荡电路也称为考比兹振荡器,其原理如图 6.8 所示。由图可见,其电路构成与电感三点式振荡电路基本相同,不过正反馈选频网络由电容 C_1、C_2 和电感 L 构成,反馈信号 $\dot{U}_f$ 取自电容 C_2 两端,故称为电容三点式振荡电路,也称为电容反馈式振荡电路。由图 6.8 不难判断在回路谐振频率上,反馈信号 $\dot{U}_f$ 与输入电压 $\dot{U}_i$ 同相,满足振荡的相位平衡条件。电路的振荡频率近似等于谐振回路的谐振频率,即

$$f_0 \approx \frac{1}{2\pi\sqrt{LC}} = \frac{1}{2\pi\sqrt{L\dfrac{C_1 C_2}{C_1+C_2}}} \quad (C = C_1 // C_2)$$

电容三点式振荡电路的反馈信号取自电容 C_2 两端,因为 C_2 对高次谐波呈现较小的容抗,反馈信号中高次谐波的分量小,故振荡电路的输出信号波形较好。但当通过改变 C_1 或 C_2 来调节振荡频率时,同时会改变正反馈量的大小,因而会使输出信号幅度发生变化,甚至可能会使振荡电路停振。所以调节这种振荡电路的振荡频率很不方便。

图 6.9 所示的改进型电容三点式振荡电路又称克拉泼电路。它与图 6.8 相比较,仅在电感支路中串入了一个容量很小的微调电容 C_3,由图可知,谐振回路的总电容为

$$C = \frac{1}{\dfrac{1}{C_1}+\dfrac{1}{C_2}+\dfrac{1}{C_3}}$$

当 $C_3 \ll C_1$、$C_3 \ll C_2$ 时，$C \approx C_3$。所以，这种电路的振荡频率为

$$f_0 = \frac{1}{2\pi\sqrt{LC}} \approx \frac{1}{2\pi\sqrt{LC_3}}$$

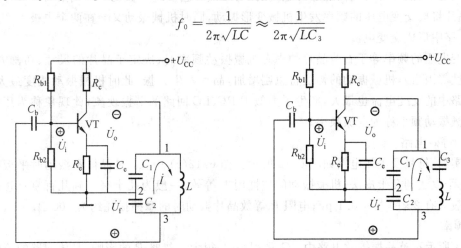

图 6.8　考比兹振荡器　　　　　　图 6.9　克拉泼振荡器

这说明，在克拉泼振荡电路中，当 C_3 比 C_1、C_2 小得多时，振荡频率仅由 C_3 和 L 来决定，与 C_1、C_2 基本无关，C_1、C_2 仅构成正反馈，它们的容量相对来说可以取得较大，从而减小与之相并联的晶体管输入电容、输出电容的影响，提高了频率的稳定度。

6.1.6　石英晶体振荡电路

1. 石英晶体的阻抗特性

石英晶体是 SiO_2 的结晶体，因其具有压电效应被用作振荡器。石英晶体谐振器 Q 值可高达 10^6，固有频率非常稳定。

（1）结构

石英晶体是 SiO_2 的结晶体，是具有各向异性的结晶体。它是一个六棱柱，而两端呈角锥形的晶体，如图 6.10 所示。

从一块石英晶体上严格按一定的方向切下薄片，称晶片。

在晶片的两个表面上涂上银层作电极，每个电极上焊一根引线到管脚上，加金属或玻璃外壳，就构成了石英晶体谐振器，简称石英晶体，如图 6.11 所示。

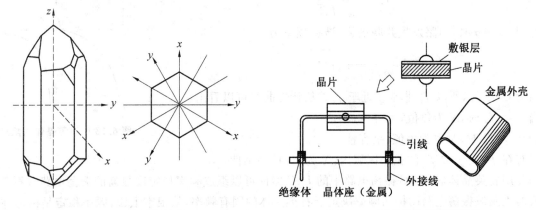

图 6.10　石英晶体结构　　　　　　图 6.11　石英晶体振荡器结构

（2）压电效应

所谓压电效应，即当机械力作用于石英晶体使其发生机械变形时，晶片的对应面上会产生正、负电

荷,形成电场;反之,在晶片的对应面上加一电场时,石英晶片会发生机械变形。当给石英晶片外加交变电压时,石英晶片将按交变电压的频率发生机械变形振动,同时机械振动又会在两个电极上产生交变电荷,结果在外电路中形成交变电流。

当外加交变电压的频率等于石英晶片的固有机械振动频率时(决定于晶片的尺寸、切割方式、几何形状、密度、弹性等因素),机械振动的幅度将急剧增加,晶片发生共振,此时机械振动幅度最大,晶片两面的电荷量电路中的交变电流也最大,产生了类似于RC、LC回路的谐振现象,此现象称为压电谐振。晶片的固有机械振动频率称为谐振频率。

（3）符号和等效电路

石英晶振实物、符号及等效电路如图6.12所示。图6.12(c)中,C_0是晶体不振动时平板电容器的电容,一般为几个皮法到几十皮法;机械振动的惯性用L等效,一般为几十毫亨到几百亨;电容C等效晶片的弹性一般只有$2\times10^{-4} \sim 0.1$ pF;电阻R等效晶片振动时的摩擦损耗约为100 Ω。

（4）谐振频率

图6.12(c)所示石英晶振等效电路中,C、R很小,L很大。忽略R的影响,晶体回路的等效电抗为

$$X = \frac{-\frac{1}{\omega C_0}(\omega L - \frac{1}{\omega C})}{-\frac{1}{\omega C_0} + \omega L - \frac{1}{\omega C}} = \frac{\frac{1-\omega^2 LC}{\omega^2 CC_0}}{\frac{\omega^2 LCC_0 - (C_0+C)}{\omega CC_0}} = \frac{\omega^2 LC - 1}{\omega(C_0 + C - \omega^2 LCC_0)}$$

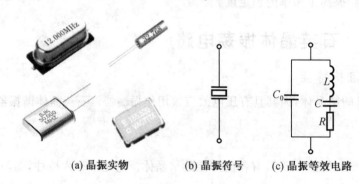

(a) 晶振实物　　(b) 晶振符号　　(c) 晶振等效电路

图6.12　石英晶振实物、符号、等效电路

由此可画出X的频率特性曲线如图6.13所示。

① 当$X=0$时,回路发生串联谐振,谐振频率为

$$f_s = \frac{1}{2\pi\sqrt{LC}}$$

② 当$X=\infty$时,回路发生并联谐振,谐振频率为

$$f_p = \frac{1}{2\pi\sqrt{LC}}\sqrt{1+\frac{C}{C_0}}$$

因为$C \ll C_0$,所以f_p非常接近于f_s。从特性曲线可以看出:

当$f < f_s$时,X为负值,呈容性;

当$f > f_p$时,X也为负值,呈容性;

只有在$f_s < f < f_p$的狭小区域内,X为正值,呈感性。

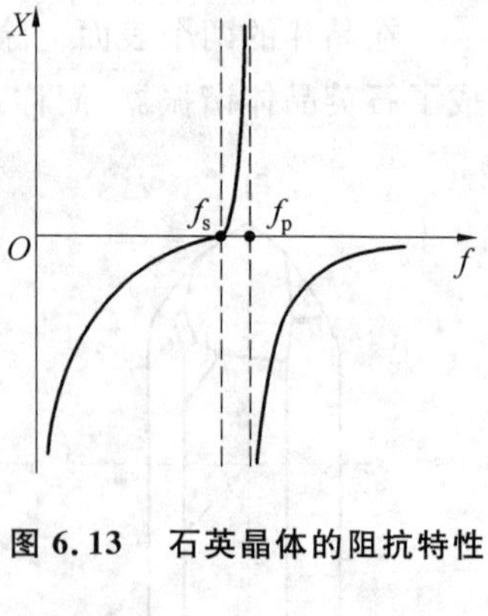

图6.13　石英晶体的阻抗特性

因此用石英晶体取代LC振荡电路中的L、C器件可以组成频率稳定度很高的振荡电路。石英晶体所组成的正弦波振荡电路的振荡频率决定于石英晶体的固有频率,从根本上说,频率稳定是由晶体的机械振动频率稳定决定的。

石英晶体振荡电路形式是多种多样的,但其基本电路只有两类:并联型晶体振荡器、串联型晶体振荡器。

2. 串联型石英晶体正弦波振荡电路

当 $f=f_s$ 时,石英晶体发生串联谐振,呈纯电阻性,相移为零。若把它作为放大器的反馈网络,并起选频作用,只要放大电路的相移也是零,则满足正弦振荡的条件,这样组成的电路称为串联型石英晶体振荡器,如图 6.14 所示。

T_1、T_2 组成两级直接耦合放大器,晶体既是反馈网络,又是选频网络,起双重作用。第一级为共基电路,它的集电极电压与射极电压同相位,而第二级是共集电极电路,其射极电压与基极电压同相位,因此 T_1 和 T_2 的发射极电压同相位。当 $f=f_s$ 时,石英晶体呈纯阻性,由石英晶体构成的反馈网络相移为零。所以,振荡电路满足相位平衡条件。幅值平衡条件可以通过调节电阻 R_f 来实现。

3. 并联型石英晶体振荡器

当 $f_s < f < f_p$ 时,石英晶体呈感性,可将它与两个外接电容连接构成三点式正弦波振荡电路,称为并联型石英晶体正弦波振荡器,如图 6.15 所示。

此时,图 6.15 中的晶体相当于一只电感,电路的工作原理与电容三点式正弦波振荡电路相同。

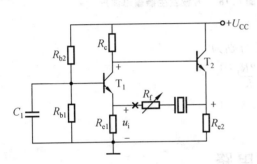

图 6.14 串联型石英晶体正弦波振荡器

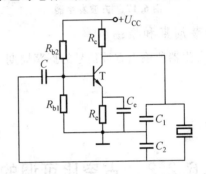

图 6.15 并联型石英晶体正弦波振荡器

6.2 非正弦信号发生电路

常见的非正弦信号产生电路有方波、矩形波、三角波、锯齿波产生电路等。常见的非正弦信号如图 6.16 所示。

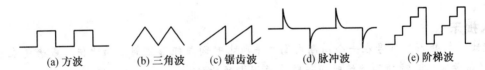

图 6.16 几种常见的非正弦波

非正弦信号发生电路一般由电压比较器、反馈网络和积分环节组成。

6.2.1 方波发生器

1. 电路结构

方波发生器是由迟滞比较器和 RC 定时电路构成的,电路如图 6.17 所示。

2. 工作原理及波形分析

如图 6.17 所示,设运算放大器同相输入端电位为 u_P,反相输入端的电位为 u_N,运算放大器最高输出电压为 $+U_{OM}$、最低输出电压为 $-U_{OM}$。

电源刚接通时,设 $u_C=0$,$u_o=+U_{OM}$,此时 $u_P=\dfrac{R_1}{R_1+R_2}U_{OM}=U_H$,电容 C 充电,$u_C$ 升高。

当 $u_C = u_N \geqslant u_P$ 时，$u_o = -U_{OM}$，所以 $u_P = -\dfrac{R_1}{R_1+R_2}U_{OM} = U_L$，电容 C 放电，u_C 下降。

当 $u_C = u_N \leqslant u_P$ 时，$u_o = +U_{OM}$，返回初态。如此周而复始产生振荡。电路输出波形如图 6.18 所示。由于充电和放电时间常数相同，故输出 u_o 的高低电平宽度相等，故为方波发生器。

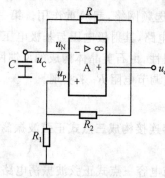

图 6.17　方波发生器

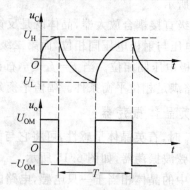

图 6.18　方波发生器输出波形

3. 振荡周期和振荡频率

方波发生器所输出方波信号的振荡周期 T 和频率 f 分别为

$$\left.\begin{array}{l} T = 2RC\ln\left(1+\dfrac{2R_1}{R_2}\right) \\ f = \dfrac{1}{T} \end{array}\right\}$$

6.2.2　占空比可调的矩形波电路

1. 电路结构

为了得到占空比可调的矩形波，只需改变方波发生器中电容器 C 的充电和放电时间常数。由此得到占空比可调的矩形波电路如图 6.19 所示。

> **技术提示：**
> 占空比是指矩形波信号在一个周期内高电平所占时间与矩形波周期的比值。或者是在一串脉冲序列中（如方波），正脉冲的持续时间与脉冲总周期的比值。

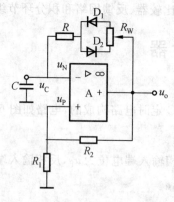

图 6.19　占空比可调的矩形波电路

2. 工作原理

C 充电时,充电电流经电位器 R_W 的上半部、二极管 D_1、R、C,放电时,放电电流经 R、二极管 D_2、电位器 R_W 的下半部。由于充、放电时间常数不同,这样就得到了矩形波。当电位器 R_W 上半部和下半部电阻相等时,输出信号为方波信号。

6.2.3 三角波发生器

1. 电路结构

三角波发生器的电路如图 6.20 所示,输出波形如图 6.21 所示。它是由迟滞比较器和积分器闭环组合而成的。积分器的输出反馈给滞回比较器,作为滞回比较器的参考电压 U_{REF}。

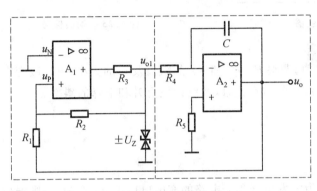

图 6.20 三角波发生器

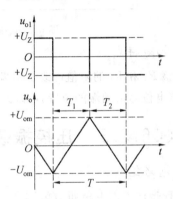

图 6.21 输出波形

2. 工作原理及波形分析

(1) 当 $u_{o1} = +U_Z$ 时,则电容 C 充电,同时 u_o 按线性逐渐下降,当使 A_1 的 u_P 略低于 u_N 时,u_{o1} 从 $+U_Z$ 跳变为 $-U_Z$。

(2) 在 $u_{o1} = -U_Z$ 后,电容 C 开始放电,u_o 按线性上升,当使 A_1 的 u_P 略大于零时,u_{o1} 从 $-U_Z$ 跳变为 $+U_Z$。

(3) 如此周而复始,产生振荡。u_o 的上升、下降时间相等,斜率绝对值也相等,故 u_o 为三角波。其输出波形如图 6.21 所示。

输出峰值 U_{om}:正向峰值 $U_{om} = \dfrac{R_1}{R_2} U_Z$,负向峰值 $U_{om} = -\dfrac{R_1}{R_2} U_Z$。

技术提示:

无稳压管时,R_2 必须大于 R_1,否则积分器输出受运放最大输出限制,比较器同相端回不到 0,无法翻转,不能起振。

6.2.4 锯齿波发生器

1. 电路结构

为了获得锯齿波,只要改变三角波发生器中积分器的充、放电时间常数。由此得到锯齿波发生器的电路如图 6.22 所示,它是在三角波发生器的基础上增加了二极管 D_1、D_2 构成的。

2. 工作原理及波形分析

电路是利用二极管的单向导电性，使积分电路中充电和放电的回路不同，从而使积分器的充、放电时间常数不同，这样，在电路输出端就可得到锯齿波信号。锯齿波电路的输出波形如图6.23所示。

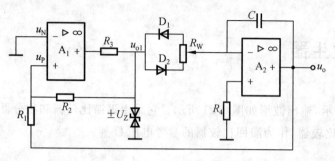

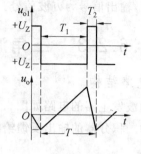

图6.22　锯齿波发生器　　　　　　　　　图6.23　输出信号

3. 电路特点

调整 R_1 和 R_2 的阻值可改变锯齿波的幅值；调整 R_1、R_2 和 R_W 的阻值及 C 的大小，可以改变振荡周期；调整电位器滑动端的位置，可以改变输出波形的占空比，以及锯齿波上升和下降的斜率。

6.2.5　压控振荡器

1. 电路结构

压控振荡器的电路如图6.24所示，把锯齿波发生器积分电路的充电电压由 u_{o1} 变为 u_i，则锯齿波发生器转变为压频转换电路。即输出信号 u_o 的频率由输入电压 u_i 的大小决定，u_i 电压与输出频率成正比，u_i 高则充电时间短，输出频率高。

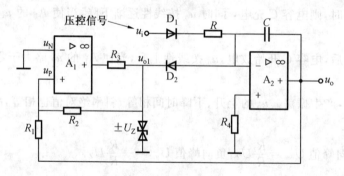

图6.24　压控振荡器

2. 工作原理

压控振荡器实质就是锯齿波发生器，电路只是利用二极管的单向导电性和压控电压，使积分电路中充电时间与压控信号电压成反比，从而使输出频率受压控信号控制。

6.3 锁相频率合成电路

锁相的概念是在20世纪30年代提出的，而且很快在电子学和通信领域中获得广泛应用。锁相技术是通信、导航、广播与电视通信、仪器仪表测量、数字信号处理及国防技术中得到广泛应用的一门重要的自动反馈控制技术。如信号处理、调制解调、时钟同步、倍频等，已经成为各种电子设备中必不可少的基本部件。

6.3.1 锁相环路基本工作原理

锁相环路 PLL(Phase—Locked Loop)是一种利用相位的自动调节消除频率误差,实现无误差频率跟踪的负反馈系统。

1. 结构框图与各部分作用

锁相环路组成框图如图 6.25 所示。它是由鉴相器、环路滤波器和压控振荡器组成的闭合环路。

鉴相器是相位比较部件,它能够检出两个输入信号之间的相位误差,输出反映相位误差的电压 $u_d(t)$。环路低通滤波器用来消除误差信号中的高频分量及噪声,提高系统的稳定性。压控振荡器受控于环路滤波器输出电压 $u_c(t)$,即其振荡频率受 $u_c(t)$ 的控制。

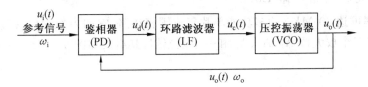

图 6.25 锁相环结构图

2. 锁相环的工作原理

PLL 环路在某一因素作用下,利用输入与输出信号的相位差 $\varphi_d(t)$ 产生误差电压,并滤除其中非线性成分与噪声后的纯净控制信号 $u_c(t)$ 控制压控振荡器,使 $\varphi_d(t)$ 朝着缩小固有角频率差的方向变化,一旦 $\varphi_d(t)$ 趋向很小常数 $\varphi_{d\infty}$(称为剩余相位差)时,则锁相环路被锁定了,即 $\omega_o = \omega_i$。

如图 6.26 所示,若两个正弦信号频率相等,则这两个信号之间的相位差必保持恒定,如图 6.26(a)所示。若两个正弦信号频率不相等,则它们之间的瞬时相位差将随时间变化而不断变化,如图 6.26(b)所示。换句话说,如果能保证两个信号之间的相位差恒定,则这两个信号频率必相等。锁相环路就是利用两个信号之间的相位误差来控制压控振荡器输出信号的频率,最终使两个信号之间的相位保持恒定,从而达到两个信号频率相等的目的。

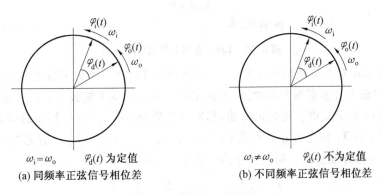

(a) 同频率正弦信号相位差 (b) 不同频率正弦信号相位差

图 6.26 锁相环工作原理图

6.3.2 集成锁相环路

集成锁相环路按其内部结构,可分为模拟锁相环路和数字锁相环路两大类。区别在于锁相环路是由模拟电路构成的还是由部分数字电路(主要是数字鉴相器)或全部数字电路(数字鉴相器、数字滤波器、数控振荡器)构成的。而且发展十分迅速,已形成系列产品。

锁相环按其用途可分为通用型和专用型两类。

集成锁相环按其工作频率可分为低频(1 MHz 以下)、高频(1～30 MHz)和超高频(30 MHz 以上)。

通用型是一种适应各种用途的锁相环路,其内部主要由鉴相器和压控振荡器两部分组成。一般还附有放大器和其他辅助电路,也有的是用独立的鉴相器和独立的压控振荡器连接成锁相环路。

专用型是一种专为某种功能设计的锁相环路,例如,用于调频接收机中的调频多路立体声解调环路,用于通信和测量仪器中的频率合成器,用于电视机中的正交色差信号同步检波环路等。

无论是模拟锁相环路还是数字锁相环路,其 VCO 一般都采用射极耦合多谐振荡器或积分-施密特触发型多谐振荡器,射极耦合多谐振荡器的振荡频率较高,积分-施密特触发器型多谐振荡器的振荡频率比较低。

1. 通用型单片集成锁相环路 L562

L562 是工作频率可达 30 MHz 的多功能单片集成锁相环路,它的内部除包含鉴相器 PD 和压控振荡器 VCO 之外,还有三个放大器 A_1、A_2、A_3 和一个限幅器,其组成如图 6.27(a) 所示,外引线端排列如图 6.27(b) 所示。

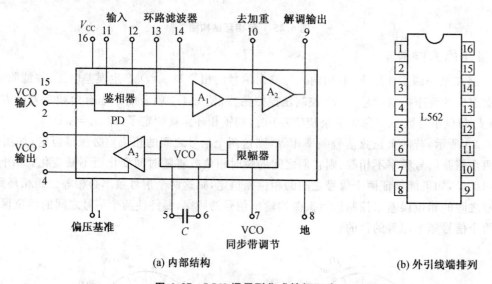

图 6.27 L562 通用型集成锁相环路

L562 的鉴相器采用双差分模拟乘法器电路,其输出端 13、14 外接阻容元件构成环路滤波器。压控振荡器 VCO 采用射极耦合多谐振荡器电路,外接定时电容 C 由 5、6 端接入。压控振荡器的等效电路如图 6.28 所示。T_1、T_2 管交叉耦合构成正反馈,其发射极分别接有受 $u_c(t)$ 控制的恒流源 I_{01} 和 I_{02}(通常 $I_{01} = I_{02} = I_0$),当 T_1 和 T_2 管交替导通和截止时,定时电容 C 由 I_{01} 和 I_{02} 交替充电,从而在 T_1、T_2 管的集电极负载上得到对称方波输出。振荡频率由 C 和 I_0 等决定,即

$$f_0 = \frac{I_0}{4CU_D} = \frac{g_m u_c(t)}{4CU_D} = A_o u_c(t)$$

式中,g_m 为压控恒流源的跨导;U_D 为二极管 D_1、D_2 的正向压降,约等于 0.7 V;A_o 为压控振荡器的控制灵敏度,$A_o = g_m/(4CU_D)$。

T_1、T_2 管集电极负载电阻上并有二极管,使 T_1、T_2 管不进入饱和区,以提高振荡频率。此外,该电路控制特性线性好,振荡频率易于调整,故应用十分广泛。

图 6.27(a) 中限幅器用来限制锁相环路的直流增益,以控制环路同步带的大小。由 7 端注入的电流可以控制限幅器的限幅电平和直流增益,注入电流增加,VCO 的跟踪范围减小,当注入的电流超过 0.7 mA 时,鉴相器输出的误差电压对压控振荡器的控制被截断,压控振荡器处于失控自由振荡工作状

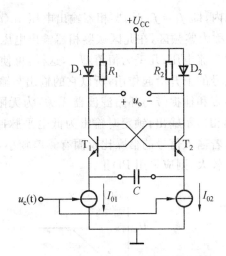

图 6.28 射极耦合压控多谐振荡器

态。环路中的放大器 A_1、A_2、A_3 作隔离、缓冲放大之用。

L562 只需单电源供电,最大电源电压为 30 V,一般可采用 +18 V 电源供电,最大电流为 14 mA,信号输入(11 与 12 端间)电压最大值为 3 V。

2. CMOS 锁相环路 CD4046

CD4046 是低频多功能单片集成锁相环路,它主要由数字电路构成,具有电源电压范围宽、功耗低、输入阻抗高等优点,最高工作频率为 1 MHz。

CD4046 锁相环路的组成和外引线端排列分别如图 6.29(a)、(b) 所示。由图 6.29(a) 可见,CD4046 内含两个鉴相器、一个压控振荡器和缓冲放大器、内部稳压器、输入信号放大与整形电路。

14 端为信号输入端,输入 0.1 V 左右的小信号或方波,经 A_1 放大和整形,使之满足鉴相器所要求的方波。

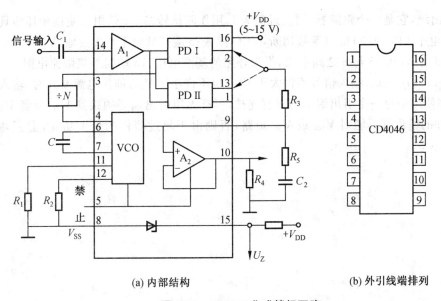

(a) 内部结构   (b) 外引线端排列

图 6.29 CD4046 集成锁相环路

PD Ⅰ 鉴相器由异或门构成,它与大信号乘积型鉴相原理相同,具有三角形鉴相特性,但要求两输入信号占空比均为 50% 的方波,无信号输入时,鉴相器输出电压达 $V_{DD}/2$,用以确定 VCO 的自由振荡频率。PD Ⅱ 采用数字式鉴频鉴相器,由 14、3 端输入信号的上升沿控制,它的鉴频鉴相特性如图 6.30 所示。由图 6.30 可见,在 $\pm 2\pi$ 范围内,即 $f_i = f_o$ 时,鉴相器输出电压 $u_D(t)$ 与相位差呈线性关系,称为鉴相区;在 $f_i > f_o$ 或 $f_i < f_o$ 区域,称为鉴频区,在此区域鉴相器输出电压 $u_D(t)$ 几乎与相位差无关,且无论频差有多大,它都能输出较大的直流电压,几乎为恒值 U_{dm},这样,可使锁相环路快速进入锁定状态。同时,这类鉴频鉴相器只对输入信号的上升沿起作用,所以它的输出与输入波形的占空比无关。由这类鉴相器构成的锁相环路,它的同步带和捕捉带与环路滤波器无关,为无限大,但实际上将受压控振荡器控制范围的限制。1 端是 PDⅡ 锁相指示输出,锁定时输出为低电平脉冲。两个鉴相器中,可任选一个作为锁相环路的鉴相器。一般说,若输入信号的信噪比及固有频差较小,则采用 PDⅠ;反之,若输入信号的信噪比较高,或捕捉时固有频差较大,则应采用 PDⅡ。

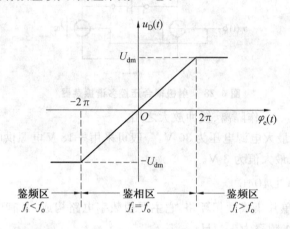

图 6.30　数字式鉴频鉴相器特性

　　VCO 采用 CMOS 数字压控振荡器,6、7 端之间外接的电容 C 和 11 端外接的电阻 R_1,用来决定 VCO 振荡频率的范围,12 端外接电阻 R_2 可使 VCO 有一个频移。R_1 控制 VCO 的最高振荡频率,R_2 控制 VCO 的最低振荡频率,当 $R_2 = \infty$ 时,最低振荡频率为 0,无输入信号时,PDⅡ 将 VCO 调整到最低频率。

　　A_2 是缓冲输出级,它是一个跟随器,增益近似为 1,用作阻抗转换。5 端用来使锁相环路具有"禁止"功能,当 5 端接高电平 1 时,VCO 的电源被切断,VCO 停振;5 端接低电平 0 或接地,VCO 工作。内部稳压器提供 5 V 直流电压,从 15 与 8 之间引出,作为环路的基准电压,15 端需外接限流电阻。

　　在使用 CD4046 时应注意,输入信号不许大于 V_{DD},也不许小于 V_{SS},即使电源断开时,输入电流也不能超过 10 mA;在使用中每一个引出端都需要有连接,所有无用引出端必须接到 V_{DD} 或者 V_{SS} 上,视哪个合适而定。器件的输出端不能对 V_{DD} 或 V_{SS} 短路,否则由于超过器件的最大功耗,会损坏 MOS 器件。V_{SS} 通常为 0 V。

重点串联

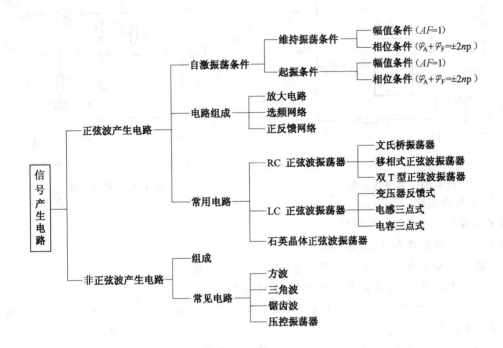

拓展与实训

基础训练

一、选择题

1. 由迟滞比较器构成的方波发生电路,电路中(　　)。
   A. 需要正反馈和选频网络　　B. 需要正反馈和RC积分电路
   C. 不需要正反馈和选频网络　　D. 不需要正反馈和RC积分电路

2. 对于RC桥式振荡电路,(　　)
   A. 若无稳幅电路,将输出幅值逐渐增大的正弦波
   B. 只有外接热敏电阻或二极管才能实现稳幅功能
   C. 利用三极管的非线性不能实现稳幅
   D. 利用振荡电路中放大器的非线性能实现稳幅

3. 图6.31所示电路(　　)。
   A. 能否产生正弦波振荡取决于R_1和R_2的关系
   B. 不能振荡
   C. 满足振荡条件,能产生正弦波振荡
   D. 不能产生正弦波振荡

4. 图6.32所示电路(　　)。
   A. 能振荡,振荡频率是$f = \dfrac{1}{2\pi RC}$
   B. 满足振荡的相位条件,不满足振幅条件,所以不能振荡

C. 不满足振荡的相位条件,所以不能振荡

D. 满足相位条件,所以能振荡

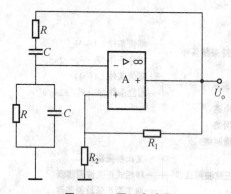

图 6.31　题 3 电路图　　　　　图 6.32　题 4 电路图

5. 图 6.31 所示电路(　　)。

A. 满足振荡的相位条件,能振荡

B. 不满足振荡的相位条件,不能振荡

C. 满足振荡的相位条件,能否振荡取决于 R_1 和 R_2 的阻值之比

D. 既不满足相位条件,也不满足振幅条件,不能振荡

6. LC 型正弦振荡电路没有专门的稳幅电路,它是利用放大电路的非线性特性来自动稳幅的,但输出波形一般失真并不大,这是因为(　　)。

　　A. 谐振频率高　　B. 输出幅度小　　C. 反馈信号弱　　D. 谐振回路的选频特性好

7. 振荡电路的振荡频率,通常是由(　　)决定的。

　　A. 放大倍数　　B. 反馈系数　　C. 稳幅电路参数　　D. 选频网络参数

8. 自激振荡是电路在(　　)的情况下,产生了有规则的、持续存在的输出波形的现象。

　　A. 外加输入激励　　B. 没有输入信号　　C. 没有反馈信号　　D. 没有电源电压

9. RC 桥式振荡电路中 RC 串并联网络的作用是(　　)。(请选择一个最恰当的答案)

　　A. 选频　　B. 引入正反馈　　C. 稳幅和引入正反馈　　D. 选频和引入正反馈

10. 与迟滞比较器相比,单门限比较器抗干扰能力(　　)。

　　A. 较强　　B. 较弱　　C. 两者相近　　D. 无法比较

11. 某迟滞比较器的回差电压为 6 V,其中一个门限电压为 -3 V,则另一门限电压为(　　)。(请选择一个最恰当的答案)

　　A. 3 V　　B. -9 V　　C. 3 V 或 -9 V　　D. 9 V

12. 在 LC 正弦振荡电路中,希望振荡频率在几百千赫以上,并不要求频率可调,但要求频率稳定度高,应选用(　　)振荡电路。

　　A. 变压器耦合　　B. 电感三点式　　C. 电容三点式　　D. 石英晶体

13. 图 6.33 所示电路中,(　　)。

A. 将二次线圈的同名端标在上端,可能振荡

B. 将二次线圈的同名端标在下端,就能振荡

C. 将二次线圈的同名端标在上端,可满足振荡的振幅相位条件

D. 将二次线圈的同名端标在下端,可满足振荡的相位条件

14. 设图 6.34 所示电路满足振荡的振幅起振条件,(　　)。

A. 若 X_1、X_2 和 X_3 同为电容元件,则构成电容三点式振荡电路

B. 若 X_1、X_2 和 X_3 同为电感元件,则构成电感三点式振荡电路

C. 若 X_1、X_2 为电感元件，X_3 为电容元件，则构成电感三点式振荡电路

D. 若 X_1、X_2 为电容元件，X_3 为电感元件，则构成电感三点式振荡电路

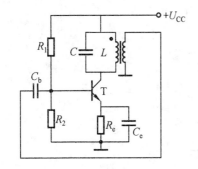

图 6.33　题 13 电路图

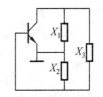

图 6.34　题 14 电路图

15. 图 6.35 所示的文氏电桥和放大器组成一个正弦波振荡电路，应按下述（　　）的方法来连接。

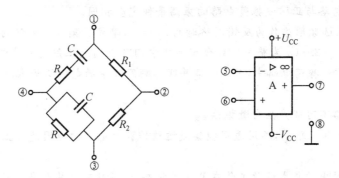

图 6.35　题 15 电路图

A. ①—⑦，②—⑧，③—⑤，④—⑥
B. ①—⑤，②—⑧，③—⑦，④—⑥
C. ①—⑦，②—⑥，③—⑧，④—⑤
D. ①—⑦，③—⑧，④—⑥，②—⑤

16. 石英晶体谐振于 f_s 时，相当于 LC 回路呈现（　　）。

A. 串联谐振　　　B. 并联谐振　　　C. 最大阻抗

17. 在 LC 正弦振荡电路中，希望振荡频率在 100 MHz 以上并有一定的调节范围，应采用（　　）振荡电路。

A. 变压器耦合　　　B. 电感三点式　　　C. 电容三点式　　　D. 石英晶体

18. 对于理想集成运放组成的迟滞比较器，反相端和同相端（　　）。

A. 存在虚短和虚断
B. 不存在虚短和虚断
C. 存在虚断，但不存在虚短
D. 存在虚短，但不存在虚断

19. 一过零比较器的输入信号接在反相端，另一过零比较器的输入信号接在同相端，则二者的（　　）。

A. 传输特性相同
B. 传输特性不同，但门限电压相同
C. 传输特性和门限电压都不同
D. 传输特性和门限电压都相同

20. 下面说法正确的是（　　）。

A. 单限电压比较器只有一个门限电压，迟滞比较器有两个门限电压。

B. 当电压从小到大逐渐增大时，单限电压比较器的输出发生一次跳变，迟滞比较器的输出发生两次跳变。

C. 门限电压的大小与输入电压的大小有关。

D. 只要有两个门限电压就是迟滞比较器。

二、判断题

1. 在图 6.36 所示方框图中,若 $\varphi_F=180°$,则只有当 $\varphi_A=\pm180°$ 时,电路才能产生正弦波振荡。
( )

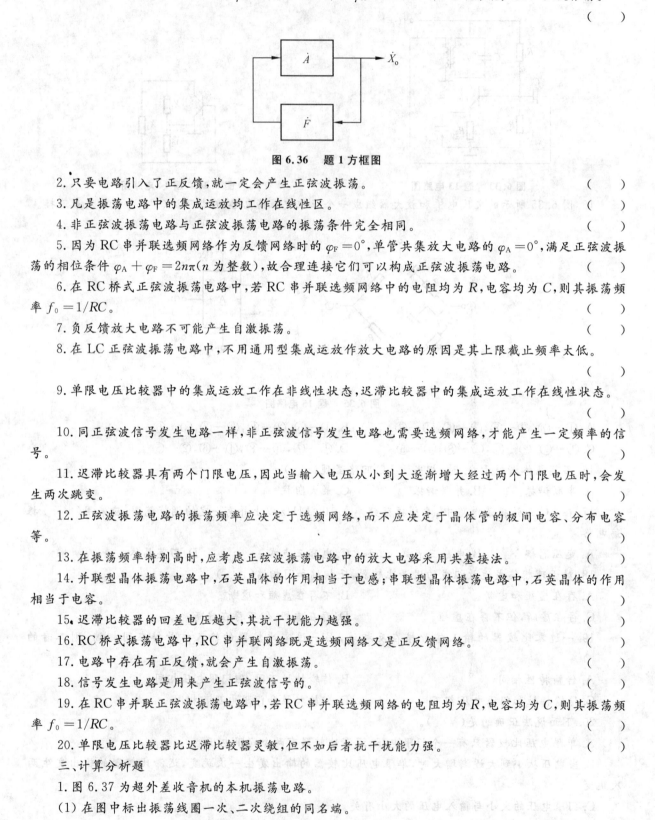

图 6.36 题 1 方框图

2. 只要电路引入了正反馈,就一定会产生正弦波振荡。( )
3. 凡是振荡电路中的集成运放均工作在线性区。( )
4. 非正弦波振荡电路与正弦波振荡电路的振荡条件完全相同。( )
5. 因为 RC 串并联选频网络作为反馈网络时的 $\varphi_F=0°$,单管共集放大电路的 $\varphi_A=0°$,满足正弦波振荡的相位条件 $\varphi_A+\varphi_F=2n\pi(n$ 为整数),故合理连接它们可以构成正弦波振荡电路。( )
6. 在 RC 桥式正弦波振荡电路中,若 RC 串并联选频网络中的电阻均为 R,电容均为 C,则其振荡频率 $f_0=1/RC$。( )
7. 负反馈放大电路不可能产生自激振荡。( )
8. 在 LC 正弦波振荡电路中,不用通用型集成运放作放大电路的原因是其上限截止频率太低。( )
9. 单限电压比较器中的集成运放工作在非线性状态,迟滞比较器中的集成运放工作在线性状态。
( )
10. 同正弦波信号发生电路一样,非正弦波信号发生电路也需要选频网络,才能产生一定频率的信号。( )
11. 迟滞比较器具有两个门限电压,因此当输入电压从小到大逐渐增大经过两个门限电压时,会发生两次跳变。( )
12. 正弦波振荡电路的振荡频率应决定于选频网络,而不应决定于晶体管的极间电容、分布电容等。( )
13. 在振荡频率特别高时,应考虑正弦波振荡电路中的放大电路采用共基接法。( )
14. 并联型晶体振荡电路中,石英晶体的作用相当于电感;串联型晶体振荡电路中,石英晶体的作用相当于电容。( )
15. 迟滞比较器的回差电压越大,其抗干扰能力越强。( )
16. RC 桥式振荡电路中,RC 串并联网络既是选频网络又是正反馈网络。( )
17. 电路中存在有正反馈,就会产生自激振荡。( )
18. 信号发生电路是用来产生正弦波信号的。( )
19. 在 RC 串并联正弦波振荡电路中,若 RC 串并联选频网络的电阻均为 R,电容均为 C,则其振荡频率 $f_0=1/RC$。( )
20. 单限电压比较器比迟滞比较器灵敏,但不如后者抗干扰能力强。( )

三、计算分析题

1. 图 6.37 为超外差收音机的本机振荡电路。
(1) 在图中标出振荡线圈一次、二次绕组的同名端。
(2) 当 $C_4=20\text{ pF}$ 时,在可变电容 C_5 的变化范围内,振荡频率的可调范围为多大?

2.电路如图 6.38 所示。试分析:
(1)为使电路产生正弦波振荡,标出集成运放的"+"和"-";并说明电路是哪种正弦波振荡电路。
(2)若 R_1 短路,则电路将产生什么现象?
(3)若 R_1 断路,则电路将产生什么现象?
(4)若 R_f 短路,则电路将产生什么现象?
(5)若 R_f 断路,则电路将产生什么现象?

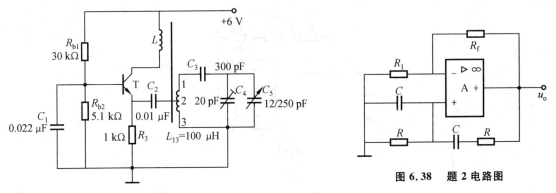

图 6.37　超外差收音机的本机振荡电路

图 6.38　题 2 电路图

3.如图 6.39 所示电路为正交正弦波振荡电路,它可产生频率相同的正弦信号和余弦信号。已知稳压管的稳定电压 $\pm U_Z = \pm 6$ V,$R_1 = R_2 = R_3 = R_4 = R_5 = R$,$C_1 = C_2 = C$。
(1)试分析电路为什么能够满足产生正弦波振荡的条件;
(2)求出电路的振荡频率;
(3)画出 $\dot{U}_{o1}$ 和 $\dot{U}_{o2}$ 的波形图,要求表示出它们的相位关系,并分别求出它们的峰值。

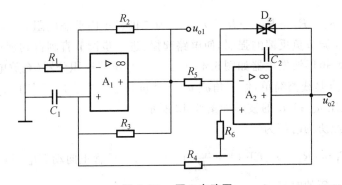

图 6.39　题 3 电路图

4.试设计一个交流电压信号的数字式测量电路,要求仅画出原理框图。

▶ 职业能力训练 ◀

信号发生电路设计

1.实训目的
(1)熟悉用集成运放组成 RC 桥式振荡器的工作原理,掌握负反馈强弱对振荡波形的影响;
(2)学习用集成运算放大器组成方波-三角波发生器的工作原理,掌握其主要性能指标的测试方法。
2.实训器材
±12 V 直流电源;双踪示波器一台;交流毫伏表;频率计;集成运算放大器 μA741×2;二极管

1N4148×2;稳压管 2CW231×1;电阻器、电容器若干。

3.实验原理及参考电路

(1)RC 文氏电桥振荡器。RC 文氏电桥振荡器电路如图 6.40 所示。其中 RC 串并联电路兼作选频网络和正反馈网络,它决定了振荡频率 f_0;R_1、R_P、R_2 和二极管 D_1、D_2 构成负反馈网络,并利用两个反向并联二极管 D_1、D_2 正向电阻的非线性特性来实现稳幅。调节电位器 R_P,可以改变负反馈深度,以满足振荡的幅值条件和改善波形。

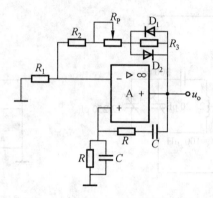

图 6.40 RC 文氏电桥振荡器电路

电路的振荡频率为

$$f_0 = \frac{1}{2\pi RC}$$

起振的幅值条件

$$A_{VF} = 1 + \frac{R_f}{R_1} \geqslant 3$$

即 $R_f \geqslant 2R_1$,式中 $R_f = R_2 + R_P + (R_3 // r_p)$,$r_p$ 为二极管正向动态电阻。

通过调整电位器 R_P 调节负反馈的强弱,使电路起振,进一步调节直到得到理想的振荡波形输出。

(2)矩形波发生器。矩形波发生器如图 6.41 所示。它是由普通积分器(充放电回路不同)和迟滞比较器组成。该电路的特点是线路简单,但三角波 u_C 线性度较差。主要用于产生方波或对三角波要求不高的场合。电容两端电压 u_C 和 u_o 的波形如图 6.42 所示。

高电平 $u_o = +U_Z$ 经历的时间为

$$T_1 = (R_3 + r_p)C\ln(1 + \frac{2R_1}{R_f}) \quad (r_p \text{ 为二极管正向动态电阻})$$

低电平 $u_o = -U_Z$ 经历的时间为

$$T_2 = (R_P + r_p)C\ln(1 + \frac{2R_1}{R_f}) \quad (r_p \text{ 为二极管正向动态电阻})$$

振荡频率为

$$f = \frac{1}{T} = \frac{1}{T_1 + T_2} = \frac{1}{(R_P + R_3 + 2r_p)C\ln(1 + \frac{2R_1}{R_f})}$$

占空比为

$$D = \frac{T_1}{T} = \frac{R_3 + r_p}{R_P + R_3 + r_p}$$

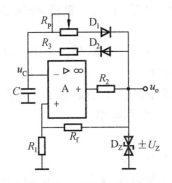

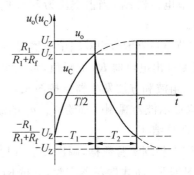

图 6.41 矩形波发生器　　　　图 6.42 u_C 和 u_o 的波形

因此,调节电位器 R_P,改变其阻值,即可调节输出波形的占空比。但实际运用时由于受运算放大器上升速度的限制,不能得到太窄的矩形波。

(3) 方波－三角波发生器。把迟滞比较器和积分器首尾相接形成正反馈闭环系统,如图 6.43 所示,比较器输出的方波经积分器可得到三角波,三角波又触发比较器自动翻转形成方波,这样便可构成三角波、方波发生器。由于采用集成运放组成积分电路,因此可实现恒流充电,使三角波的线性大大改善。通过分析可知,方波幅值大小由稳压管的稳定电压值决定,即方波的幅值 $U_{o1m}=\pm U_Z$。

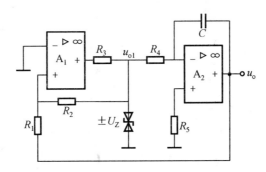

图 6.43 方波－三角波发生器

三角波幅值为

$$U_{om}=\pm\frac{R_1}{R_2}U_Z$$

该电路的振荡频率为

$$f_0=\frac{R_2}{4R_1R_4C}$$

4. 实验内容及实训步骤

(1) RC 文氏电桥正弦波振荡器。

① 按图 6.40 文氏桥电路接线,其中 $R=30\ \text{k}\Omega$,$C=0.01\ \mu\text{F}$,$R_1=20\ \text{k}\Omega$,$R_2=10\ \text{k}\Omega$,$R_P=100\ \text{k}\Omega$,D_1、D_2 为 1N4148 型二极管。

② 用示波器观察输出波形,通过调节电位器 R_P,使输出波形从无到有,从正弦波到正弦波出现失真。描绘 u_o 的波形,记下当电路处于临界起振、正弦波输出及失真情况下的 R_P 值,分析负反馈强弱对起振条件及输出波形的影响。

③ 调节 R_P,使 u_o 波形幅值最大且不失真,分别测出输出电压的有效值 U_{om} 和振荡频率 f_0。

(2) 方波发生器。

① 按图 6.41 矩形波发生器电路图接线,其中 $C=0.1\ \mu\text{F}$,$R_1=R_f=10\ \text{k}\Omega$,$R_2=3.3\ \text{k}\Omega$,$R_3=100\ \text{k}\Omega$,$R_P=100\ \text{k}\Omega$,$D_1$、$D_2$ 为 1N4148 型二极管,D_Z 为 2CW231 型二极管。

②调节电位器 R_P，当占空比为 50% 时，用双踪示波器观测并描绘出 u_o、u_C 波形，分别测量它们的幅值和频率。

③调节电位器 R_P，用双踪示波器观察 u_o、u_C 的波形，读出 T_1 和 T_2 的值，使占空比分别为 1/2，1/3，1/5，相应测量出电位器 R_P 的阻值，再把实测值与理论值进行比较。

(3) 三角波和方波发生器。按图 6.43 所示方波—三角波发生器电路接线，组装成方波—三角波发生器，用双踪示波器观测并描绘 u_{o1}、u_o 的波形，分别测出它们的幅值和频率。

5. 实训总结

(1) 列表整理实验数据，画出波形，把实测频率与理论值进行比较。

(2) 根据 RC 桥式振荡器实验，分析 RC 振荡器的振幅条件。分析 R_P 变化时输出波形的变化情况。

(3) 在同一坐标纸上，按比例画出方波和三角波的波形，并标明时间和电压幅值。讨论调节电位器 R_P 对矩形波波形的影响。

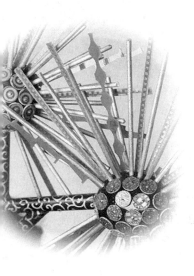

模块 7
直流稳压电源

教学聚集

本模块介绍了单相半波整流电路、单相全波整流电路、单相桥式整流电路和倍压整流电路等整流电路的电路结构、工作原理和特点;电容滤波、电感滤波、复式滤波等滤波电路的电路结构和工作原理及特点;串联型稳压电路的电路结构和工作原理;开关直流稳压电源的工作原理和特点;三端集成稳压器的特点和典型应用电路。

知识目标

◆ 掌握单相整流滤波电路的工作原理;
◆ 掌握串联稳压电路的工作原理和集成稳压器的应用方法;
◆ 掌握开关稳压电源的工作原理。

技能目标

◆ 掌握直流稳压电源的调整与测试方法。

课时建议

理论教学 6 课时;实训 2 课时。

课堂随笔

7.1 单相整流滤波电路

电子电路一般采用直流电源供电。对直流电源的主要要求是：

①能够输出不同电路所需要的电压和电流；

②直流输出电压平滑，脉动成分小；

③输出电压的幅值稳定；

④交流电变换成直流电时的转换效率高。

获得直流电源的方法较多，如干电池、蓄电池、光伏电池、直流发电机等。但一般采用比较经济实用的办法，将单相交流电源通过整流电路变成直流，再通过滤波、稳压使其变成较稳定的直流电源（即直流线性稳压电源），其原理如图7.1所示。因此，学习电源电路必须首先熟悉单相整流滤波电路。

图 7.1　直流电源原理图

7.1.1 单相整流电路

为方便分析，我们把二极管当作理想元件处理，即二极管的正向导通电阻为零，反向电阻为无穷大。

1.单相半波整流电路

(1)电路结构

单相半波整流电路原理如图7.2所示，波形图如图7.3所示。

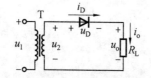

图 7.2　单相半波整流电路原理图

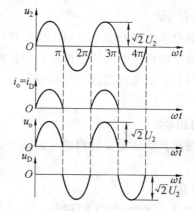

图 7.3　单相半波整流波形图

(2)主要参数计算

由图7.3可知，输出电压在一个工频周期内，二极管只在正半周导通，在负载上得到的是正弦半波。负载上的平均电压为

$$U_o = \frac{1}{2\pi}\int_0^\pi \sqrt{2}U_2 \sin\omega t\, d(\omega t) = \frac{\sqrt{2}}{\pi}U_2 \approx 0.45U_2$$

流过负载电阻 R_L 的电流平均值为

$$I_o = \frac{U_o}{R_L} = 0.45\frac{U_2}{R_L}$$

流经二极管的电流平均值与负载电流平均值相等，即

$$I_D = I_o = 0.45\frac{U_2}{R_L}$$

二极管截止时承受的最高反向电压为 u_2 的最大值,即

$$U_{Rmax} = \sqrt{2}U_2$$

(3)半波整流电路的优点与缺点

优点:结构简单,使用的元件少。

缺点:只利用了电源的半个周期,所以电源利用率低;输出的直流成分比较低,变压器中有直流流过,有相对的损耗功率,输出波形的脉动大。

2.单相全波整流电路

(1)电路结构

单相全波整流电路原理如图 7.4 所示,电路中电压、电流波形图如图 7.5 所示。

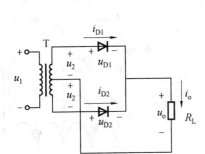

图 7.4 单相全波整流电路原理图

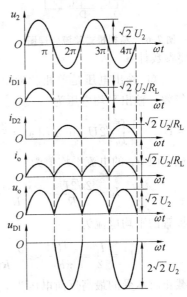

图 7.5 单相全波整流波形图

(2)主要参数计算

由图 7.5 可知,输出电压在一个工频周期内,两个二极管分别在正半周和负半周导通,在负载上得到的是两个完整的正弦半波。负载上输出的平均电压为

$$U_o = U_L = \frac{1}{\pi}\int_0^\pi \sqrt{2}U_2\sin\omega t\, d(\omega t) = \frac{2\sqrt{2}}{\pi}U_2 \approx 0.9U_2$$

流过负载电阻 R_L 的电流平均值为

$$I_o = I_L = \frac{2\sqrt{2}U_2}{\pi R_L} \approx \frac{0.9U_2}{R_L}$$

二极管截止时承受的最高反向电压为 u_2 的最大值,即

$$U_{Rmax} = 2\sqrt{2}U_2$$

(3)全波整流电路的优缺点

优点:结构相对简单,电源利用率较高。

缺点:要求管子耐压要高;变压器中有直流流过,有相对的损耗功率;需要使用中心抽头变压器,制作成本较高。

3. 单相桥式整流电路

(1) 电路结构及工作原理

单相桥式整流电路采用了4只二极管，接成桥式，其原理如图7.6所示。u_2正半周时，D_1、D_3导通，D_2、D_4截止；u_2负半周时，D_1、D_3截止，D_2、D_4导通。而流过负载的电流方向是一致的。现在一般将四个二极管封装在一起，称为整流桥堆，其外形如图7.7所示。电路中电压、电流波形如图7.8所示。

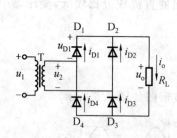

图7.6 单相桥式整流原理图

图7.7 桥堆外形封装图

(2) 主要参数计算

由图7.8可知，输出电压是单相脉动电压。通常用它的平均值与直流电压等效。输出平均电压为

$$U_o = U_L = \frac{1}{\pi}\int_0^\pi \sqrt{2}U_2\sin\omega t\,\mathrm{d}\omega t = \frac{2\sqrt{2}}{\pi}U_2 \approx 0.9U_2$$

流过负载电阻R_L的电流平均值为

$$I_L = \frac{2\sqrt{2}U_2}{\pi R_L} \approx \frac{0.9U_2}{R_L}$$

流过二极管的平均电流为

$$I_D = \frac{I_L}{2} = \frac{\sqrt{2}U_2}{\pi R_L} \approx \frac{0.45U_2}{R_L}$$

二极管截止时承受的最高反向电压为u_2的最大值，即

$$U_{R\max} = \sqrt{2}U_2$$

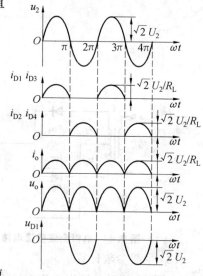

图7.8 单相桥式整流电路波形图

(3) 桥式整流电路的优点与缺点

优点：单相桥式整流电路的变压器中只有交流电流流过，电源使用效率高，在同样的功率容量条件下，变压器体积可以小一些。

缺点：使用二极管较多，容易出现个别损坏而影响电源的输出。

> **技术提示：**
> 单相桥式整流电路的总体性能优于单相半波和全波整流电路，故广泛应用于直流电源之中。整流电路中的二极管是作为开关运用的。

4. 倍压整流电路

倍压整流电路可以把较低的交流电压，用耐压较低的整流二极管和电容器，"整"出一个较高的直流电压。倍压整流电路一般按输出电压是输入电压的多少倍，分为二倍压、三倍压与多倍压整流电路。下面以二倍压整流电路为例介绍倍压整流电路的工作原理。

图7.9是二倍压整流电路。电路由变压器T、两个整流二极管D_1、D_2及两个电容器C_1、C_2组成。其

工作原理如下：

(1) u_2 正半周（上正下负）时，二极管 D_1 导通，D_2 截止，电流经过 D_1 对 C_1 充电，将电容 C_1 上的电压充到接近 u_2 的峰值 U_m，并基本保持不变。

(2) u_2 为负半周（上负下正）时，二极管 D_2 导通，D_1 截止。此时，C_1 上的电压 U_{C1} 与电源电压 u_2 串联相加，电流经

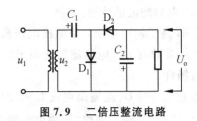

图 7.9 二倍压整流电路

D_2 对电容 C_2 充电，充电电压 $U_{C2}=U_m+1.2U_2\approx 2\sqrt{2}U_2$（$U_2$ 为变压器二次侧电压有效值）。如此反复充电，C_2 上的电压值是变压器次级电压的二倍，所以称为二倍压整流电路。倍压整流只适合于要求输出电压较高、负载电流小的场合。

> **技术提示：**
> 倍压整流只适合于要求输出电压较高、负载电流小的场合。管子的耐压和电容的耐压均为 $2\sqrt{2}U_2$。

7.1.2 常用滤波电路

常见滤波电路有电容滤波电路、电感滤波电路、复式滤波电路。

滤波电路利用电抗性元件对交、直流阻抗的不同，实现滤波。电容器 C 对直流开路，对交流阻抗小（隔直通交），所以 C 应该并联在负载两端。电感器 L 对直流阻抗小，对交流阻抗大（通直阻交），因此 L 应与负载串联。经过滤波电路后，既可保留直流分量，又可滤掉一部分交流分量，改变了交直流成分的比例，减小了电路的脉动状况，改善了直流电压的质量。

1. 电容滤波电路

电容滤波电路如图 7.10 所示，在整流电路与负载之间并联电容 C，就可实现电容滤波。

(1) 空载情况

电容 C 迅速被充电到交流电压 u_2 的最大值，此后，二极管均截止，电容不可能放电，故输出电压 U_o 恒为 $\sqrt{2}U_2$，如图 7.11 所示。

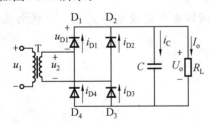

图 7.10 电容滤波电路

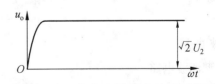

图 7.11 电容滤波电路空载波形

(2) 有载（电阻）情况

当 $t=0$ 时电源接通，$0<t<t_1$ 时，u_2 处于正半周，u_2 通过 D_1、D_3 对电容充电，$U_o=u_2$，当 $t=t_1$ 时，$U_o=\sqrt{2}U_2$，随后 u_2 下降，$D_1\sim D_4$ 均反向偏置，电容 C 通过 R_L 放电，由于放电时间常数 R_LC 较大，U_o 缓慢下降。在 u_2 负半周，当 u_2 上升到和电容上电压相等的 t_2 时刻，u_2 通过 D_2、D_4 对 C 充电，至 $t=t_3$ 时，二极管又截止，电容再次放电。电容反复充电、放电，减小了输出电压的波纹，使输出电压波形比较平滑，如图 7.12 所示。

(3) 电容滤波的特点

① 提高了输出电压,使输出电压脉动成分降低,U_o 与放电时间常数有关。电容滤波适用于负载电流较小且变化不大的场合。

② 输出电压 U_o 随输出电流 I_o 而变化。I_o 增大,电容放电加快,使 U_o 下降。理想时,输出电压 U_o 值在 $\sqrt{2}U_2 \sim 0.9U_2$ 范围内变化。

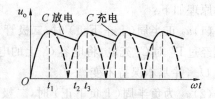

图 7.12 电容滤波电路有载波形

③ 对整流管极限电流要求高。整流二极管导通时间缩短,整流管的瞬时电流大,易损坏整流管,应选择最大整流电流 I_F 较大的整流二极管。实际工作中一般应选:二极管 $I_F \geqslant (1 \sim 1.5)U_o/R_L$;滤波电容的容量 $R_L C \geqslant (1.5 \sim 2.5)T$($T$ 为电源交流电压的周期),此时 U_o 可估算为 $U_o \approx 1.2 U_2$。

2. 电感滤波电路

电感滤波电路如图 7.13 所示,负载电阻与滤波电感 L 串联。

接入滤波电感后,由于电感的直流电阻很小,交流阻抗很大,因此直流成分流过电感后基本上没有损失,交流分量很大部分降落在电感上,从而降低了输出电压中的脉动成分,如图 7.14 所示。

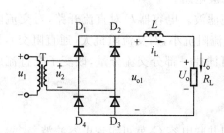

图 7.13 电感滤波电路

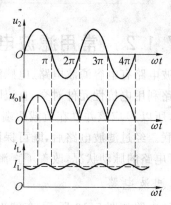

图 7.14 电感滤波波形图

> **技术提示:**
> L 越大,R_L 越小,电感滤波电路的滤波效果愈佳,所以电感滤波电路适用于负载电流较大和电流变化较大的场合。

3. 复式滤波电路

(1) RC-π 型滤波电路

RC-π 型滤波电路中共有两个直流电压输出端,分别输出 U_{o1}、U_o 两个直流电压,如图 7.15 所示。

其中,U_{o1} 是单相桥式整流电路的输出电压经过电容 C_1 滤波后的电压;U_o 则是单相桥式整流电路经过了 C_1、R、C_2 滤波后的电压,所以滤波效果更好,直流输出电压 U_o 中的交流成分更小。但由于电阻 R 的影响,RC-π 型滤波电路适用于负载电流较小的场合。

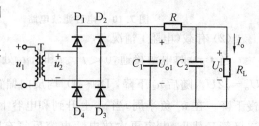

图 7.15 RC-π 型滤波电路图

(2) LC－π型滤波电路

LC－π型滤波电路是将RC－π型滤波电路中的R用L替换。电感对直流呈现小电阻而对交流呈现较大感抗,进一步提高了滤波效果。由于电感对直流呈现较小的电阻,LC－π型滤波电路适用于负载电流较大的场合。LC－π型滤波电路如图7.16所示。

LC－π型滤波电路输出直流电压U_o的估算与电容滤波电路相同,即$U_o \approx 1.2U_2$。

(3) LC型滤波电路

将RC滤波电路中的R用L替换。电感对直流呈现小电阻而对交流呈现较大感抗,提高了滤波效果,与LC－π型滤波电路一样,LC型滤波电路也适用于负载电流较大的场合。LC型滤波电路如图7.17所示。

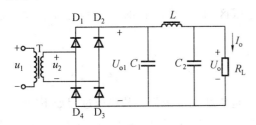

图7.16　LC－π型滤波电路图

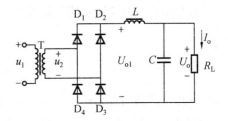

图7.17　LC型滤波电路图

7.2 稳压电路与集成稳压器

交流电压经过整流、滤波后已经变换成比较平滑的直流电,但还是不够稳定。当电网电压波动或负载发生变化时,整流、滤波后的直流电压也随着发生变化,因此只能供一般电气设备使用。对于电子电路,特别是精密测量仪器、自动控制设备等,要求电源非常稳定,所以必须使用稳压电路来保证输出电压的稳定。

当电网电压波动或负载发生变化时,使输出直流电压稳定且可调的电路称为直流稳压电路。

直流稳压电路按调整器件的工作状态可分为线性稳压电路和开关稳压电路两大类。按照调整元件与负载的连接方式可分为串联型稳压电路(见图7.18)、并联型稳压电路(见图7.19)。

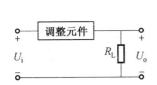

图7.18　串联型稳压电路原理图

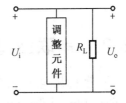

图7.19　并联型稳压电路原理图

线性稳压电路使用起来简单易行,但转换效率低,体积大;开关稳压电源体积小,转换效率高,但控制电路较复杂。随着自关断电力电子器件和电力集成电路的迅速发展,开关电源已得到越来越广泛的应用。

7.2.1　稳压二极管稳压电路

电路中一般采用稳压管构成并联型稳压电路。稳压二极管特性如图7.20所示,其稳压电路如图7.21所示。

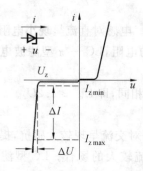 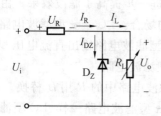

图 7.20　稳压二极管特性曲线图　　　图 7.21　稳压二极管稳压电路原理图

在稳压管稳压电路中,只要使稳压管始终工作在稳压区,保证稳压管的电流满足:$I_{zmin} \leqslant I_{DZ} \leqslant I_{zmax}$,则有

$$\begin{cases} U_i = U_R + U_o \\ I_R = I_{DZ} + I_L \end{cases}$$

其工作原理分两种情况讨论。一是电网电压波动;二是负载发生变化。其稳压过程如下:

① 当电网电压波动而 R_L 未变动时,若电网电压上升,则 $U_i\uparrow \to U_o\uparrow \to I_{DZ}\uparrow \to I_R\uparrow \to U_R\uparrow \to U_o\downarrow$,反之一样推导。

② 当电网电压未波动而负载 R_L 变动时,若 R_L 减小,则 $I_L\uparrow \to I_R\uparrow \to U_R\uparrow \to U_o\downarrow \to I_{DZ}\downarrow \to I_R\downarrow \to U_R\downarrow \to U_o\uparrow$,反之一样推导。

综上所述,在稳压二极管所组成的稳压电路中,利用稳压管所起的电流调节作用,通过限流电阻 R 上电压或电流的变化进行补偿,来达到稳压的目的。

③ 在选择元件时,应首先知道负载所要求的输出电压 U_o,负载电流 I_L 的最小值 I_{Lmin} 和最大值 I_{Lmax},输入电压 U_i 的波动范围。

稳压二极管稳压电路简单、调试方便、成本低廉。但受稳压管最大电流限制,又不能任意调节输出电压,电路受温度的影响较大,稳压精度差。所以只适用于输出电压不需调节,负载电流小,要求不很高的场合。

7.2.2　串联型稳压电路

1. 串联型三极管稳压电路的基本结构

串联型稳压电路是把稳压二极管稳压电路的限流电阻和稳压二极管用可变电阻代替,其基本工作原理如图 7.22 所示。

因为三极管集电极与发射极间的等效直流电阻 $R_{CE} \approx U_{CE}/I_C \approx U_{CE}/(\beta I_B)$,$R_{CE}$ 可由基极电流 I_B 控制,所以可调电阻可以用三极管替换,如图 7.23 所示。该三极管称为电源调整管。

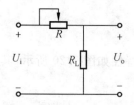 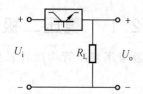

图 7.22　串联稳压原理图　　　　　　　图 7.23　三极管稳压原理图

串联型三极管稳压电路及电路框图分别如图 7.24、图 7.25 所示。电路由电压调整元件、比较放大电路、基准电压电路、采样电路等几部分组成。

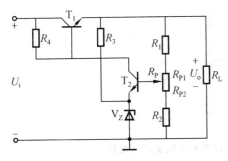
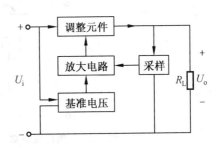

图 7.24　串联型三极管稳压电路图　　　　图 7.25　串联型三极管稳压电路框图

(1) 电压调整电路

电压调整电路由三极管 T_1、R_4 组成，T_1 是串联型稳压电路的核心元件。电压调整电路的作用是：在比较放大电路的推动下改变调整环节的压降，使输出电压稳定。

(2) 比较放大电路

比较放大电路由三极管 T_2、R_4 组成。比较放大电路的作用是：将采样电路采集的输出电压与基准电压进行比较并放大，进而推动电压调整环节工作。

(3) 基准电压

基准电压电路由限流电阻 R_3 与稳压管 V_Z 组成。基准电压电路的作用是：为比较放大电路提供稳定的基准电压。

(4) 采样电路

采样电路由 R_1、R_2 和 R_P 组成。采样电路的作用是：把输出电压及其变化量采集出来加到比较放大电路的输入端。

2. 串联型三极管稳压电路的工作原理

串联型稳压电路的自动稳压过程按电网波动和负载电阻变动两种情况分述如下：

(1) $U_i\uparrow \to U_o\uparrow \to U_{BE2}\uparrow \to I_{B2}\uparrow \to I_{C2}\uparrow \to U_{CE2}\downarrow \to U_{BE1}\downarrow \to I_{B1}\downarrow \to U_{CE1}\uparrow \to U_o\downarrow$

(2) $R_L\downarrow \to U_o\downarrow \to U_{BE2}\downarrow \to I_{B2}\downarrow \to I_{C2}\downarrow \to U_{CE2}\uparrow \to U_{BE1}\uparrow \to I_{B1}\uparrow \to U_{CE1}\downarrow \to U_o\uparrow$

当 $U_i\downarrow$ 或 $R_L\uparrow$ 时的调整过程与上述相反。

由上分析可知，无论是输入电压变化还是负载电阻变化，通过电路的反馈作用，会使输出电压 U_o 保持稳定。

串联型稳压电路的输出电压 U_o 由采样单元的分压比和基准电压的乘积决定。因此调节电位器 R_P 的滑动端子，可调节输出电压 U_o 的大小。

当 R_P 调到最上端时，输出电压最小，即

$$U_{omin} \approx \frac{R_1 + R_2 + R_P}{R_2 + R_P}U_Z \quad (U_Z \text{ 为 } V_Z \text{ 的稳定电压})$$

当 R_P 调到最下端时，输出电压最大，即

$$U_{omax} \approx \frac{R_1 + R_2 + R_P}{R_2}U_Z \quad (U_Z \text{ 为 } V_Z \text{ 的稳定电压})$$

3. 采用集成运算放大器的串联型稳压电路

采用集成运算放大器的串联型稳压电路的组成、工作原理及输出电压的计算与串联型三极管稳压电路基本完全相同，唯一不同之处是比较放大环节采用集成运算放大器而不是晶体管，如图 7.26 所示。

图7.26 集成运算放大器作比较放大电路的串联型稳压电路

技术提示：

调整管一般选用大功率三极管，可以用并联、复合管等方式使用，从而扩大输出电流。比较放大电路可以是单管放大电路、差动放大电路或集成运算放大电路，要求有尽可能小的零点漂移和足够的放大倍数。

4. 过流保护电路

当串联稳压电路输出电流超过额定值时，限制调整管发射极电流在某一数值或使之迅速减小，从而保护调整管不会因电流过大而烧坏的电路称为过流保护电路。

(1) 限流型保护电路

过流时使调整管发射极电流限制在某一数值的电路，称为限流型过流保护电路。保护电路如图7.27所示，图7.28为保护电路特性。

保护原理：当调整管 T_1 电流超过一定值时，电阻 R 上的压降 U_R 增大使 T 导通，I_{C2} 增大，使 I_{B1} 减小，从而使输出电流减小，输出电压降低，达到过流保护的目的。

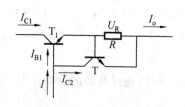

图7.27 限流型保护电路

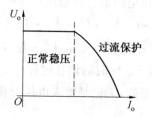

图7.28 限流型保护特性

(2) 截流型(或减流型)保护电路

当发生短路时，通过保护电路使调整管截止，从而限制短路电流，使之接近零。保护电路如图7.29所示，此电路主要由 T_2 及相关元件构成。保护特性如图7.30所示，保护过程如下：

I_o 超过额定值 → T_2 导通 → R_4 压降↑ → 运放同相端电位↑ → T_1 基极电位↑ → T_1 集电极电流↓ → 输出电压↓ → R_3 电流↑ → T_2 基极电位↓ → T_2 集电极电流↑ → R_4 压降↑ → 运放同相端电位↑ → 输出电压↓ → … → 输出电压趋于0。

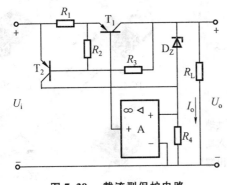

图 7.29 截流型保护电路

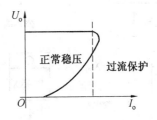

图 7.30 截流型保护特性

7.2.3 集成稳压电路

利用分立元件组成的稳压电路,形式灵活,适应性强,输出功率大,但是体积大,焊点多,调试麻烦,可靠性差。随着电子电路的集成化和功率集成化的发展,将分立元件稳压电路的调整、取样、放大、基准电压、启动、保护等电路集成在一块半导体集成电路中,就形成了集成稳压电路。

与分立元件组成的稳压器相比,集成稳压器具有体积小、性能好、工作可靠及使用方便等优点,适合在各种电子设备中作为电压稳定器。集成稳压器内部电路仍然是串联型晶体管稳压电路,引脚有三只,分别为输入端、输出端和公共端,因而称为三端稳压器。

三端集成稳压器的种类主要有三端固定式稳压器和三端可调式稳压器两种。固定式稳压电路如 W78××、W79××,可调式稳压电路如 W117、W217、W317。

1. 固定式稳压器及其应用

(1) 固定式稳压器

78×× 系列为正电压输出,79×× 系列为负电压输出。其中 ×× 表示固定电压输出的数值。如:7805、7806、7809、7812、7815、7818、7824 等,指输出电压是 +5 V、+6 V、+9 V、+12 V、+15 V、+18 V、+24 V。79×× 系列也与之对应,只不过是负电压输出。国标型号为 CW78－××/CW78M－××/CW78L－×× CW79－××/CW79M－××/CW79L－××。"C"表示国标,"W"表示稳压,"L"、"M"、"S"、"H"、"P"等表示稳压器的额定输出电流,具体数值见表 7.1。国外型号为 LM78－×× …,LM78－×× …。

表 7.1 稳压电路中的电流等级符号含义表

L	M	(无字)	S	H	P
0.1 A	0.5 A	1 A	2 A	5 A	10 A

三端稳压器的引脚排列和电路符号如图 7.31 所示,封装形式如图 7.32 所示。塑料封装(TO－220)最大功耗为 10 W(加散热器);金属壳封装(TO－3)外形,最大功耗为 20 W(加散热器)。

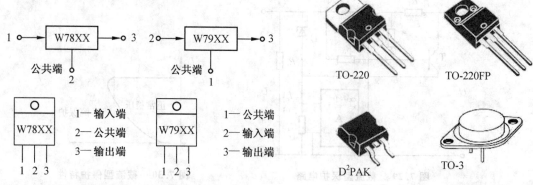

图 7.31　78、79 系列稳压电路符号　　　　图 7.32　稳压电路封装形式

(2) 固定式稳压器的应用

① 固定输出稳压电路。三端稳压器典型应用电路如图 7.33 所示。

图 7.33 所示电路中，C_1 用于抵消输入线电感以防止产生自激振荡。C_2 用于减小输出电压的脉冲和改善负载的瞬态响应。当输出电压较高且 C_2 较大时，必须在输入端和输出端之间跨接一个保护二极管。否则，一旦输入端短路，未经释放的 C_2 上的电压将通过稳压器放电，损坏稳压块。

② 正负电压输出电路。正负电压输出应用电路如图 7.34 所示。

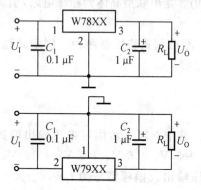

图 7.33　三端稳压电路应用举例

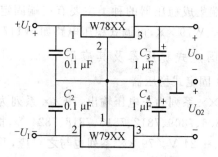

图 7.34　双输出稳压电路应用举例

技术提示：
在根据稳定电压值选择稳压器的型号时，要求经整流滤波后的电压要高于三端集成稳压器的输出电压 2～3 V（输出负电压时要低 2～3 V），但不宜过大。

③ 扩大输出电压电路。扩大输出电压应用电路如图 7.35 和图 7.36 所示。

图 7.35 中输出电压：
$$U_o = U_{XX} + U_Z$$

图 7.36 中运放接成跟随器。R_1 上的电压等于稳压块的标称电压 U_{XX}，所以
$$U_o = \left(1 + \frac{R_2}{R_1}\right) U_{XX}$$

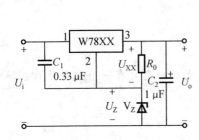 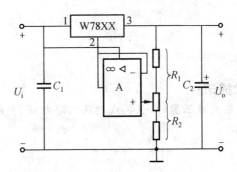

图 7.35 扩大输出电压电路应用举例一　　图 7.36 扩大输出电压电路应用举例二

④ 扩大输出电流电路。扩大输出电流电路应用电路如图 7.37 所示。I_{oxx} 为稳压集成块标称电流值。取 $R_1 = U_{BE1}/I_{oxx}$，则

$$I_o = I_{oxx} + I_{C1}$$

⑤ 组成恒流源。恒流源电路应用电路如图 7.38 所示。以 W7805 为例，负载 R_L 上的电流应为 I 与 I_W 之和，即

$$I_o = I_W + I = I_W + \frac{5}{R_o}$$

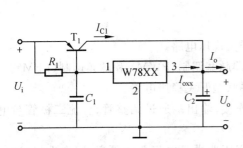 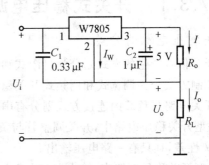

图 7.37 扩大输出电流电路应用举例　　图 7.38 恒流源电路应用举例

2. 可调式稳压电路及应用

X17 系列和 X37 系列三端稳压器为可调式稳压器，X17 系列为正电压输出，X37 系列为负电压输出。其中"X"的值为"1"、"2"、"3"，含义如下：1—为军品级，2—为工业品级，3—为民品级。

军品级为金属外壳或陶瓷封装，工作温度范围为 $-55 \sim 150\ ℃$；工业品级为金属外壳或陶瓷封装，工作温度范围为 $-25 \sim 150\ ℃$；民品级多为塑料封装，工作温度范围为 $0 \sim 125\ ℃$。

国标型号为 CWX17/CWX17M/CWX17L、CWX37/CWX37M/CWX37L。国外型号为 LMX17/LMX17M/LMX17L、LMX37/LMX37M/LMX37L。

基本应用电路如图 7.39 所示，可调稳压电路如图 7.40 所示。

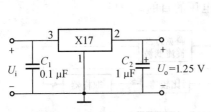 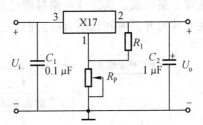

图 7.39 基本应用电路　　图 7.40 可调稳压电路

基本应用电路输出电压很稳定，为 1.25 V，最大输出电流可达 1.5 A。图 7.40 中 R_1 为泄放电阻，一般可取 120 Ω，该电路的可调输出电压为

$$U_\circ = (1 + \frac{R_P}{R_1}) \times 1.25 \text{ (V)}$$

技术提示：

应用集成稳压器时，在集成稳压电路之前、整流电路之后一定要有一个大容量的电解电容进行滤波。

7.3 开关稳压电源

随着人类对能源的巨大需求，提高电子产品的供电效率、降低电子产品耗能和待机功耗，成为一个备受重视的问题。传统的线性稳压电源虽然电路结构简单、工作可靠，但它存在着效率低（只有40%~50%）、体积大、铜铁消耗量大、工作温度高及调整范围小等缺点。为了提高效率，人们研制出了开关式稳压电源，它的效率可达90%以上，稳压范围宽。除此之外，还具有稳压精度高、不使用电源变压器等特点，是一种较理想的稳压电源。正因为如此，开关式稳压电源已广泛应用于各种电子设备中。

7.3.1 开关式稳压电源的基本工作原理

1. 开关稳压电源的分类

① 按开关信号产生的方式划分为自激式和他激式开关稳压电路。
② 按控制方式分为调宽式和调频式开关稳压电路，即脉宽调制（PWM）和脉频调制（PFM）。
③ 按开关电路与负载的连接方式划分有串联型和并联型开关稳压电路。

在串联型开关稳压电路中，开关调整管与负载串联连接，输出端通过调整管、整流二极管与电网相连，电气隔离性差，且只有一路电压输出。

在并联型开关稳压电路中，输出端与电网间由开关变压器进行电气上的隔离，安全性好，通过开关变压器的次级可以做到多路电压输出，但电路复杂，对开关调整管要求高。因此，并联型开关稳压电源获得了广泛应用。

2. 开关电源基本工作原理

（1）基本电路

开关式稳压电源的基本电路框图如图7.41所示。交流电压经整流电路及滤波电路整流滤波后，变成含有一定脉动成分的直流电压，该电压通过高频变换器转换成一系列所需大小的方波电压，最后再将这个方波电压经整流滤波变为所需要的直流电压。

控制电路为一脉冲宽度调制器，对高频变换器进行控制，它主要由取样器、比较器、振荡器、脉宽调制及基准电压等电路构成。这部分电路目前已集成化，制成了各种开关电源集成电路。控制电路用来调整高频开关元件的开关时间比例，以达到稳定输出电压的目的。

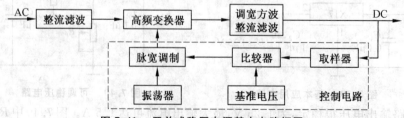

图7.41 开关式稳压电源基本电路框图

(2) 脉宽调制基本原理

在实际的开关电源中,脉宽调制电路使用得较多,在目前开发和使用的开关电源集成电路中,绝大多数为脉宽调制型。下面就主要介绍调宽式开关稳压电源。

调宽调制基本原理如图 7.42 所示。对于单极性矩形脉冲来说,其直流平均电压 U_o 取决于矩形脉冲的宽度,脉冲越宽,其直流平均电压值就越高。直流平均电压 U_o 可由公式计算,即

$$U_o = U_m \times (T_1/T)$$

式中,U_m 为矩形脉冲最大电压值;T 为矩形脉冲周期;T_1 为矩形脉冲宽度。

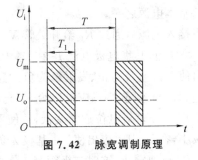

图 7.42 脉宽调制原理

可以看出,当 U_m 与 T 不变时,直流平均电压 U_o 将与脉冲宽度 T_1 成正比。这样,只要我们设法使脉冲宽度随稳压电源输出电压的变化而变化,就可以达到稳定电压的目的。

7.3.2 开关式稳压电源电路

1. 单端反激式开关电源

单端反激式开关电源的典型电路如图 7.43 所示。电路中所谓的单端是指高频变换器的磁芯仅工作在磁滞回线的一侧。所谓的反激,是指当开关管 V_{T1} 导通时,高频变压器 T 初级绕组的感应电压为上正下负,整流二极管 V_{D1} 处于截止状态,在初级绕组中储存能量。当开关管 V_{T1} 截止时,变压器 T 初级绕组中存储的能量,通过次级绕组及 V_{D1} 整流和电容 C 滤波后向负载供电。

单端反激式开关电源是一种成本最低的电源电路,输出功率为 20～100 W,可以同时输出不同的电压,且有较好的电压调整率。其唯一的缺点是输出的纹波电压较大,外特性差,适用于相对固定的负载。

单端反激式开关电源使用的开关管 V_{T1} 承受的最大反向电压是电路工作电压值的两倍,工作频率在 20～200 kHz 之间。

2. 单端正激式开关电源

单端正激式开关电源的典型电路如图 7.44 所示。这种电路在形式上与单端反激式电路相似,但工作情形不同。当开关管 V_{T1} 导通时,V_{D2} 也导通,这时电网向负载传送能量,滤波电感 L 储存能量;当开关管 V_{T1} 截止时,电感 L 通过续流二极管 V_{D3} 继续向负载释放能量。

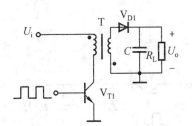

图 7.43 单端反激式开关电源

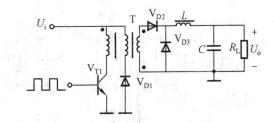

图 7.44 单端正激式开关电源

在电路中还设有钳位线圈与二极管 V_{D1},它可以将开关管 V_{T1} 的最高电压限制在两倍电源电压之间。为满足磁芯复位条件,即磁通建立和复位时间应相等,应使电路中脉冲的占空比不能大于 50%。由于这种电路在开关管 V_{T1} 导通时,通过变压器向负载传送能量,所以输出功率范围大,可输出 50～200 W 的功率。但电路使用的变压器结构复杂,体积也较大,正因为这个原因,这种电路的实际应用较少。

3. 自激式开关稳压电源

自激式开关稳压电源的典型电路如图7.45所示。这是一种利用间歇振荡电路组成的开关电源,也是目前广泛使用的基本电源之一。

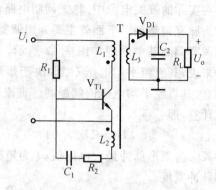

当接入电源后通过 R_1 给开关管 V_{T1} 提供启动电流,使 V_{T1} 开始导通,其集电极电流 I_C 在 L_1 中线性增长,在 L_2 中感应出使 V_{T1} 基极为正、发射极为负的正反馈电压,使 V_{T1} 很快饱和。与此同时,感应电压给 C_1 充电,随着 C_1 充电电压的增高,V_{T1} 基极电位逐渐变低,致使 V_{T1} 退出饱和区,I_C 开始减小,在 L_2 中感应出使 V_{T1} 基极为负、发射极为正的电压,使 V_{T1} 迅速截止,这时二极管 V_{D1} 导通,高频变压器 T 初

图7.45 自激式开关稳压电源

级绕组中的储能释放给负载。在 V_{T1} 截止时,L_2 中没有感应电压,直流供电输入电压又经 R_1 给 C_1 反向充电,逐渐提高 V_{T1} 基极电位,使其重新导通,再次翻转达到饱和状态,电路就这样重复振荡下去。就像单端反激式开关电源那样,由变压器 T 的次级绕组向负载输出所需要的电压。

自激式开关电源中的开关管起着开关及振荡的双重作用,也省去了控制电路。电路中由于负载位于变压器的次级且工作在反激状态,具有输入和输出相互隔离的优点。这种电路不仅适用于大功率电源,也适用于小功率电源。

4. 推挽式开关电源

推挽式开关电源的典型电路如图7.46所示。它属于双端式变换电路,高频变压器的磁芯工作在磁滞回线的两侧。电路使用两个开关管 V_{T1} 和 V_{T2},它们在激励方波信号的控制下交替导通与截止,在变压器 T 次级绕组得到方波电压,经整流滤波变为所需要的直流电压。

这种电路的优点是两个开关管容易驱动,主要缺点是开关管的耐压要达到两倍电路峰值电压。电路的输出功率较大,一般在 100~500 W 范围内。

5. 降压式开关电源

降压式开关稳压电源的典型电路如图7.47所示。当开关管 V_{T1} 导通时,二极管 V_{D1} 截止,输入的整流电压经 V_{T1} 和 L 向 C 充电,这一电流使电感 L 中的储能增加。当开关管 V_{T1} 截止时,电感 L 感应出左负右正的电压,经负载 R_L 和续流二极管 V_{D1} 释放电感 L 中存储的能量,维持输出直流电压不变。电路输出直流电压的高低由加在 V_{T1} 基极上的脉冲宽度确定。

这种电路使用元件少,它同下面介绍的另外两种电路一样,只需要利用电感、电容和二极管即可实现。

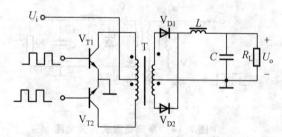

图7.46 推挽式开关稳压电源

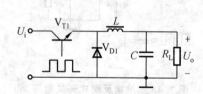

图7.47 降压式开关稳压电源

6. 升压式开关电源

升压式开关电源的稳压电路如图7.48所示。当开关管 V_{T1} 导通时,电感 L 储存能量。当开关管 V_{T1} 截止时,电感 L 感应出左负右正的电压,该电压叠加在输入电压上,经二极管 V_{D1} 向负载供电,使输

出电压大于输入电压,形成升压式开关电源。

7. 反转式开关电源

反转式开关电源的稳压电路如图7.49所示,这种电路又称为升降压式开关电源。无论开关管V_{T1}之前的脉动直流电压高于或低于输出端的稳定电压,电路均能正常工作。

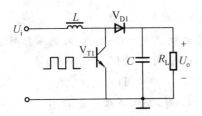
图7.48 升压式开关电源的稳压电路

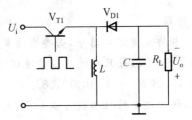
图7.49 反转式开关电源的稳压电路

当开关管V_{T1}导通时,电感L储存能量,二极管V_{D1}截止,负载R_L靠电容C上次的充电电荷供电。当开关管V_{T1}截止时,电感L中的电流继续流通,并感应出上负下正的电压,经二极管V_{D1}向负载供电,同时给电容C充电。

以上介绍了各种类型的脉冲宽度调制式开关稳压电源的基本工作原理,在实际应用中,会有各种各样的实际控制电路,但无论怎样,也都是在这些基础电路上发展出来的。

重点串联

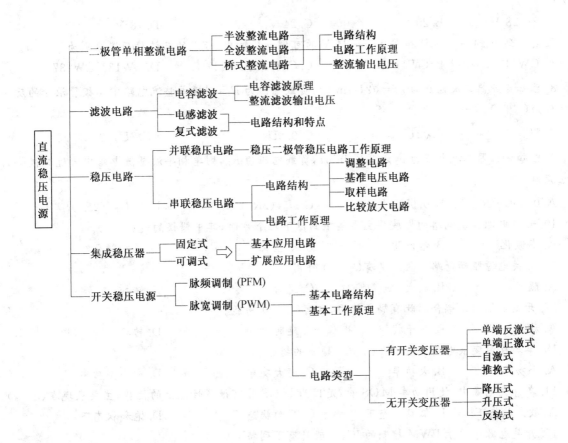

拓展与实训

▶ 基础训练

一、选择题

1. 在单相桥式整流电路中,若要求负载电压 $U_o=18$ V,负载电流 $I_o=60$ mA,则变压器副边电压有效值 U_2 为( )V,每只整流二极管流过的电流 I_D 为( )mA,耐压值 U_D 为( )V。
   A. 20、30、28.2　　B. 40、30、28.2　　C. 20、60、28.2　　D. 20、30、20

2. 从二极管伏安特性曲线可以看出,其两端压降大于( )时,处于正偏导通状态。
   A. 0 V　　B. 死区电压　　C. 反向击穿电压　　D. 正向压降

3. 硅管正向导通时,其管压降约为( )。
   A. 0.1 V　　B. 0.2 V　　C. 0.5 V　　D. 0.7 V

4. 最大反向电压是指整流管( )时,在它两端出现的最大反向电压。
   A. 导电　　B. 不导电　　C. 导通　　D. 不导通

5. 已知变压器二次侧电压为 $u_2=\sqrt{2}U_2\sin\omega t$,负载电阻为 R_L,则桥式整流电路的输出电流为( )。
   A. $0.9U_2/R_L$　　B. U_2/R_L　　C. $0.45U_2/R_L$　　D. $\sqrt{2}U_2/R_L$

6. 已知变压器二次电压为 $u_2=28.28\sin\omega t$,则桥式整流电容滤波电路接上负载时的输出电压平均值为( )。
   A. 28.28 V　　B. 20 V　　C. 24 V　　D. 18 V

7. 要得到 $-24\sim-5$ V 和 $+9\sim+24$ V 的可调电压输出,可用的三端稳压器分别为( )。
   A. CW117、CW217　　B. CW117、CW137　　C. CW137、CW117　　D. CW137、CW237

8. 已知变压器二次电压为 $u_2=\sqrt{2}U\sin\omega t$,负载电阻为 R_L,则桥式整流电路中二极管承受的反向峰值电压为( )。
   A. U_2　　B. $\sqrt{2}U_2$　　C. $0.9U_2$　　D. $\sqrt{2}U_2/2$

9. 已知变压器二次电压为 $u_2=\sqrt{2}U\sin\omega t$,负载电阻为 R_L,则单相半波整流电路中流过二极管的平均电流为( )。
   A. $0.45U_2/R_L$　　B. $0.9U_2/R_L$　　C. $U_2/(2R_L)$　　D. $\sqrt{2}U_2/(2R_L)$

10. 开关电源控制电路的发展将主要集中到以下几个方面,其中错误的是( )。
    A. 高频化　　B. 智能化　　C. 小型化　　D. 多功能化

11. 开关电源驱动电路一般都具有( )作用。
    A. 隔离　　B. 放大　　C. 延时　　D. 转换

12. 开关电源中光耦合器既有隔离作用,也有( )功能。
    A. 放大　　B. 抗干扰　　C. 延时　　D. 转换

13. 单端反激变换电路一般用在( )输出的场合。
    A. 小功率　　B. 大功率　　C. 超大功率　　D. 中小型功率

14. 在开关电源中,使用功率MOS管,是因为MOS管有很多性能上的优势,主要表现在( )。
    A. 放大状态下　　B. 低频状态下　　C. 高频状态下　　D. 饱和状态下

15. 开关电源中用于PWM控制的IC,一般具有下列特点( )。
    A. 自动补偿　　B. 具有充放电振荡电路,可精确控制占空比

C. 工作电流低　　　　　　　　D. 内部具有参考电源

二、判断题

1. 串联型稳压电路中调整管与负载相串联。（　）

2. 三端可调输出集成稳压器可用于构成可调稳压电路,而三端固定输出集成稳压器则不能。（　）

3. 三端固定输出集成稳压器通用产品有 CW7800 系列、CW7900 系列,通常前者用于输出负电压,后者用于输出正电压。（　）

4. 三端输出集成稳压器 CW117、CW137 的输出端和可调端之间的电压是可调的。（　）

5. 在电路参数相同的情况下,半波整流电路流过二极管的平均电流是桥式整流电路流过二极管的平均电流的一半。（　）

6. 在电路参数相同的情况下,半波整流电路输出电压的平均值是桥式整流电路输出电压平均值的一半。（　）

7. 桥式整流电路中,交流电的正、负半周作用时,在负载电阻上得到的电压方向相反。（　）

8. 直流电源是一种将正弦信号转换为直流信号的波形变换电路。（　）

9. 直流电源是一种能量转换电路,它将交流能量转换为直流能量。（　）

10. 在变压器副边电压和负载电阻相同的情况下,桥式整流电路的输出电流是半波整流电路输出电流的 2 倍。（　）

11. 桥式整流电路和半波整流电路整流管的平均电流比值为 2∶1。（　）

12. 若 U_2 为电源变压器副边电压的有效值,则半波整流电容滤波电路和全波整流电容滤波电路在空载时的输出电压均为 $\sqrt{2}U_2$。（　）

13. 当输入电压 U_1 和负载电流 I_L 变化时,稳压电路的输出电压是绝对不变的。（　）

14. 一般情况下,开关型稳压电路比线性稳压电路效率高。（　）

15. 线性稳压电路中的调整管工作在放大状态,开关型直流稳压电源中的调整管工作在开关状态。（　）

三、计算题

1. 如图 7.50 所示,图中二极管为硅材料,请回答下列问题：

(1) 说明二极管的工作状态。

(2) 计算二极管和电阻两端的电压值,并在图中标明电压的极性(二极管反向电流忽略不计)。

(3) 如果图中为理想二极管(正向管压降忽略不计),计算各回路中的电流。

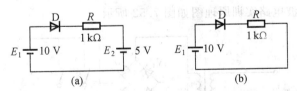

图 7.50　题 1 电路图

2. 二极管电路如图 7.51 所示,判断图中二极管是导通还是截止,并确定各电路的输出电压 U_o。设二极管的导通压降为 0.7 V。

3. 有一电阻性负载阻值为 100 Ω,已知电阻中平均电流为 2 A。试求：

(1) 采用半波整流时的 u_2 电压有效值、二极管中的平均电流和所承受的最高反向电压为多少？

(2) 采用桥式整流时的 u_2 电压有效值、二极管中的平均电流和所承受的最高反向电压为多少？

4. 在桥式整流电路中,已知额定输出电压 $U_o=20$ V,再用电压表测量时 $U_o=10$ V,而测量得 $U_2=23$ V。试分析电路出了什么故障？为什么此电压会使输出电压降低？

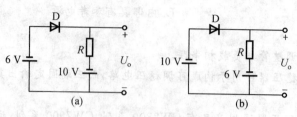

图 7.51 题 2 电路图

职业能力训练

单相桥式整流滤波电路的安装与调试

1. 实训目的

(1) 熟悉二极管、单相桥式整流滤波电路的工作原理；

(2) 学习根据负载选取相应元件的方法；

(3) 学习单相桥式整流滤波电路的调试方法。

2. 实训器材

(1) 工具、仪表：SR8 示波器；数字万用表；常用电子工具。

(2) 实训器件见表 7.2。

表 7.2 实训器件表

名称	规格	数量
变压器 T	220 V/15 V,2 A,35 VA	1 只
二极管 $V_1 \sim V_4$/1N4001	1 A,100 V	4 只
电解电容 C	2200 μF/35 V	1 只
电阻器	10 kΩ/0.25 W	1 只
熔断器 $FU_1 \sim FU_2$	0.5 A	2 只
万能实验板	50×50×5	每人一块
单刀单掷开关（可以不用）		2 只

3. 实训原理及参考电路

(1) 单相桥式整流滤波电路实训原理图如图 7.52 所示。

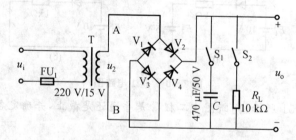

图 7.52 单相桥式整流滤波电路实训原理图

(2) 电路的安装。

对照表 7.2,选取元件并用万用表测量和判断器件质量 → 清除元器件氧化层并搪锡 → 连接导线搪锡 → 对照电路原理图 7.52 在万能板上合理布局安装电路元件 → 焊接电路元件 → 清扫现场。

① 根据表 7.2，配齐元器件，并用万用表检查元件的性能及好坏。
② 清除元件的氧化层，并搪锡。（对已进行预处理的新器件不搪锡）
③ 剥去电源连接线及负载连接线端的绝缘，清除氧化层均加以搪锡处理。
④ 合理布局电路元器件。
⑤ 安装二极管、电解电容并注意极性。
⑥ 元器件安装完毕，经检查无误后，进行焊接固定。

(3) 调试。基本调试步骤如下：

安装电源 → 检查各元器件的焊接质量 → 通电调试 → 测量

① 将变压器次级引入万能线路板上并焊接，变压器的初级 220 V 引线端通过密封型保险座和电源插头线连接。
② 检查各元器件有无虚焊、错焊、漏焊以及各引线是否连接正确、有无疏漏和短路。
③ 接通电源，观察有无异常情况，将开关 S_1（可用短接线代替）和 S_2 处在各种状态时，用万用表测量输出、输入电压并进行记录。

4. 填写实训报告并思考

(1) 一个二极管反相可能出现什么问题？
(2) 一个二极管开路可能出现什么现象？
(3) 电解电容接反可能会出现什么问题？

模块 8
门电路与逻辑代数基础

教学聚集

本模块先介绍二进制、十进制、八进制、十六进制等计数方法及各种进制间数的转换方法,以及代表特定信息的二进制代码,然后介绍基本逻辑关系及逻辑运算规律、逻辑函数的表示和化简方法。在硬件方面介绍了 TTL 与非门、CMOS 与非门电路等集成门电路的电路结构和工作原理,以及 TTL 门电路和 CMOS 门电路的连接方法。

知识目标

◆ 掌握不同数制间的转换方法;
◆ 掌握 8421BCD 码与十进数的对应关系;
◆ 掌握基本逻辑门的输入、输出逻辑关系;
◆ 掌握逻辑电路的表示方法;
◆ 掌握基本逻辑运算法则和定律;
◆ 掌握逻辑函数的化简方法。

技能目标

◆ 掌握逻辑门电路的测试方法。

课时建议

理论教学 6 课时;实训 2 课时。

课堂随笔

8.1 数制与码制

电子电路分为模拟电路和数字电路两类。数字电路传递、加工和处理的是数字信号,模拟电路传递、加工和处理的是模拟信号。在数字电路和计算机系统中,用代码表示数和特定的信息,因此,学习数字电路必须了解数字系统中的数制和码制。

8.1.1 数字电路和模拟电路

1. 模拟信号和模拟电路

在时间上和幅值上都是连续变化的信号,称为模拟信号,如广播中传送的语音信号和放大电路输出的信号,如图 8.1 所示。用于传递、加工和处理模拟信号的电子电路,称为模拟电路。

2. 数字信号和数字电路

在时间上和幅值上都是断续变化的离散信号,称为数字信号,如脉冲信号和计算机通信端口的输入、输出信号,如图 8.2 所示。用于传递、加工和处理数字信号的电子电路,称为数字电路。

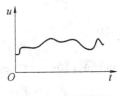

图 8.1 模拟信号

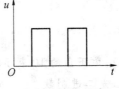

图 8.2 数字信号

3. 数字电路与模拟电路的区别

(1) 处理的信号不同

模拟电路处理的是随时间连续变化、幅值也连续变化的模拟信号,而数字电路处理的是用"0"和"1"两个基本数字符号表示的离散信号。在数字电路中,信号只有高电平和低电平两个状态,低电平通常用数字"0"来表示,高电平用数字"1"来表示。

(2) 晶体管的工作状态不同

在模拟电路中,晶体管通常工作在线性放大区,而在数字电路中,晶体管通常工作在饱和或截止状态,即开关状态。

(3) 研究的着重点不同

研究模拟电路时关心的是电路输入与输出之间的大小、相位、效率、保真等问题,要计算出信号的实际数值,而研究数字电路时关心的是输入与输出之间的逻辑关系。数字电路只需判别数字信号的有无,不必反映数字信号本身的实际数值。

(4) 研究的方法不同

模拟电路主要分析方法有解析法、微变等效电路法、图解法等,而数字电路的主要分析方法有真值表、逻辑代数、卡诺图、波形图等。

> **技术提示:**
> 模拟信号是连续信号,其幅值在每一时刻有具体的数值;数字信号是离散信号,它只有高电平和低电平两种状态,高电平和低电平的幅值是多少,要看具体电路的标准规范。

8.1.2 数制

数制就是计数的方法。日常生活中最常用的是十进制数,用 0~9 十个数码表示不同的数,进位规则是逢十进一。有时也用十二进制和六十进制,如时间的表示。在数字电路里常采用二进制数,有时也用八进制数和十六进制数。对于任何一个数,都可以用不同的数制来表示。

1. 十进制

十进制是以 10 为基数的计数体制。在十进制中,每一位有 0、1、2、3、4、5、6、7、8、9 十个数码,它的进位规律是逢十进一,即 $9+1=1×10^1+0×10^0$。在十进制数中,数码所处的位置不同时,其所代表的数值是不同的,如

$$(3176.54)_{10}=3×10^3+1×10^2+7×10^1+6×10^0+5×10^{-1}+4×10^{-2}$$

式中,$10^3、10^2、10^1、10^0$ 为整数部分千位、百位、十位、个位的权,而 $10^{-1}=0.1$ 和 $10^{-2}=0.01$ 为小数部分十分位和百分位的权,它们都是基数 10 的幂。数码与权的乘积,称为加权系数,如上述的 $3×10^3$、$1×10^2$、$7×10^1$、$6×10^0$、$5×10^{-1}$、$4×10^{-2}$。因此,十进制数的数值为各位加权系数之和。

技术提示:

$(3176.54)_{10}$ 右下角的 10 表示括号中的数是十进制数,下面出现的 $(1011.11)_2$ 右下角的数字 2 表示括号中的数是二进制数。

2. 二进制

二进制是以 2 为基数的计数体制。在二进制中,每位只有 0 和 1 两个数码,它的进位规律是逢二进一,即 $0+1=1$、$1+1=10$、$10+1=11$、$11+1=100$、…。各位的权都是 2 的幂,如二进制数 $(1011.11)_2$ 可表示为

$$(1011.11)_2=1×2^3+0×2^2+1×2^1+1×2^0+1×2^{-1}+1×2^{-2}=$$
$$8+0+2+1+0.5+0.25=(11.75)_{10}$$

式中,整数部分的权为 $2^3、2^2、2^1、2^0$,小数部分的权为 $2^{-1}、2^{-2}$。因此,二进制数的各位加权系数的和就是其对应的十进制数。

3. 八进制

八进制是以 8 为基数的计数体制。在八进制中,每位有 0、1、2、3、4、5、6、7 八个不同的数码,它的进位规律是逢八进一,各位的权为 $8(2^3)$ 的幂。如八进制数 $(437.25)_8$ 可表示为

$$(437.25)_8=4×8^2+3×8^1+7×8^0+2×8^{-1}+5×8^{-2}=$$
$$256+24+7+0.25+0.078125=(287.328125)_{10}$$

式中,$8^2、8^1、8^0、8^{-1}、8^{-2}$ 分别为八进制数各位的权。

4. 十六进制

十六进制是以 16 为基数的计数体制。在十六进制中,每位有 0、1、2、3、4、5、6、7、8、9、A(10)、B(11)、C(12)、D(13)、E(14)、F(15) 十六个不同的数码,它的进位规律是逢十六进一,各位的权为 $16(2^4)$ 的幂。如十六进制数 $(3BE.C4)_{16}$ 可表示为

$$(3BE.C4)_{16}=3×16^2+11×16^1+14×16^0+12×16^{-1}+4×16^{-2}=$$
$$768+176+14+0.75+0.015625=(958.765625)_{10}$$

式中,16^2、16^1、16^0、16^{-1}、16^{-2}分别为十六进制数各位的权。

8.1.3 不同数制间的转换

1. 各种数制转换成十进制

二进制、八进制、十六进制转换成十进制时,只要将它们按权展开,求出各加权系数的和,便得到相应进制数对应的十进制数。如

$$(1011.11)_2 = 1 \times 2^3 + 0 \times 2^2 + 1 \times 2^1 + 1 \times 2^0 + 1 \times 2^{-1} + 1 \times 2^{-2} =$$
$$8 + 0 + 2 + 1 + 0.5 + 0.25 = (11.75)_{10}$$

$$(437.25)_8 = 4 \times 8^2 + 3 \times 8^1 + 7 \times 8^0 + 2 \times 8^{-1} + 5 \times 8^{-2} =$$
$$256 + 24 + 7 + 0.25 + 0.078\ 125 = (287.328\ 125)_{10}$$

$$(3BE.C4)_{16} = 3 \times 16^2 + 11 \times 16^1 + 14 \times 16^0 + 12 \times 16^{-1} + 4 \times 16^{-2} =$$
$$768 + 176 + 14 + 0.75 + 0.015\ 625 = (958.765\ 625)_{10}$$

2. 十进制转换为二进制和十六进制

十进制数分为整数部分和小数部分,因此,需将整数部分和小数部分分别进行转换,再将转换结果排列在一起,就得到该十进制数转换为其他进制数的完整结果。

(1) 十进制转换为二进制

整数部分转换:将十进制数的整数部分转换为二进制数采用"除2取余法",它是将整数部分逐次被2除,依次记下余数,直到商为0。第一个余数为二进制数的最低位,最后一个余数为最高位。

小数部分转换:将十进制数的小数部分转换为二进制数采用"乘2取整法",它是将小数部分连续乘2,取乘数的整数部分作为二进制数的小数。

> **技术提示:**
>
> 十进制数转换为 n 进制数时,整数部分的转换采用"除 n 取余法",小数部分的转换采用"乘 n 取整法",但要注意转换结果高位到低位的排列顺序。

如将十进制数 $(107.625)_{10}$ 转换为二进制数,转换过程如下:

① 整数部分转换。

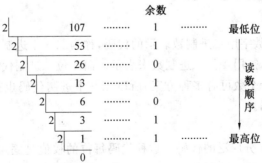

整数部分转换结果为 $(107)_{10} = (1101011)_2$

② 小数部分转换。

$0.625 \times 2 = 1.250$ 整数部分=1 ……… 最高位

$0.250 \times 2 = 0.500$ 整数部分=0

$0.500 \times 2 = 1.00$ 整数部分=1 ……… 最低位

小数部分转换结果为$(0.625)_{10} = (0.101)_2$。

十进制数$(107.625)_{10}$对应的二进制数为$(1101011.101)_2$。

(2)十进制转换为十六进制

十进制数转换为十六进制数的方法和十进制数转换为二进制数的方法相同,整数部分的转换采用"除16取余法",小数部分的转换采用"乘16取整法"。

3.二进制和十六进制间的转换

(1)二进制数转换成十六进制数

由于十六进制数的基数$16=2^4$,故每位十六进制数用4位二进制数构成。因此,二进制数转换为十六进制数的方法是:整数部分从低位开始,每4位二进制数为一组,最后不足4位的,则在高位加0补足4位为止;小数部分从高位开始,每4位二进制数为一组,最后不足4位的,在低位加0补足4位,然后用对应的十六进制数来代替,再按顺序写出对应的十六进制数。

如将二进制数$(10011111011.111011)_2$转换成十六进制数。

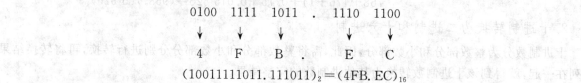

$(10011111011.111011)_2 = (4FB.EC)_{16}$

(2)十六进制数转换成二进制数

将每位十六进制数用四位二进制数来代替,再按原来的顺序排列起来便得到了相应的二进制数。

如将十六进制数$(3BE5.97D)_{16}$转换成二进制数。

$$\begin{array}{ccccccc} 3 & B & E & 5 & . & 9 & 7 & D \\ \downarrow & \downarrow & \downarrow & \downarrow & & \downarrow & \downarrow & \downarrow \\ 0011 & 1011 & 1110 & 0101 & . & 1001 & 0111 & 1101 \end{array}$$

$(3BE5.97D)_{16} = (111011111100101.100101111101)_2$

8.1.4 二进制代码

在数字系统中,二进制数码不仅可表示数值的大小,而且还常用来表示特定的信息。将若干个二进制数码0和1按一定规则排列起来表示某种特定含义的代码,称为二进制代码,或称二进制码。如在开运动会时,每一个运动员都有一个号码,这个号码只用来表示不同的运动员,它并不表示数值的大小。下面介绍几种数字电路中常用的二进制代码。

1.二—十进制代码

将十进制数的0~9十个数字用二进制数表示的代码,称为二—十进制码,又称BCD码。由于十进制数有十个不同的数码,因此,需用4位二进制数来表示。而4位二进制代码有16种不同的组合,从中取出10种组合来表示0~9十个数可有多种方案,所以二—十进制代码也有多种方案。表8.1中示出了几种常用的二—十进制代码。

(1)8421BCD码

8421BCD码是一种应用十分广泛的代码。这种代码每位的权值是固定不变的,为恒权码。它取了自然二进制数的前十种组合表示一位十进制数0~9,即0000(0)~1001(9),从高位到低位的权值分别为8、4、2、1,去掉了自然二进制数的后六种组合1010~1111。8421BCD码每组二进制代码各位加权系数的和便为它所代表的十进制数。如8421BCD码0101按权展开式为

$$0 \times 8 + 1 \times 4 + 0 \times 2 + 1 \times 1 = 5$$

所以,8421BCD码0101表示十进制数5。

表 8.1　常用二—十进制代码表

十进制数	有权码				无权码
	8421码	5421码	2421(A)码	2421(B)码	余3码
0	0000	0000	0000	0000	0011
1	0001	0001	0001	0001	0100
2	0010	0010	0010	0010	0101
3	0011	0011	0011	0011	0110
4	0100	0100	0100	0100	0111
5	0101	1000	0101	1011	1000
6	0110	1001	0110	1100	1001
7	0111	1010	0111	1101	1010
8	1000	1011	1110	1110	1011
9	1001	1100	1111	1111	1100

(2) 2421BCD 码和 5421BCD 码

2421BCD 码和 5421BCD 码也是恒权码。从高位到低位的权值分别是 2、4、2、1 和 5、4、2、1，用 4 位二进制数表示一位十进制数，每组代码各位加权系数的和为其表示的十进制数。如 2421(A)BCD 码 1110 按权展开式为

$$1\times2+1\times4+1\times2+0\times1=8$$

所以，2421(A)BCD 码 1110 表示十进制数 8。

2421(A)码和 2421(B)码的编码状态不完全相同。由表 8.1 可看出：2421(B)BCD 码具有互补性，即 0 和 9、1 和 8、2 和 7、3 和 6、4 和 5 这 5 对代码互为反码。

对于 5421BCD 码，如代码为 1011 时，则按权展开式为

$$1\times5+0\times4+1\times2+1\times1=8$$

所以，5421BCD 码 1011 表示十进制数 8。

(3) 余 3BCD 码

这种代码没有固定的权值，称为无权码。它是由 8421BCD 码加 3(0011) 形成的，所以称为余 3BCD 码，它也是用 4 位二进制数表示一位十进制数。如 8421BCD 码 0111(7) 加 0011(3) 后，在余 3BCD 码中为 1010，其表示十进制数 7。由表 8.1 可看出：在余 3 BCD 码中，0 和 9、1 和 8、2 和 7、3 和 6、4 和 5 这 5 对代码也互为反码。

2. 字符的二进制编码——ASCII 码

字符的编码经常采用的是美国标准信息交换代码(American Standard Code for Information Interchange，ASCII)。ASCII 码常用于计算机与外部设备的数据传输。如通过键盘的字符输入，通过打印机或显示器的字符输出。常用字符的 ASCII 码见表 8.2。

表 8.2　常用字符的 ASCII 码

字符	ASCII 码	字符	ASCII 码	字符	ASCII 码	字符	ASCII 码
0	30H	A	41H	a	61H	SP(空格)	20H
1	31H	B	42H	b	62H	CR(回车)	0DH
2	32H	C	43H	c	63H	LF(换行)	0AH
…	…	…	…	…	…	BEL(响铃)	07H
9	39H	Z	5AH	z	7AH	BS(退格)	08H

注：为便于书写和记忆，表中 ASCII 码已缩写成十六进制形式。

一个字节的8位二进制代码可以表示256个字符。当最高位为"0"时,所表示的字符为标准ASCII码字符,共有128个,用于表示数字、英文大写字母、英文小写字母、标点符号及控制字符等;当最高位为"1"时,所表示的是扩展ASCII码字符,表示的是一些特殊符号(如希腊字母等)。

应当注意,字符的ASCII码与其数值是不同的概念。如,字符"9"的ASCII码是00111001B(即39H),而其数值是00001001B(即09H)。

在ASCII码字符表中,还有许多不可打印的字符,如CR(回车)、LF(换行)及SP(空格)等,这些字符称为控制字符。控制字符在不同的输出设备上可能会执行不同的操作(因为没有非常规范的标准)。

除了前面介绍的二进制代码和编码外,还有其他的二进制代码和编码,如计算机系统中的汉字字符编码、数据传输使用的可靠性代码格雷码、奇偶校验码等。

8.2 基本逻辑门电路

门电路是一种具有一定逻辑关系的开关电路。它的输出信号只与输入信号的状态有关,输入信号不变化,输出信号不改变。如果把输入信号看作条件,把输出信号看作结果,那么当条件具备时,结果就会发生。也就是说在门电路输入信号与输出信号之间存在着一定的因果关系,这种因果关系称为逻辑关系。基本逻辑关系分别是与逻辑、或逻辑、非逻辑,与之对应的电路分别是与门、或门和非门电路,而且还可以用这3种电路组合成其他多种复合门电路。

门电路是数字电路的基本单元电路,目前广泛应用的是集成门电路,与之对应的是分立元件的门电路。

技术提示:

能使输出信号和输入信号之间满足一定逻辑关系的电路称为门电路。基本逻辑关系只有与逻辑、或逻辑、非逻辑。

8.2.1 常用逻辑门电路

1. 与逻辑及与门

用半导体二极管组成的与门电路如图8.3所示,图8.4所示是它的逻辑符号。图中A、B是输入变量,F是输出变量。从图8.3可以看出,如果忽略二极管的正向导通压降,输入A、B中只要有一个为0 V时,对应的二极管导通,输出F为低电平0 V;只有输入A、B均为高电平5 V时,两个二极管均截止,输出F才为高电平5 V。

由上述分析可见,图8.3所示电路满足这样的条件:只有所有输入端都是高电平时输出才是高电平,否则输出就是低电平,这就是与逻辑。如果把+5 V的高电平看作逻辑1,0 V的低电平就是逻辑0,这样就可以把输入A、B与输出F的各种情况列一个表,这个表就是真值表,见表8.3。由表8.3可写出电路的逻辑表达式为

$$F = A \cdot B$$

技术提示:

$F=A \cdot B$表示F等于A与B,"·"表示与运算。下面的$F=A+B$表示F等于A或B,"+"表示或运算。

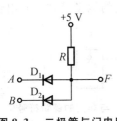

图 8.3　二极管与门电路

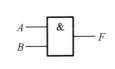

图 8.4　与门逻辑符号

表 8.3　与门真值表

A	B	F
0	0	0
0	1	0
1	0	0
1	1	1

2. 或逻辑及或门

由二极管组成的或门电路如图 8.5 所示,图 8.6 所示是它的逻辑符号。图中 A、B 为输入逻辑变量,F 是输出逻辑变量。如果忽略二极管的正向导通压降,由图可见,输入 A、B 中只要有一个为 $+5$ V 时,对应的二极管导通,输出 F 为高电平 $+5$ V;只有输入 A、B 均为低电平 0 V 时,两个二极管均截止,输出 F 才为低电平 0 V。也就是说,只要 A、B 中有一个为 1,则 F 为 1,只有两者同时为 0 时,F 才是 0。由此可列出它的真值表,见表 8.4。由表 8.4 可得到它的表达式为

$$F = A + B$$

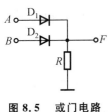

图 8.5　或门电路

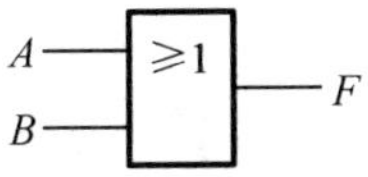

图 8.6　或门的逻辑符号

表 8.4　或门真值表

A	B	F
0	0	0
0	1	1
1	0	1
1	1	1

3. 非逻辑及非门

由双极型晶体三极管组成的非门电路如图 8.7 所示。设三极管工作在开关状态,如果忽略三极管的饱和压降,当输入 A 为低电平 0 V 时,三极管截止,F 输出是高电平 $+5$ V;当输入 A 为高电平 $+5$ V 时,三极管饱和导通,F 输出是低电平 0 V。这样实现了非逻辑功能。该电路称为非门电路。图 8.8 所示是它的逻辑符号,表 8.5 是它的真值表,由真值表可知

$$F = \overline{A}$$

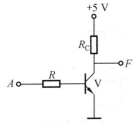

图 8.7　非门电路

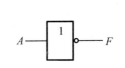

图 8.8　非门的逻辑符号

表 8.5　非门真值表

A	F
0	1
1	0

4. 复合逻辑门

将与门、或门、非门 3 种基本逻辑门电路组合起来,可以构成多种复合门电路。

(1) 与非门

图 8.9 所示的与非门是由与门和非门连接起来构成的,其逻辑关系是

$$F = \overline{AB}$$

图 8.10 所示为与非门的逻辑符号,与非门的输入变量可以是多个。它的意义是:"有 0 出 1,全 1 出 0"。

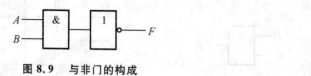

图 8.9 与非门的构成

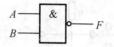

图 8.10 与非门的逻辑符号

(2) 或非门

如图 8.11 所示的或非门,它是由或门和非门连接起来的,或非门的逻辑关系是

$$F = \overline{A + B}$$

图 8.12 是其逻辑符号,或非门的输入变量也可以是多个。它的意义是:"有 1 出 0,全 0 出 1"。

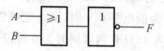

图 8.11 或非门的构成

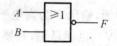

图 8.12 或非门的逻辑符号

(3) 异或门

异或门的输入变量是两个,它的逻辑关系是

$$F = A \oplus B$$

异或门的真值表见表 8.6,由表 8.6 中可以看出,异或门的意义是:"相异时出 1,相同时出 0"。异或门的逻辑符号如图 8.13 所示。

表 8.6 异或门真值表

A	B	F
0	0	0
0	1	1
1	0	1
1	1	0

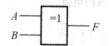

图 8.13 异或门的逻辑符号

(4) 与或非门

图 8.14 所示的与或非门,它由两个与门、一个或门和一个非门连接而成,其逻辑关系是

$$F = \overline{AB + CD}$$

与或非门的逻辑符号如图 8.15 所示。

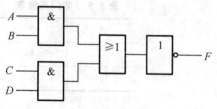

图 8.14 与或非门的构成

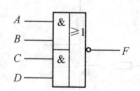

图 8.15 与或非门的逻辑符号

8.2.2 TTL 与非门

前面介绍了基本逻辑门电路和由基本逻辑门电路组合成复合逻辑门电路。如果把这些电路中的全部元件和连线都制造在一块芯片上,再把芯片封装在一个壳内,就构成了一个集成门电路,一般简称集

成电路。TTL型集成电路是一种单片集成电路,它的输入端和输出端的结构都采用了半导体三极管,所以一般称它为晶体管—晶体管逻辑电路,简称 TTL 电路。下面以 TTL 与非门为例,介绍 TTL 门电路的基本原理。

1. 电路结构

由图 8.16 可以看出,该电路可分成三个部分:V_1 和 R_1 构成了输入级;V_2 和 R_2、R_3 构成中间级,由集电极和发射极输出相位相反的电平;V_3、V_4、V_5 及 R_4、R_5 构成输出级。V_1 是多发射极的三极管,它的发射极可以看成三个二极管并联,集电结看成与前者背靠背的一个二极管,它完成了与的功能。V_3、V_4 可看成复合管,相当于 V_5 的有源负载。该复合管要导通,V_3 的基极必须高于 1.4 V。

TTL 与非门逻辑符号如图 8.17 所示。

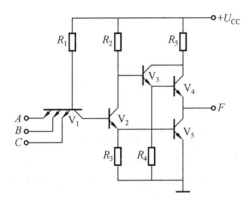

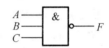

图 8.16 TTL 与非门电路　　　　　　　　图 8.17 TTL 与非门逻辑符号

2. 电路原理

当输入端有一个或几个是低电平时,V_1 集电极输出(与门输出)为 0,由此 V_2 截止不导通,则 V_5 也截止。而 V_2 的集电极输出是高电平,使 V_3、V_4 导通,F 输出为高电平 1。当输入全为高电平时,与门输出为高电平,使 V_2、V_5 导通,而 V_2 的集电极此时输出为低电平,使 V_3、V_4 截止,则 F 输出为 0,从而实现了与非功能。其表达式为

$$F=\overline{ABC}$$

常用的 TTL 与非门集成芯片有 74LS00 和 74LS20。74LS00 内含四个 2 输入与非门,如图 8.18 所示。集成芯片内部的各个逻辑门相互独立,可单独使用,但共用电源。两片或多片 74LS00 芯片组成一个数字系统时,每片电源的正极引线相互连接在一起,地线也全部连接起来。74LS20 引脚排列如图 8.19 所示,它的内部有两个 4 与非门电路,3 脚和 11 脚是空脚,其内部结构此处不再画出。

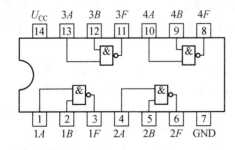　　　　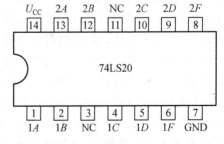

图 8.18 74LS00 引脚排列　　　　　　　　图 8.19 74LS20 引脚排列

8.2.3 CMOS 与非门

将两个 N 沟道增强 MOS 管 V_{N1} 和 V_{N2} 串联作为工作管,两个 P 沟道 MOS 管 V_{P1} 和 V_{P2} 并联作为

负载管,便组成了2输入端CMOS与非门,如图8.20所示。图中每个输入端连到一个NMOS管和一个PMOS管的栅极。输入端A,B中只要有一个为低电平,就会使与之相连的NMOS截止,而与之相连的PMOS管导通,输出F为高电平;只有当A、B全为高电平时,才会使两个串联的NMOS管都导通,同时使两个并联的PMOS管都截止,输出F为低电平。因此,这一电路具有与非逻辑功能(见图8.21),即

$$F = \overline{AB}$$

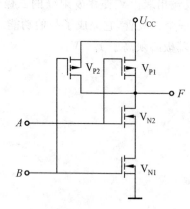

图8.20 CMOS与非门电路

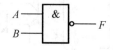

图8.21 CMOS与非门逻辑符号

CC4011是常用集成CMOS与非门芯片,它是四个2输入的与非门集成芯片,管脚排列如图8.22所示。当然还有三输入的集成与非门芯片CC4023,四输入的集成芯片CC4012等,它们内部的各个逻辑门也相互独立,可单独使用,但共用电源。

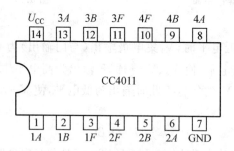

图8.22 CC4011引脚图

8.2.4 三态输出与非门

三态输出与非门又称三态门,它的输出状态除了高电平、低电平外,还有一个高阻态,一般把理想的高阻状态看成阻值∞。按材料分,它可分为TTL三态门和CMOS三态门。三态门的作用是使数据总线能分时使用,即缓冲作用。这里只简要介绍TTL三态门。

如图8.23所示的TTL三态门(高电平有效)电路,它是在TTL二输入与非门的基础上增加了一个二极管D和输入端EN,当EN=1时,二极管D截止,此时电路就是TTL与非门电路,输出的逻辑表达式为$F=\overline{AB}$,此时,输出F有两种状态,即高电平和低电平。当EN=0时,二极管导通,使得V_2的集电极电压变低,V_3、V_4无法导通而截止;对于V_1相当于有一个输入端为低电平,BE发射结导通,V_1集电极输出的低电平使V_2、V_5也截止,因此输出F呈高阻状态,即输出F呈现开路状态。在数字系统中,当某一逻辑器件呈现高阻态时,等于把该器件从系统中除去,而不影响系统的结果。高电平有效的三态与非门逻辑符号如图8.24所示,低电平有效的三态与非门逻辑符号如图8.25所示。

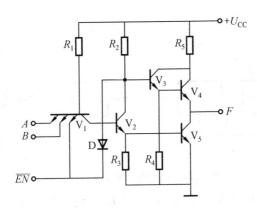

图 8.23　TTL 三态与非门电路结构图

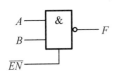
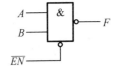

图 8.24　高电平有效的三态与非门逻辑符号　　　图 8.25　低电平有效的三态与非门逻辑符号

8.2.5　TTL 门电路和 CMOS 门电路的使用注意事项

1. 正负逻辑规定

逻辑电路中输入和输出都可用真值表或电平来表示,若用 H 和 L 分别表示逻辑电平的高和低,则称为正逻辑体系。相反的规定则称为负逻辑体系。对于同一逻辑电路,用正逻辑和负逻辑得到的表达式和逻辑功能大不一样。如无特别说明,一般采用正逻辑。

2. TTL 门电路和 CMOS 门电路多余输入端的处理措施

TTL 与门和与非门的输入端在实际使用时,多余端一般不应悬空,以防止引入干扰,造成逻辑错误。一般有下列几种处理方法:

①将多余端经过 100~3kΩ 的电阻接至电源正极;

②接高电平 3.6 V;

③将多余输入端与其他信号并接使用。

TTL 或门和或非门的多余输入端应接低电平或接地。

TTL 与或非门一般有多个与门,使用时如果有多余的与门不用,该与门输入端接地或接低电平。如果是多输入的某个与门个别输入端不用,该多余输入端的处理办法同与门。

CMOS 门电路在实际使用时,多余输入端可根据需要使之接地(或非门)或直接接高电平(与非门),而不能悬空。

3. TTL 门和 CMOS 门输出端的处理措施

同系列的集成电路相连接而形成的驱动与负载一般是没有问题的,而不同系列的集成电路形成的驱动与负载一般需要注意连接问题。

①当用 CMOS 门驱动 TTL 门时,很多情况下,不能直接把 TTL 作为负载,需要 CMOS 接口电路,如采用 CC4009 六反相缓冲器或 CC4010 六同相缓冲器,如图 8.26(a)所示;当然也可以用三极管驱动电路来实现,如图 8.26(b)所示。

②当用 TTL 门驱动 CMOS 电路时,由于 TTL 输出电压低,往往不能满足 CMOS 输入电压的需要,因此需要在 TTL 与 CMOS 之间增加接口电路,以满足二者连接的需要。如增加一个与电源相连的

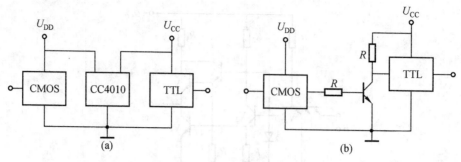

图 8.26　CMOS 门驱动 TTL 门

电阻以提高 TTL 的输出电压。如图 8.27 所示，若 CMOS 门电路的电源电压高于 TTL 门电路的电源电压，中间要用电平转移电路。

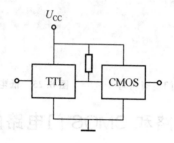

图 8.27　TTL 门电路驱动 CMOS 门电路

4. CMOS 集成电路的保存与焊接

(1)防静电

在运输、存放的过程中，应放入铝箔纸中或金属盒中，以防空气中的感应电势冲击损坏栅极。

(2)焊接

焊接时不能用 25 W 以上的电烙铁，一般用接地良好的烙铁的余热来焊接。

8.3　逻辑运算法则与逻辑函数化简

由于数字电路的输入信号与输出信号之间存在着逻辑关系，因此，数字电路的工作状态可以用逻辑函数来描述，逻辑函数的运算遵循逻辑运算法则。分析数字电路的逻辑功能时，为了能比较直观地看出数字电路输入端和输出端的逻辑关系；设计数字电路时，为了简化数字电路，都需进行逻辑函数化简。

8.3.1　数字电路逻辑关系的表示方法

数字电路输入信号与输出信号之间逻辑关系的描述有真值表、逻辑表达式、逻辑图、波形图和卡诺图 5 种形式，这几种形式之间可以相互转换。

1. 真值表

前面已经提到过与门、或门、非门的真值表，真值表就是由输入变量所有各种可能的取值组合及对应的函数值所构成的表格。

由于一个逻辑变量只有 0 和 1 两种可能的取值，故 n 个逻辑变量共有 2^n 种可能的取值组合。

真值表由两部分组成：左边一栏列出输入变量的所有取值组合，为避免遗漏，通常各变量取值按二进制数据顺序列出；右边一栏为逻辑函数对应的取值。例如：函数 $F=A\overline{B}+\overline{A}C$ 的真值表见表 8.7。

表8.7　函数 $F = A\bar{B} + \bar{A}C$ 的真值表

A	B	C	F
0	0	0	0
0	0	1	1
0	1	0	0
0	1	1	1
1	0	0	1
1	0	1	1
1	1	0	0
1	1	1	0

2. 逻辑表达式

逻辑表达式是由逻辑变量和与、或、非三种基本运算构成的表达式。例如

$$F = A\bar{B} + \bar{A}B$$

(1) 逻辑表达式的书写及省略规则如下：

① 进行非运算可不加括号。如：$\bar{A}$、$\overline{A+B}$ 等。

② 与运算符一般可省略。如：$A \cdot B$ 可写成 AB。

③ 在一个表达式中，如果既有与运算，又有或运算，则按先与后或的规则省去括号。如：$(A \cdot B) + (C \cdot D)$ 可写成 $AB + CD$，但 $(A+B) \cdot (C+D)$ 不能省去括号而写成 $A+B \cdot C+D$。

④ 由于与运算和或运算均满足结合律，因此 $(A+B)+C$ 或者 $A+(B+C)$ 可用 $A+B+C$ 代替，$(AB)C$ 可用 ABC 代替。

(2) 如果给出了函数的真值表，则可按下面步骤写出表达式：

① 取 $F=1$ 的所有项。

② 对每一个 $F=1$ 取值而言，输入变量之间是与逻辑关系。对输入变量而言，如果取值为1，则取原变量(如 A)；取值为0，则取反变量(如 $\bar{A}$)而后得与项。

③ 各种取值之间是或逻辑关系。当乘积项 ABC 的取值分别是001、011、100、101 时，函数值 $F=1$(表8.7)。对应这些变量取值组合的乘积项分别为 $\bar{A}\bar{B}C$、$\bar{A}BC$、$A\bar{B}\bar{C}$、$A\bar{B}C$，将这些乘积项相加(或逻辑)，即得到函数的逻辑表达式

$$F = \bar{A}\bar{B}C + \bar{A}BC + A\bar{B}\bar{C} + A\bar{B}C$$

技术提示：

数字逻辑表达式中，只有与、或、非等运算，没有 $-$、$\times$、$\div$ 等运算，也不会出现 $-$、$\times$、$\div$ 符号，变量前也没有系数。

【例8.1】 有一个3位二进制数输入的数字电路，当输入有奇数个1时，输出为1，否则输出为0。试分别写出输出的真值表和逻辑表达式。

解 3位二进制输入变量，分别用 A、B、C 表示，它有8种可能的取值组合，变量的取值按二进制数由小到大的顺序排列，根据题意可列出真值表，见表8.8。

表 8.8 例 8.1 真值表

A	B	C	F
0	0	0	0
0	0	1	1
0	1	0	1
0	1	1	0
1	0	0	1
1	0	1	0
1	1	0	0
1	1	1	1

由真值表可知,在 4 种情况下函数值为 1。如在 $A=0$、$B=0$、$C=1$ 时,有 $\overline{A}\overline{B}C=1$,因而有 $F=1$。另 3 种情况同理可得,分别为 $\overline{A}B\overline{C}$、$A\overline{B}\overline{C}$、$ABC$。把它们相加即得逻辑表达式

$$F = \overline{A}\overline{B}C + \overline{A}B\overline{C} + A\overline{B}\overline{C} + ABC$$

经过以上分析可以发现这样一个特点:有 3 个变量的逻辑函数的每一个与项有 3 个变量,每一个变量以它的原变量或反变量只出现一次,这就是最小项。有 n 个变量的逻辑函数的最小项是 n 个变量的与。每个变量以它的原变量或反变量形式在乘积项中出现一次且只能出现一次,则这个"与"项被称为最小项。显然 n 个变量有 2^n 个最小项,为书写方便,通常用 m_i 表示最小项。确定下标 i 的规则是:当变量按序(A、B、C、…)排列后,"与"项中所有原变量用 1 表示,反变量用 0 表示,由此得到一个 1、0 序列组成的二进制数,即为下标 i 的值。如:$F(A,B,C)$ 三变量共有 8 个最小项

$\overline{A}\overline{B}\overline{C}$	$\overline{A}\overline{B}C$	$\overline{A}B\overline{C}$	$\overline{A}BC$	$A\overline{B}\overline{C}$	$A\overline{B}C$	$AB\overline{C}$	ABC
000	001	010	011	100	101	110	111
m_0	m_1	m_2	m_3	m_4	m_5	m_6	m_7

3. 逻辑图

逻辑图是由表示逻辑运算的逻辑符号所构成的图形。一个逻辑表达式是由逻辑与、或、非三种基本运算组合而成的,也就可以用与门、或门、非门来实现这三种运算。

【例 8.2】 画出实现例 8.1 功能的逻辑图。

解 由表达式($F = \overline{A}\overline{B}C + \overline{A}B\overline{C} + A\overline{B}\overline{C} + ABC$)可以看出,三个反变量需要三个非门完成,每一项是与的关系,共有 4 项,用 4 个与门实现,项与项之间是或的关系,用一个或门实现,如图 8.28 所示。

实现相同的逻辑功能,可以有多个不同的逻辑表达式,即逻辑表达式不是唯一的,所以逻辑图也不唯一。由逻辑表达式可以画出逻辑图,反之,由逻辑图也可以写出逻辑表达式。

4. 波形图

波形图是由输入变量的高、低电平变化及其对应的输出函数值的高、低电平所构成的图形。波形图可以将输出函数的变化和输入变量的变化之间在时间上的对应关系直观地表示出来。如:$F = \overline{A}\overline{B}C + \overline{A}B\overline{C} + A\overline{B}\overline{C} + ABC$,当变量 A、B、C 的取值分别为 001、010、100、111 时,函数值 $F=1$,其余情况下 $F=0$,故可以用图 8.29 所示的波形图来表示该函数。

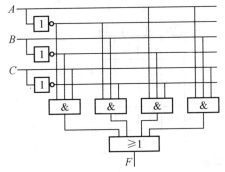

图 8.28 例 8.2 图

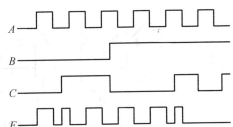

图 8.29 $F=\overline{A}\overline{B}C+\overline{A}B\overline{C}+A\overline{B}\overline{C}+ABC$ 的波形图

画波形图时要特别注意:横坐标是时间轴,纵坐标是变量取值。由于时间轴相同,变量取值又十分简单,只有 0(低)和 1(高)两种可能,所以本书不标出坐标轴。具体画波形时,一定要对应起来画。

5. 卡诺图

将逻辑函数真值表中的各行列成矩阵形式,在矩阵的左方和上方按照格雷码的顺序写上输入变量的取值,在矩阵的各个小格内填入输入变量各组取值所对应的输出函数值,这样构成的图形就是卡诺图。因此,卡诺图是逻辑函数的一种图形表示法。下面介绍卡诺图的画法:

(1) n 个变量有 2^n 个最小项,首先画一个矩形,将这个矩形分成 2^n 个小格。

(2) 每个小格按最小项 m_i 编号,如图 8.30 画出了两变量、三变量、四变量的卡诺图及其编号。编号时先在左上角写上变量(如二变量的 A、B);表示水平方向的变量和垂直方向的变量,在水平方向上和垂直方向上以格雷码的方式对应填上各种变量取值组合,小格内对应最小项 m_i,可计为 i。如二变量对应的方格数为 4:当 $A=0$、$B=0$ 时,对应第一行第一列的小方格,对应的最小项为 m_0,记为 0;当 $A=0$、$B=1$ 时,对应第一行第二列的小方格,对应的最小项是 m_1,记为 1;其他类推。同理,三变量、四变量也如此。

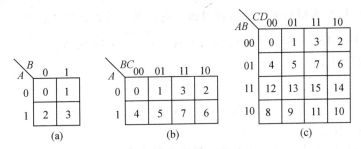

图 8.30 二——四变量的卡诺图

【例 8.3】 用卡诺图表示下列逻辑表达式:

(1) $F=A\oplus B=A\overline{B}+\overline{A}B$

(2) $F=\overline{A}\overline{B}C+\overline{A}B\overline{C}+A\overline{B}\overline{C}+ABC$

(3) $F=\overline{A}BD+\overline{C}D$

解 (1) 因函数有两个变量,所以 $A\overline{B}$、$\overline{A}B$ 都是最小项,由此得卡诺图如图 8.31(a)所示。

(2) 式中的 4 个与项也都是最小项,因此可以直接填入卡诺图,如图 8.31(b)所示。

(3) 式中有 4 个变量,所以应把它表示为最小项表达式

$$F=\overline{A}B(C+\overline{C})D+(A+\overline{A})(B+\overline{B})\overline{C}D=$$
$$\overline{A}B\overline{C}D+\overline{A}BCD+\overline{A}\overline{B}\overline{C}D+AB\overline{C}D+A\overline{B}\overline{C}D=$$
$$m_1+m_5+m_7+m_9+m_{13}$$

其卡诺图如图 8.31(c)所示。

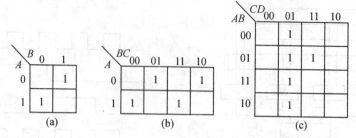

图 8.31 例 8.3 卡诺图

8.3.2 逻辑代数的基本运算法则和定律

1. 逻辑代数的基本运算法则

逻辑代数有 3 种基本规则,即代入规则、反演规则和对偶规则,这些规则在逻辑运算中十分有用。

(1) 代入规则

任何一个含有某变量 A 的等式,如果将所有出现 A 的位置都代之以一个逻辑函数 F,则等式仍然成立。这个准则称为代入规则。

因为任何一个逻辑函数也和逻辑变量一样,只有 0 和 1 两种可能取值,所以代入准则是成立的。例如在等式 $B(A+C)=BA+BC$ 中,将所有出现 A 的地方都代以函数 $A+D$,则等式仍然成立,即得

$$B((A+D)+C)=B(A+D)+BC=BA+BD+BC$$

在使用代入规则时需注意:一定要把等式中所有需要代换的变量全部置换掉,否则代换后所得的等式不成立。

(2) 反演规则

设 F 是一个函数表达式,如果将所有的"·"变成"+"、"+"变成"·",0 变成 1、1 变成 0,原变量变成反变量、反变量变成原变量,那么得到的逻辑函数表达式就是逻辑函数 F 的反函数 $\bar{F}$。

【例 8.4】 已知 $F=AB+CD$,求 $\bar{F}$;已知 $X=\bar{A}+\overline{\bar{B}+C\cdot D}$,求 $\bar{X}$。

解 根据反演规则可得

$$\bar{F}=(\bar{A}+\bar{B})(\bar{C}+\bar{D})$$

$$\bar{X}=A\cdot\overline{\bar{B}\cdot\bar{C}+D}$$

使用反演规则时,应注意:

① 运用反演规则时,不是某一个变量上的反号应保持不变。

② 运算符号的优先级:ˉ、( )、·、+,即非、括号、与、或。

(3) 对偶规则

设 F 是一个逻辑函数表达式,如果将 F 中所有的与运算符号变成或运算符、或运算符变成与运算符,0 变成 1、1 变成 0,而逻辑变量保持不变,则所得新的逻辑表达式称为函数 F 的对偶式 F'。

【例 8.5】 $F=A(\bar{B}+C)$,求 F'。

解 根据对偶规则可得:$F'=A+\bar{B}C$

对任一个逻辑函数 F,一般情况下 $F\neq F'$,个别情况下也有 $F=F'$。若两个逻辑函数 F 和 G 相等,则其对偶式 F' 和 G' 也相等 —— 对偶规则。

使用对偶规则时应注意运算时的优先级顺序。

2. 逻辑代数基本定律及常用公式

逻辑变量只能取值 0 和 1,根据与、或、非三种基本运算,可导出表 8.9 中的基本定律。

表 8.9　逻辑代数基本定律

1	0、1 律	$0+A=A$ $1+A=1$	$1 \cdot A=A$ $0 \cdot A=0$
2	重叠律	$A+A=A$	$A \cdot A=A$
3	互补律	$A+\bar{A}=1$	$A \cdot \bar{A}=0$
4	交换律	$A+B=B+A$	$AB=BA$
5	结合律	$(A+B)+C=A+(B+C)$	$AB(C)=A(BC)$
6	分配律	$A+BC=(A+B)(A+C)$	$A(B+C)=AB+AC$
7	反演律	$\overline{A+B+C+\cdots}=\bar{A} \cdot \bar{B} \cdot \bar{C} \cdots$	$\overline{ABC\cdots}=\bar{A}+\bar{B}+\bar{C}+\cdots$
8	还原律	$\bar{\bar{A}}=A$	

3. 常用公式

在逻辑代数中,经常使用表 8.10 中所列的一些常用公式。这些公式利用表 8.9 很容易得到证明。

表 8.10　逻辑代数的一些常用公式

1	吸收律	(1)$A+AB=A$;(2)$A(A+B)=A$; (3)$A+\bar{A}B=A+B$;(4)$AB+\bar{A}C+BC=AB+\bar{A}C$
2	对偶律	(1)$AB+A\bar{B}=A$;(2)$(A+B)(A+\bar{B})=A$

8.3.3　逻辑函数的化简

逻辑函数可以写成不同的表达式,在逻辑设计中,逻辑函数最终总是要用逻辑电路来实现。因此,用中小规模逻辑器件设计数字电路时,化简和变换逻辑函数往往可以简化电路、节省器材、降低成本、提高系统的可靠性,因此有必要熟悉逻辑函数的化简。

在逻辑函数中,与或表达式 $F=AB+CD$ 和或与式 $F=(A+B)(C+D)$ 是最常见的两种表达式。又因为与或式不仅易于从真值表中直接写出,且它容易被观察出是否为最简,所以化简逻辑函数一般指化简成最简与或式。最简与或式的标准是:

① 式中所含与项最少。

② 各与项中的变量数最少。

1. 逻辑函数的公式法化简

公式法化简是反复运用逻辑代数的基本定律和常用公式,消去逻辑函数式中多余的与项和每个与项中多余的变量,以求得逻辑函数表达式的最简形式,公式法化简没有固定的步骤,现将一些常用的方法归纳如下:

(1) 并项法

利用互补律 $A+\bar{A}=1$。

【例 8.6】　化简 $F=A\bar{B}+ABC+A\bar{C}$。

解　$F=ABC+A(\bar{B}+\bar{C})=ABC+A\overline{BC}=A(BC+\overline{BC})=A$

(2) 吸收法

利用公式 $A+AB=A$ 及 $AB+\bar{A}C+BC=AB+\bar{A}C$。

【例 8.7】　化简 $F_1=AB+AB\bar{C}+ABD$;$F_2=AC+\bar{C}D+ADE+AD\bar{E}$。

解　$F_1=AB+AB(\bar{C}+D)=AB$;

$F_2 = AC + \overline{C}D + AD(E+\overline{E}) = AC + \overline{C}D + AD = AC + \overline{C}D$

(3) 消去法

利用公式 $A + \overline{A}B = A + B$。

【例 8.8】 化简 $F = AB + \overline{A}C + \overline{B}C$。

解　$F = AB + \overline{A}C + \overline{B}C = AB + C(\overline{A} + \overline{B}) = AB + \overline{AB}C = AB + C$

(4) 配项法

利用公式 $1 \cdot A = A; A + A = A; A \cdot \overline{A} = 0; A + \overline{A} = 1$。

【例 8.9】 化简以下各式。

(1) $F_1 = \overline{A}BC + A\overline{B}C + AB\overline{C} + ABC$；

(2) $F_2 = \overline{A}\overline{B}C + AC + \overline{A}B\overline{C} + A\overline{B} + BC + AB + \overline{A}BC$；

解　(1) $F_1 = (\overline{A}BC + ABC) + (A\overline{B}C + ABC) + (AB\overline{C} + ABC) = BC + AC + AB$

(2) $F_2 = (\overline{A}BC + \overline{A}B\overline{C}) + A\overline{B} + AC + BC + \overline{A}BC =$

$\overline{A}B + A\overline{B} + AB + (A+B)C + \overline{A}BC = A + B + (A+B)C + \overline{A+B}C = A + B + C$

在应用配项法时，应试探着进行，需要一定的技巧，否则将越配越繁。用代数法化简时，多数情况是上述几种方法的综合。

在逻辑函数的化简过程中，可用公式 $\overline{\overline{A}} = A$ 和反演律将逻辑函数化简为与非表达式，则相应的逻辑图一律使用与非门。

2. 卡诺图法化简

用公式法化简逻辑函数，一方面要熟记逻辑代数的基本公式和常用公式，而且要有熟练的运算技巧；另一方面，经过化简后的逻辑函数是否为最简有时也难以判定。若使用卡诺图化简逻辑函数，简捷直观，方便灵活，且容易判断是否为最简函数。但是，当逻辑函数的变量数 $n \geq 5$ 后，由于卡诺图中的小方格的相邻性很难确定，用起来也不方便。这里只介绍二、三、四变量的卡诺图法化简。

前面已讲过如何把逻辑函数填入卡诺图，现在来看卡诺图中的合并规则。

(1) 相邻方格的合并规则

在卡诺图中，凡是紧邻的两个方格或与轴线对称的两个方格都称为相邻。如图 8.32 中的 m 与 x、m 与 n，x 与 y，u 与 v；但 x 与 n 不相邻。相邻两个方格之间只有一个变量不同，故可圈在一起利用公式 $AB + A\overline{B} = A$ 进行合并化简，两个相邻小方格可合并为一个与项，且消去一个变量。若 $N = 2^k$（k 为正整数）个相邻小方格可合并为一个与项，则可消去 k 个变量。在图 8.32(c) 中 m、n、x、y 是相邻的。

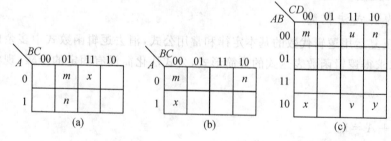

图 8.32　卡诺图中的相邻

(2) 卡诺图化简逻辑函数的步骤

① 画卡诺图及填图。首先将函数化成最小项的与或式，根据变量数画卡诺图表格，把最小项对应的 1 填在相应小方格中，其余小方格不填（或填 0）。

② 画圈。将取值为 1 的相邻小方格圈在一起。圈内 1 的个数应为 2^n（$n=0,1,2,3,\cdots$），即 1、2、4、8、$\cdots$，不容许 3、6、10 等。圈的个数应最少，圈内 1 的个数应尽可能地多。每圈一个新的圈时，至少包含

一个没有圈过的小方格,否则得不到最简表达式。每一个取值为1的小方格可被圈多次,但不能漏掉任何一个取值为1的小方格。

③ 合并。最后将各个圈进行合并再相加,即为所求最简表达式。若圈内只有一个1,则不能化简而保留。

【例8.10】 用卡诺图法化简逻辑函数 $F = \overline{A}BC + A\overline{B}C + AB\overline{C} + ABC$。

解 将函数值为1的相邻小方格圈在一起,共可圈成3个圈。圈内合并,相同者保留,不同者消去。如图8.33中的垂直圈,相同者为 BC,不同者为 A 和 $\overline{A}$,因此,保留 BC;实际上它完成的是

$$ABC + \overline{A}BC = BC$$

同理,其他的两个圈也如此,分别得到 AB、AC。最后得到表达式

$$F = AB + AC + BC$$

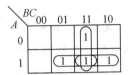

图 8.33 例 8.10 卡诺图

【例8.11】 用卡诺图法化简逻辑函数 $F = \sum m(0,2,3,6,7,8,10,11,14,15)$。

解 卡诺图如图8.34所示。将函数值为1的相邻小方格圈在一起,共可画成2个圈,4个角上的最小项可以合并,4个相邻小方格消去两个变量,相同者为 $\overline{B}$、$\overline{D}$,不同者为 A、$\overline{A}$、C、$\overline{C}$,该圈合成 $\overline{B}\overline{D}$。另一个圈有8个最小项,消掉3个变量,合成 C。因此函数最简式为

$$F = C + \overline{B}\overline{D}$$

【例8.12】 用卡诺图法化简逻辑函数 $F = \sum m(0,1,2,3,8,9,10,11,13,15)$。

解 把函数填入卡诺图,如图8.35所示,上下边缘小方格也是相邻的,画成最大的圈。函数化简为

$$F = \overline{B} + AD$$

【例8.13】 用卡诺图法化简逻辑函数 $F = \sum m(4,7,9,10,12,13,14,15)$。

解 把函数填入卡诺图(见图8.36),画最大的圈,该图有4个圈,可以合并成4项;由于11那一行有4个1,往往会把它画成一个大圈,然后再画4个小圈,这样会化简成5项,而不是最简结果。所以本题的最简结果是

$$F = B\overline{C}\overline{D} + A\overline{C}D + BCD + AC\overline{D}$$

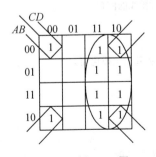   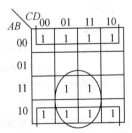   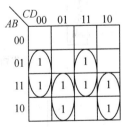

图 8.34 例 8.11 图   图 8.35 例 8.12 图   图 8.36 例 8.13 图

在实际工程中,有时变量会受到实际逻辑问题的限制,使某些取值不可能出现,或者对结果无影响,这些变量的取值所对应的最小项称为无关项或任意项。将无关项记为"d",以便利用"d"来简化逻辑函数或逻辑电路。

【例8.14】 用卡诺图法化简逻辑函数 $F = \sum m(5,6,7,8,9) + \sum d(10,11,12,13,14,15)$

解 如果不利用无关项化简,由图 8.37(a) 可知

$$F = A\bar{B}\bar{C} + \bar{A}BD + \bar{A}BC$$

但是如果把无关项考虑进来,则由图 8.37(b) 可知

$$F = A + BC + BD$$

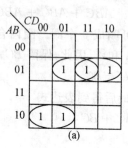
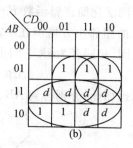

图 8.37　例 8.14 图

可见,考虑无关项与不考虑无关项得到的最简结果大不一样,当然实现的电路也不一样。这说明经过恰当的选择无关最小项,可以得到较简单的逻辑函数表达式。

重点串联

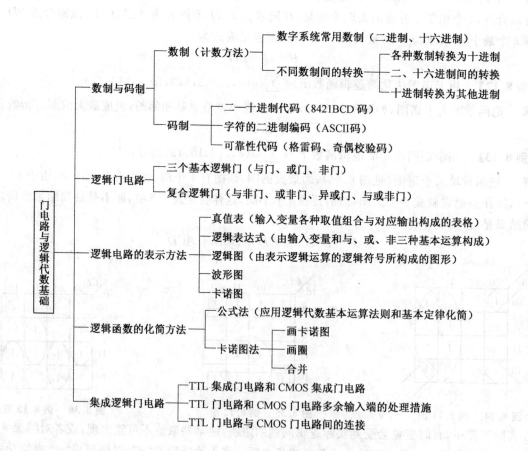

拓展与实训

基础训练

一、选择题

1. $\overline{A}+0 \cdot A+1 \cdot \overline{A}=(\ \ )$。
 A. 0 B. 1 C. A D. $\overline{A}$

2. $A \oplus 1=(\ \ )$。
 A. 0 B. 1 C. A D. $\overline{A}$

3. 如果编码 0100 表示十进制数 4,则此码不可能是(　　)。
 A. 8421 BCD 码 B. 5421 BCD 码 C. 2421 BCD 码 D. 余 3 循环码

4. 用 0111 表示十进制数 4,则此码为(　　)。
 A. 余 3 码 B. 5421 BCD 码 C. 2421 BCD 码 D. 余 3 循环码

5. 布尔代数的三种最基本运算是(　　)。
 A. 与、与非、或 B. 与、或、非 C. 与、或、或非 D. 与非、或非、非

6. 数字电路中的三极管一般工作在(　　)。
 A. 饱和区 B. 放大区 C. 截止区 D. 饱和区或截止区

7. 用卡诺图化简输入变量数为 n 的逻辑函数时,圈内 1 的个数应为(　　)个。
 A. 奇数 B. 偶数 C. 2^n D. 2^n-1

8. 焊接 CMOS 集成电路时,应优先选用(　　)的电烙铁,烙铁应良好接地。
 A. 300 W B. 150 W C. 75 W D. 25 W

9. TTL 与门和与非门的输入端在实际使用时,多余端可以接(　　)电平。
 A. 0.3 V B. 0.7 V C. 1 V D. 3.6 V

10. 数字电路硬件能直接识别的信号是(　　)信号。
 A. 二进制 B. 八进制 C. 十进制 D. 十六进制

二、判断题

1. 基数和各位数的权是进位计数制中表示数值的两个基本要素。　(　)
2. 利用数字电路不仅可以实现数值运算,还可以实现逻辑运算和判断。　(　)
3. 给出逻辑函数的一种表示形式,就可以求出其他的表示形式。　(　)
4. 若 $A+B=1$,则有 $A \oplus B = \overline{AB}$。　(　)
5. 若 $AB=0$,则有 $A \oplus B = A+B$。　(　)
6. 若 $A+B=A+C$,则 $B=C$。　(　)
7. 数字信号比模拟信号更易于存储、加密、压缩和再现。　(　)
8. 三输入或非门,当输入 $ABC=1B0$ 时,输出 $F=B$。　(　)
9. 连续"同或"199 个 1 的结果是 0。　(　)
10. 连续"同或"199 个 0 的结果是 0。　(　)
11. 连续"异或"199 个 1 的结果是 0。　(　)
12. 连续"异或"199 个 0 的结果是 0。　(　)
13. 在逻辑函数 $F=AB+CD$ 的真值表中,让 $F=1$ 的输入变量取值组合有 8 个。　(　)
14. 若要表示 3 位十进制数代表的所有数值,则至少需要 12 位二进制数。　(　)
15. 一个 4 输入与非门,使其输出为 0 的输入变量取值组合共有 15 个。　(　)

16. 一个4输入或非门，使其输出为1的输入变量取值组合共有4个。　　　　　　　　（　　）
17. TTL门电路可以直接驱动CMOS门电路。　　　　　　　　　　　　　　　　　（　　）
18. 三态门的输出电平有3个状态。　　　　　　　　　　　　　　　　　　　　　（　　）
19. 有n个输入变量的逻辑函数，其最小项有2^n个。　　　　　　　　　　　　　（　　）
20. TTL与非门的多余输入端应接低电平，或与有用输入端并联。　　　　　　　（　　）

三、用逻辑代数的运算法则和定律将下列逻辑函数化简为最简与或式。

(1) $F = A\overline{B}C + \overline{A} + B + \overline{C}$　　　　　　(2) $F = A\overline{B}CD + ABD + A\overline{C}D$

四、用卡诺图化简法将下列函数化为最简与或式。

(1) $F = ABC + ABD + \overline{CD} + A\overline{B}C + \overline{A}CD + ACD$

(2) $F = \overline{AB} + B\overline{C} + \overline{A} + \overline{B} + ABC$

五、两输入异或门输入信号A、B的波形如图8.38所示，试画出输出信号F的波形。

六、两输入与非门输入信号A、B的波形如图8.39所示，试画出输出信号F的波形。

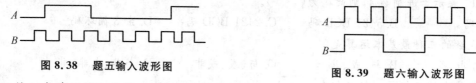

图8.38　题五输入波形图　　　　图8.39　题六输入波形图

七、三输入或非门输入信号A、B、C的波形如图8.40所示，试画出输出信号F的波形。

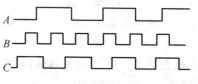

图8.40　题七输入波形图

▶ 职业能力训练

TTL与非门的逻辑功能和电压传输特性的测试

1. 实训目的

(1) 熟悉和巩固TTL与非门的逻辑功能；

(2) 熟悉TTL与非门逻辑功能的测试方法；

(3) 熟悉TTL与非门电压传输特性的测试方法。

2. 实训内容

(1) TTL与非门逻辑功能的测试。

① 选用3输入与非门74LS10或其他系列TTL与非门进行技能训练。74LS10引脚排列如图8.41所示，电源电压为5 V。

② 测试TTL与非门的逻辑功能。选择74LS10的一个与非门，然后在实训装置上按图8.42接线。将与非门的输入端A、B、C分别接到三个逻辑开关上，输出端Y接发光二极管LED。根据表8.11给定输入A、B、C的逻辑电平，观察发光二极管LED显示的结果。LED亮表示输出$Y = 1$，LED熄灭表示输出$Y = 0$，并将输出Y的结果填入表8.11中。

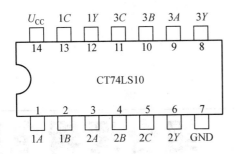

图 8.41　74LS10 引脚图

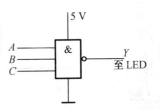

图 8.42　逻辑功能测试接线原理图

表 8.11　与非门真值表

输入			输出
A	B	C	Y
0	0	0	
0	0	1	
1	0	1	
1	1	1	

(2) 与非门电压传输特性的测试。将选用的与非门按图 8.43 接线。输入端 B 和 C 相连并接高电平（也可悬空），输入端 A 接入可调的输入电压 u_1。调节电位器 R_P 使输入电压 u_1 按表 8.12 中所示电压由 0 V 逐渐增大，用万用表测量输出电压并填入表 8.12 中。

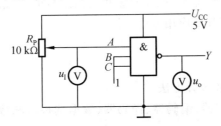

图 8.43　与非门电压传输特性测试接线原理图

表 8.12　TTL 与非门电压传输特性测试记录表

u_1/V	0	0.3	0.6	0.8	1.0	1.1	1.2	1.3	1.4	1.5	1.6	1.7	1.8	2	3	4
u_o/V																

3. 实训前的要求

(1) 复习 TTL 与非门的逻辑功能。

(2) 详细阅读 TTL 电路的使用注意事项。

4. 技能训练用仪表和元器件

直流稳压电源一台；万用表一块；数字逻辑实验装置一台；74LS10 一片；10 kΩ 电位器一只。

5. 技能训练报告的要求

(1) 写出与非门的输出逻辑表达式，根据所测与非门的真值表说明它的逻辑功能。

(2) 在坐标纸上绘制 TTL 与非门的电压传输特性曲线，并对电压传输特性进行分析，得出结论。

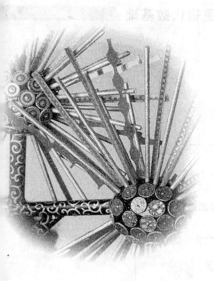

模块 9 组合逻辑电路

教学聚集

本模块先介绍组合逻辑电路的分析方法和设计方法,然后介绍加法器、数值比较器、编码器、译码器、数据选择器和数据分配器的工作原理、构成方法和具体型号的集成加法器、数值比较器、编码器、译码器、数据选择器和数据分配器芯片的应用方法。

知识目标

◆ 掌握组合逻辑电路的分析和设计方法;
◆ 掌握常用加法器、数值比较器、编码器、译码器、数据选择器和数据分配器的工作原理及应用方法;
◆ 掌握用译码器、数据选择器和全加器实现组合逻辑电路的基本方法。

技能目标

◆ 掌握基本逻辑门电路的应用方法;
◆ 掌握集成译码器、数据选择器的应用方法。

课时建议

理论教学 8 课时;实训 6 课时。

课堂随笔

9.1 组合逻辑电路的分析与设计

按电路结构和工作原理的不同,数字电路通常分为组合逻辑电路和时序逻辑电路两大类。

电路的输出状态只决定于同一时刻各输入状态的组合,而与电路以前的状态无关的逻辑电路,称为组合逻辑电路。图 9.1 所示是组合逻辑电路的一般结构框图。

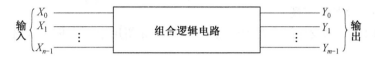

图 9.1 组合逻辑电路框图

图中 X_0、X_1、$\cdots$、X_{n-1} 为输入逻辑变量,Y_0、Y_1、$\cdots$、Y_{m-1} 为输出逻辑变量。组合逻辑电路在电路结构上一般由各种门电路组合而成,电路中不包含存储信号的记忆单元,也不存在从输出到输入的反馈通路。

9.1.1 组合逻辑电路的分析

组合逻辑电路的分析就是根据给定的逻辑电路图,经过分析,确定电路的逻辑功能。组合逻辑电路的分析可分为以下几步:

(1) 根据给定的逻辑电路图,从输入到输出写出每一级输出端对应的逻辑表达式;消除中间变量,直至写出各个最终输出端与输入变量的逻辑表达式。

(2) 对写出的逻辑表达式进行化简或变换。

(3) 由简化的逻辑表达式列出真值表。

(4) 根据真值表或逻辑表达式说明电路的逻辑功能。

【**例 9.1**】 已知逻辑电路如图 9.2 所示,分析电路的逻辑功能。

解 (1) 由逻辑电路图写出各级的输出表达式,消去中间变量,写出总的逻辑表达式。

$Y_1 = \overline{AB}$

$Y_2 = \overline{BC}$

$Y_3 = \overline{CA}$

$Y = \overline{Y_1 Y_2 Y_3} = \overline{\overline{AB} \cdot \overline{BC} \cdot \overline{AC}}$

(2) 将逻辑表达式进行化简及变换,即

$Y = \overline{Y_1 Y_2 Y_3} = \overline{\overline{AB} \cdot \overline{BC} \cdot \overline{AC}} = AB + BC + CA$

(3) 列出逻辑函数的真值表,见表 9.1。

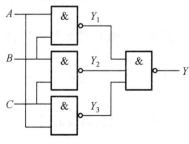

图 9.2 例 9.1 图

表 9.1 例 9.1 真值表

A	B	C	Y
0	0	0	0
0	0	1	0
0	1	0	0
0	1	1	1
1	0	0	0
1	0	1	1
1	1	0	1
1	1	1	1

(4)分析电路逻辑功能。由表 9.1 可知,当 3 个输入变量 A、B、C 中有 2 个或 3 个为 1 时,输出 Y 为 1,否则输出 Y 为 0。所以这个电路实际上是一种 3 人表决用的组合电路:只要多数同意,表决就通过。

9.1.2 组合逻辑电路设计

组合逻辑电路的设计过程与分析过程刚好相反,它是根据具体的逻辑功能要求用逻辑函数加以描述,再用最简的逻辑电路加以实现。

这里先介绍用门电路来设计组合逻辑电路,在 9.5 节介绍用中规模集成电路(MSI)设计组合逻辑电路。

组合逻辑电路的设计一般按以下步骤进行:
(1)对设计要求的逻辑功能进行分析,根据输入与输出的逻辑关系列出真值表。
(2)根据真值表写出逻辑表达式,并进行化简。
(3)对函数表达式进行变换,使表达式与设计要求的逻辑电路形式一致。
(4)根据变换后的逻辑表达式画出逻辑电路图。

【例 9.2】 用与非门设计一个举重裁判表决电路。设举重比赛有 3 个裁判,一个主裁判和两个副裁判。杠铃完全举上的裁决由每一个裁判按一下自己面前的按钮来确定。只有当两个或两个以上裁判判明成功,并且其中有一个为主裁判时,表明成功的灯才亮。

解 (1)设主裁判为变量 A,副裁判分别为变量 B 和变量 C,判成功用 1 表示,判不成功用 0 表示;表示成功与否的灯为 Y,Y=1 表示成功,Y=0 表示不成功;根据逻辑要求列出真值表,见表 9.2。

(2)根据真值表,写出输出逻辑函数表达式,并根据设计要求将表达式变换为与非 — 与非形式。

$$Y = A\bar{B}C + AB\bar{C} + ABC = ABC + AB\bar{C} + ABC + A\bar{B}C =$$
$$AB + AC = \overline{\overline{AB} \cdot \overline{AC}}$$

(3)根据逻辑表达式,画出逻辑电路图,如图 9.3 所示。

表 9.2 例 9.2 真值表

A	B	C	Y	A	B	C	Y
0	0	0	0	1	0	0	0
0	0	1	0	1	0	1	1
0	1	0	0	1	1	0	1
0	1	1	0	1	1	1	1

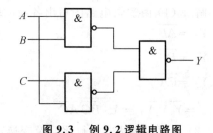

图 9.3 例 9.2 逻辑电路图

9.2 加法器和数值比较器

加法器是用来进行二进制数加法运算的组合逻辑电路。二进制加法运算的基本规则是:
(1)逢二进一。
(2)最低位是两个最低位的数相加,只求本位的和,不需考虑更低位送来的进位数,这种加法称为半加。
(3)其余各位都是三个数相加,包括加数、被加数以及低位向本位送来的进位数,这种加法称为全加。
(4)任何位相加的结果都产生两个输出,一个是本位和,另一个是向高位的进位。加法器电路是根据上述基本规则而设计的。加法器分为半加器和全加器。

9.2.1 加法器

1. 半加器

在二进制加法运算中,要实现最低位数的加法,必须有两个输入端(加数和被加数),两个输出端(本位和数及向高位的进位数),这种加法逻辑电路称为半加器。

设 A 为被加数,B 为加数,S 为本位和,C 为向高位的进位数。根据半加规则可列出半加器的逻辑状态表,见表 9.3。

由逻辑状态表可写出逻辑式

$$S = \overline{A}B + A\overline{B} = A \oplus B$$
$$C = AB$$

由逻辑式就可画出逻辑图。S 是异或逻辑,可用异或门来实现。半加器的逻辑电路及逻辑符号如图 9.4(a)、9.4(b) 所示。

表 9.3 半加器逻辑状态表

输	入	输	出
A	B	C	S
0	0	0	0
0	1	0	1
1	0	0	1
1	1	1	0

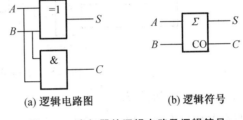

(a) 逻辑电路图　　(b) 逻辑符号

图 9.4 半加器的逻辑电路及逻辑符号

2. 全加器

全加过程是被加数、加数以及低位向本位的进位数三者相加,所以全加器电路有三个输入端(被加数、加数以及由低位向本位的进位数)、两个输出端(和数及向高位的进位数)。设第 i 位的被加数 A_i 和加数 B_i,及来自相邻低位的进位数 C_{i-1} 三者相加,其结果得到本位和 S_i,及向相邻高位的进位数 C_i。根据全加器的功能及二进制加法运算规则,可列出它的真值表,见表 9.4。

表 9.4 全加器的真值表

A_i	B_i	C_{i-1}	S_i	C_i
0	0	0	0	0
0	0	1	1	0
0	1	0	1	0
0	1	1	0	1
1	0	0	1	0
1	0	1	0	1
1	1	0	0	1
1	1	1	1	1

根据真值表,可得到 S_i 和 C_i 的逻辑表达式。

$$\begin{aligned}S_i &= \overline{A}_i\overline{B}_iC_{i-1} + \overline{A}_iB_i\overline{C}_{i-1} + A_i\overline{B}_i\overline{C}_{i-1} + A_iB_iC_{i-1} = \\ &\overline{A}_i(\overline{B}_iC_{i-1} + B_i\overline{C}_{i-1}) + A_i(\overline{B}_i\overline{C}_{i-1} + B_iC_{i-1}) = \\ &\overline{A}_i(B_i \oplus C_{i-1}) + A_i(\overline{B_i \oplus C_{i-1}}) = \end{aligned}$$

$$S_i = \overline{A}_i \overline{B}_i C_{i-1} + \overline{A}_i B_i \overline{C}_{i-1} + A_i \overline{B}_i \overline{C}_{i-1} + A_i B_i C_{i-1} = A_i \oplus B_i \oplus C_{i-1}$$

$$C_i = \overline{A}_i B_i C_{i-1} + A_i \overline{B}_i C_{i-1} + A_i B_i \overline{C}_{i-1} + A_i B_i C_{i-1} =$$
$$(\overline{A}_i B_i + A_i \overline{B}_i)C_{i-1} + A_i B_i =$$
$$(A_i \oplus B_i)C_{i-1} + A_i B_i =$$
$$\overline{\overline{(A_i \oplus B_i)C_{i-1}} \cdot \overline{A_i B_i}}$$

根据以上逻辑表达式可以画出用异或门和与非门实现的全加器的逻辑图,如图 9.5(a) 所示,图 9.5(b) 所示是全加器的逻辑符号。

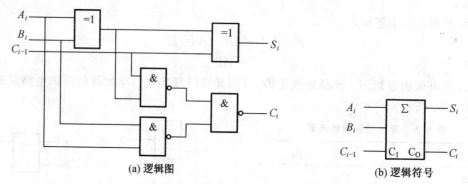

图 9.5 全加器的逻辑图及逻辑符号

3. 多位二进制加法器

若两个多位二进制数相加,可采用并行相加串行进位的方式来完成。把多个 1 位全加器串联起来,低位全加器的进位输出连接到相邻的高位全加器的进位输入。图 9.6 所示是 4 位串行进位加法器。中规模集成 4 位加法器 74LS83 就是串行进位加法器。

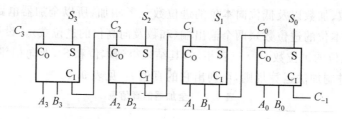

图 9.6 4 位串行进位加法器

9.2.2 数值比较器

用来完成两个二进制数的大小比较的逻辑电路称为数值比较器,简称比较器。

1. 一位数值比较器

A 和 B 是待比较的两个一位二进制数,它们的比较结果有 $A>B$、$A<B$、$A=B$ 三种,分别用变量 $F_{A>B}$、$F_{A<B}$、$F_{A=B}$ 来表示。设 $A>B$ 时 $F_{A>B}=1$,$A<B$ 时 $F_{A<B}=1$,$A=B$ 时 $F_{A=B}=1$,得 1 位数值比较器的真值表,见表 9.5。

由真值表写出各输出变量的逻辑表达式为

$$\begin{cases} F_{A>B} = A\overline{B} \\ F_{A<B} = \overline{A}B \\ F_{A=B} = \overline{A}\overline{B} + AB = \overline{\overline{A}B + A\overline{B}} \end{cases}$$

根据表达式可画出一位比较器的逻辑电路,如图 9.7 所示。

表 9.5　一位数值比较器的真值表

A	B	$F_{A>B}$	$F_{A<B}$	$F_{A=B}$
0	0	0	0	1
0	1	0	1	0
1	0	1	0	0
1	1	0	0	1

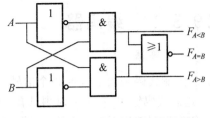

图 9.7　一位数值比较器的逻辑电路

2. 多位数值比较器

多位二进制数值比较，是逐位进行比较的，通常先从高位开始比较对应位的值。例如，比较两个四位二进制数 $A=A_3A_2A_1A_0$ 和 $B=B_3B_2B_1B_0$，先比较最高位，若 $A_3>B_3$，不论其余位数值如何，则可确定 $A>B$；若 $A_3<B_3$ 则可确定 $A<B$；若 $A_3=B_3$，则需继续比较 A_2、B_2 来决定 A 和 B 的大小。以此类推，直到得出比较结果。

图 9.8 给出了集成 4 位二进制数值比较器 74LS85 和 CC14585 的引脚图。

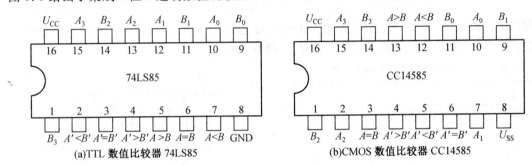

图 9.8　集成 4 位数值比较器 74LSS85 和 CC14585 的引脚图

图 9.8 中的 $A'<B'$、$A'>B'$、$A'=B'$ 是低位数的比较结果输入端。设置低位比较结果输入端是为了当数值超过四位时，多片比较器之间级联使用，用于扩展比较器的位数，如 2 片 4 位二进制数值比较器 74LS85 串联扩展成 8 位比较器的电路连接如图 9.9 所示。将低位片比较器的输出端 $A<B$、$A>B$、$A=B$ 分别对应与高位片比较器的扩展输入端 $A'<B'$、$A'>B'$、$A'=B'$ 相连接。而最高位片比较器的输出端作为全部 8 位数值比较的结果。最低位片的级联输入端 $A'<B'$、$A'>B'$、$A'=B'$ 必须预先分别预置为 0、0、1。

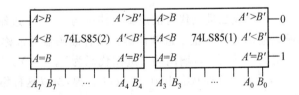

图 9.9　由 2 片 4 位比较器扩展成 8 位比较器的电路连接图

9.3　编码器和译码器

在数字系统中，用二进制代码的各种组合来表示具有某种特定含义的输入信号称为编码。实现编码功能的电路称为编码器。

9.3.1 编码器

1. 二进制编码器

用 n 位二进制代码来表示 $N=2^n$ 个信号的电路称为二进制编码器。n 位二进制编码器有 2^n 个输入信号,n 位二进制代码输出,在某一时刻只有一个输入信号被转换为 n 位二进制代码。

例如3位二进制编码器有8个输入信号,3位二进制代码输出,所以通常称为8线—3线编码器。8线—3线编码器是把8个输入信号 $I_0 \sim I_7$ 编成对应的3位二进制代码输出,若分别用 000~111 表示 $I_0 \sim I_7$,输出的二进制代码为 Y_2、Y_1、Y_0,其真值表见表9.6。

若用与非门实现8线—3线编码器,由真值表得到各个输出的逻辑表达式,并转换为与非形式,即

$$\begin{cases} Y_2 = I_4 + I_5 + I_6 + I_7 = \overline{\overline{I_4}\,\overline{I_5}\,\overline{I_6}\,\overline{I_7}} \\ Y_1 = I_2 + I_3 + I_6 + I_7 = \overline{\overline{I_2}\,\overline{I_3}\,\overline{I_6}\,\overline{I_7}} \\ Y_0 = I_1 + I_3 + I_5 + I_7 = \overline{\overline{I_1}\,\overline{I_3}\,\overline{I_5}\,\overline{I_7}} \end{cases}$$

根据以上逻辑表达式可以画出3位二进制编码器的逻辑图,如图9.10所示。图中 I_0 的编码是隐含着的,即当 $I_0 \sim I_7$ 均为0时,编码器的输出就是 I_0 的编码000。

表9.6 3位二进制编码器的真值表

输入	输出		
I	Y_2	Y_1	Y_0
I_0	0	0	0
I_1	0	0	1
I_2	0	1	0
I_3	0	1	1
I_4	1	0	0
I_5	1	0	1
I_6	1	1	0
I_7	1	1	1

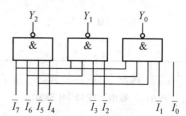

图9.10 3位二进制编码器的逻辑图

2. 二—十进制编码器

将十进制的10个数码 0~9 编成二进制代码的逻辑电路称为二—十进制编码器。因为输入有10个数码,要求有10种状态,所以输出需用4位二进制代码。这种编码器通常称为10线—4线编码器。

设输入的10个数码分别用 $I_0 \sim I_9$ 表示,输出的二进制代码为 Y_3、Y_2、Y_1、Y_0,通常按8421BCD码分别用 0000~1001 表示 $I_0 \sim I_9$,后面的6种状态 1010~1111 去掉,所以这种编码器又称为8421BCD码编码器。其真值表见表9.7。

由真值表得到各个输出的逻辑表达式为

$$\begin{cases} Y_3 = I_8 + I_9 = \overline{\overline{I_8}\,\overline{I_9}} \\ Y_2 = I_4 + I_5 + I_6 + I_7 = \overline{\overline{I_4}\,\overline{I_5}\,\overline{I_6}\,\overline{I_7}} \\ Y_1 = I_2 + I_3 + I_6 + I_7 = \overline{\overline{I_2}\,\overline{I_3}\,\overline{I_6}\,\overline{I_7}} \\ Y_0 = I_1 + I_3 + I_5 + I_7 + I_9 = \overline{\overline{I_1}\,\overline{I_3}\,\overline{I_5}\,\overline{I_7}\,\overline{I_9}} \end{cases}$$

根据以上逻辑表达式可以画出二—十进制编码器的逻辑图,如图 9.11 所示。图中 I_0 的编码也是隐含的,即当 $I_0 \sim I_9$ 均为 0 时,编码器的输出就是 I_0 的编码 0000。

以上两种编码电路要求任何时刻只允许一个输入端输入有效电平,其余输入端输入无效电平,即在同一时刻只允许一个输入端请求编码。否则,电路不能正常工作,编码将发生紊乱。实际应用中,有时存在两个以上的输入信号同时输入,要求输出不发生紊乱,而且能对同时输入信号中优先级别最高的信号进行编码,能完成这种逻辑功能的电路称为优先编码器。74LS148 就是集成 8 线—3 线优先编码器,利用多片 74LS148 可以扩展编码器。

表 9.7 8421BCD 码编码器的真值表

输入	输出			
I	Y_3	Y_2	Y_1	Y_0
0(I_0)	0	0	0	0
1(I_1)	0	0	0	1
2(I_2)	0	0	1	0
3(I_3)	0	0	1	1
4(I_4)	0	1	0	0
5(I_5)	0	1	0	1
6(I_6)	0	1	1	0
7(I_7)	0	1	1	1
8(I_8)	1	0	0	0
9(I_9)	1	0	0	1

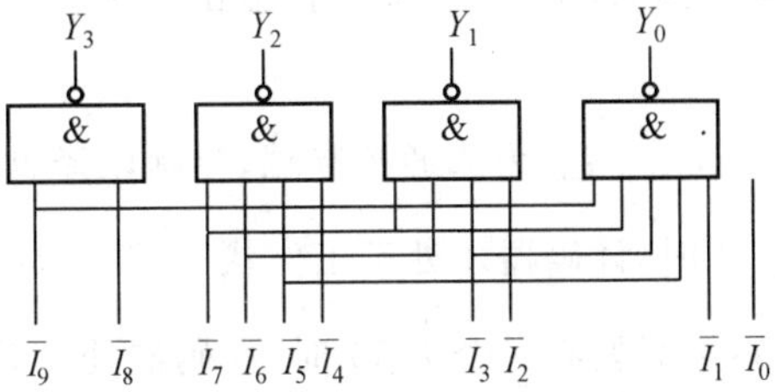

图 9.11 8421BCD 码编码器的逻辑电路图

9.3.2 译码器

编码是用二进制代码的各种组合来表示具有某种特定含义的输入信号,而把代码所表示的特定含义翻译出来则称为译码,译码是编码的逆过程。实现译码功能的电路称为译码器。

译码器可分为三种类型:一种是将输入的代码转换成与之一一对应的有效信号,称为二进制译码器。一种是将输入的代码转换成另一种代码,称为代码变换器,如二—十进制译码器。还有一种是将代表数字、文字或符号的代码译成特定的显示代码,驱动各种显示器件,直接显示成十进制数字或其他符号,称为显示译码器。

1. 二进制译码器

设二进制译码器的输入端为 n 个,则输出端为 $N=2^n$ 个,且对应于输入代码的每一种状态,2^n 个输出中只有一个为 1(或为 0),其余全为 0(或为 1)。两位二进制译码器有 2 根输入线,4 根输出线,故又称为 2 线—4 线译码器;3 位二进制译码器有 3 根输入线,8 根输出线,故又称为 3 线—8 线译码器。

常用的集成译码器 74LS138 是 3 线—8 线译码器。图 9.12 给出了其引脚排列图和逻辑功能示意图。A_2、A_1、A_0 为二进制代码输入端,$\bar{Y}_0 \sim \bar{Y}_7$ 为译码输出端(低电平有效),G_1、$\bar{G}_{2A}$、$\bar{G}_{2B}$ 为选通控制端。

表 9.8 是 74LS138 的功能表。输出端的逻辑函数表达式(当 $G_1=1$、$\bar{G}_{2A}+\bar{G}_{2B}=0$ 时)为

$$\begin{cases} \overline{Y}_0 = \overline{\overline{A}_2 \overline{A}_1 \overline{A}_0} \\ \overline{Y}_1 = \overline{\overline{A}_2 \overline{A}_1 A_0} \\ \overline{Y}_2 = \overline{\overline{A}_2 A_1 \overline{A}_0} \\ \overline{Y}_3 = \overline{\overline{A}_2 A_1 A_0} \end{cases} \begin{cases} \overline{Y}_4 = \overline{A_2 \overline{A}_1 \overline{A}_0} \\ \overline{Y}_5 = \overline{A_2 \overline{A}_1 A_0} \\ \overline{Y}_6 = \overline{A_2 A_1 \overline{A}_0} \\ \overline{Y}_7 = \overline{A_2 A_1 A_0} \end{cases}$$

分析该功能表可知:

(1) 译码输出端 $\overline{Y}_0 \sim \overline{Y}_7$ 低电平有效:当输入二进制代码 $A_2 A_1 A_0 = 000$ 时,输出端 $\overline{Y}_0 = 0$,其他输出端输出为 1;当 $A_2 A_1 A_0 = 001$ 时,输出端 $\overline{Y}_1 = 0$,其他输出端为 1……当 $A_2 A_1 A_0 = 111$ 时,输出端 $\overline{Y}_7 = 0$。

(2) G_1、$\overline{G}_{2A}$、$\overline{G}_{2B}$ 为选通控制端,控制该译码器能否进行工作。只有当 $G_1 = 1$,$\overline{G}_{2A} + \overline{G}_{2B} = 0$($\overline{G}_{2A}$ 和 $\overline{G}_{2B}$ 均为 0)时,译码器才处于工作状态,输出端的状态由输入变量 $A_2 A_1 A_0$ 决定;当 $G_1 = 0$,$\overline{G}_{2A} + \overline{G}_{2B} = 1$($\overline{G}_{2A}$ 和 $\overline{G}_{2B}$ 只要有一个为 1)时,译码器处于禁止状态,无论输入端状态如何,均不会对其进行译码。

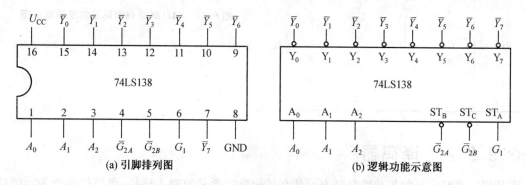

图 9.12 74LS138 的引脚排列图和逻辑功能示意图

表 9.8 74LS138 的功能表

输入						输出							
使能			选择										
G_1	$\overline{G}_{2A}$	$\overline{G}_{2B}$	A_2	A_1	A_0	$\overline{Y}_0$	$\overline{Y}_1$	$\overline{Y}_2$	$\overline{Y}_3$	$\overline{Y}_4$	$\overline{Y}_5$	$\overline{Y}_6$	$\overline{Y}_7$
0	×	×	×	×	×	1	1	1	1	1	1	1	1
×	1	×	×	×	×	1	1	1	1	1	1	1	1
×	×	1	×	×	×	1	1	1	1	1	1	1	1
1	0	0	0	0	0	0	1	1	1	1	1	1	1
1	0	0	0	0	1	1	0	1	1	1	1	1	1
1	0	0	0	1	0	1	1	0	1	1	1	1	1
1	0	0	0	1	1	1	1	1	0	1	1	1	1
1	0	0	1	0	0	1	1	1	1	0	1	1	1
1	0	0	1	0	1	1	1	1	1	1	0	1	1
1	0	0	1	1	0	1	1	1	1	1	1	0	1
1	0	0	1	1	1	1	1	1	1	1	1	1	0

选通控制端可用来扩展译码器的输入,如用两片 3 线—8 线译码器 74LS138 可以扩展成 4 线—16 线译码电路。4 线—16 线译码电路要对 4 位二进制代码实现译码,故需 4 个输入端,16 个输出端,一片

74LS138 只有 3 个输入端、8 个输出端，故用两片来进行扩展。

若输入二进制代码 $A_3A_2A_1A_0 = 0000 \sim 0111$ 时，低位片译码，输出为 $\overline{Y}_0 \sim \overline{Y}_7$；当 $A_3A_2A_1A_0 = 1000 \sim 1111$ 时，高位片译码，输出为 $\overline{Y}_8 \sim \overline{Y}_{15}$。可以用 A_3 来控制片工作，当 $A_3=0$ 时，低位片工作，当 $A_3=1$ 时，高位片工作。具体连线图如图 9.13 所示，低位片的 G_1 接的是逻辑 1，$\overline{G}_{2A}$ 接的是 A_3；高位片的 G_1 接的是 A_3。

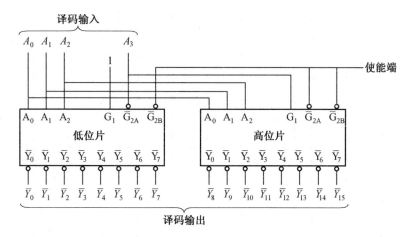

图 9.13 两片 3 线—8 线译码器 74LS138 扩展成 4 线—16 线译码电路连线图

2. 二—十进制译码器

将 BCD 码变换成相对应的 10 个十进制数字信号输出的电路称为二—十进制译码器。二—十进制译码器的输入是十进制数的 4 位二进制编码（如余 3 码或 8421BCD 码），分别用 A_3、A_2、A_1、A_0 表示；输出的是与 10 个十进制数字相对应的 10 个信号，用 $Y_0 \sim Y_9$ 表示。由于二—十进制译码器有 4 根输入线，10 根输出线，所以又称为 4 线—10 线译码器。

常用的二—十进制译码器 74LS42 的引脚排列图和逻辑功能示意图如图 9.14 所示。输出为反变量，即为低电平有效，并且采用完全译码方案。

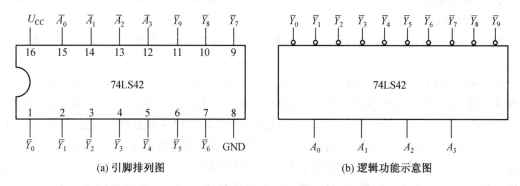

图 9.14 74LS42 的引脚排列图和逻辑功能示意图

74LS42 的真值表见表 9.9，输出端的逻辑函数表达式为

$$\overline{Y}_0 = \overline{\overline{A}_3\overline{A}_2\overline{A}_1\overline{A}_0}, \overline{Y}_1 = \overline{\overline{A}_3\overline{A}_2\overline{A}_1 A_0}, \overline{Y}_2 = \overline{\overline{A}_3\overline{A}_2 A_1\overline{A}_0}, \overline{Y}_3 = \overline{\overline{A}_3\overline{A}_2 A_1 A_0}, \overline{Y}_4 = \overline{\overline{A}_3 A_2\overline{A}_1\overline{A}_0}$$

$$\overline{Y}_5 = \overline{\overline{A}_3 A_2\overline{A}_1 A_0}, \overline{Y}_6 = \overline{\overline{A}_3 A_2 A_1\overline{A}_0}, \overline{Y}_7 = \overline{\overline{A}_3 A_2 A_1 A_0}, \overline{Y}_8 = \overline{A_3\overline{A}_2\overline{A}_1\overline{A}_0}, \overline{Y}_9 = \overline{A_3\overline{A}_2\overline{A}_1 A_0}$$

分析真值表可知：74LS42 译码器是将 8421BCD 码对应转换成十进制的十个数码信号，输出低电平有效，译中输出 0，否则为 1。当输入无效代码时，输出全为 1，电路具有自动识别伪码输入的功能。没有使能端，每 4 位分别独立译码，无需扩展位数。

表 9.9　74LS42 的真值表

序号	输入				输出									
	A_3	A_2	A_1	A_0	$\bar{Y}_0$	$\bar{Y}_1$	$\bar{Y}_2$	$\bar{Y}_3$	$\bar{Y}_4$	$\bar{Y}_5$	$\bar{Y}_6$	$\bar{Y}_7$	$\bar{Y}_8$	$\bar{Y}_9$
0	0	0	0	0	0	1	1	1	1	1	1	1	1	1
1	0	0	0	1	1	0	1	1	1	1	1	1	1	1
2	0	0	1	0	1	1	0	1	1	1	1	1	1	1
3	0	0	1	1	1	1	1	0	1	1	1	1	1	1
4	0	1	0	0	1	1	1	1	0	1	1	1	1	1
5	0	1	0	1	1	1	1	1	1	0	1	1	1	1
6	0	1	1	0	1	1	1	1	1	1	0	1	1	1
7	0	1	1	1	1	1	1	1	1	1	1	0	1	1
8	1	0	0	0	1	1	1	1	1	1	1	1	0	1
9	1	0	0	1	1	1	1	1	1	1	1	1	1	0
无效输入	1	0	1	0	1	1	1	1	1	1	1	1	1	1
	1	0	1	1	1	1	1	1	1	1	1	1	1	1
	1	1	0	0	1	1	1	1	1	1	1	1	1	1
	1	1	0	1	1	1	1	1	1	1	1	1	1	1
	1	1	1	0	1	1	1	1	1	1	1	1	1	1
	1	1	1	1	1	1	1	1	1	1	1	1	1	1

3. 显示译码器

用来驱动各种显示器件,从而将用二进制代码表示的数字、文字、符号翻译成人们习惯的形式直观地显示出来的电路,称为显示译码器。

显示器件的种类很多,最常用的是发光二极管显示器(LED)和液晶显示器(LCD)。LED 主要用于显示数字和字母,LCD 可以显示数字、字母、文字和图形等。下面介绍七段数码显示器及能驱动这种显示器的七段显示译码器。

(1) 七段数码显示器

七段数码显示器又称为七段数码管,根据发光材料的不同又分为半导体数码管、荧光数码管、液晶数码管等。

半导体数码管是用 7 个发光二极管(LED)组成的 7 段显示器件。当外加正向电压时,LED 可以将电能转换成光能,从而发出清晰悦目的光线,利用发光各段可组成不同的数字。半导体数码管的外形结构及连接示意图如图 9.15 所示。图 9.15(a)所示是 7 段半导体数码管外形结构示意图;图 9.15(b)所示是将 7 个 LED 的阴极连接在一起,并经过限流电阻 R 接地,这称为共阴极接法;图 9.15(c)是将 7 个 LED 的阳极连接在一起,并经限流电阻 R 接电源,这称为共阳极接法。

译码器输出高电平驱动显示器,则显示器应选共阴极接法;反之,应选择共阳极接法。

(2) 七段显示译码器

七段式数码管是利用不同的发光段组合的方式显示不同的数码。因此,为了使数码管能将数码所代表的数显示出来,必须将数码经译码器译出,然后经驱动器点亮对应的段。以共阴极显示器为例,若 a、c、d、f、g 各段接高电平,则对应的各段点亮,显示十进制数 5;若 b、c、f、g 各段接高电平,则显示十进制数 4。可见,对应于某一数码,译码器应有确定的几个输出端有信号输出。

常用的七段显示译码器 74LS48 的引脚排列如图 9.16 所示。74LS48 七段显示译码器输出高电平有效,应选择驱动共阴极显示器。它将 8421BCD 码译成 a、b、c、d、e、f、g 七个信号输出并驱动七段数码管,

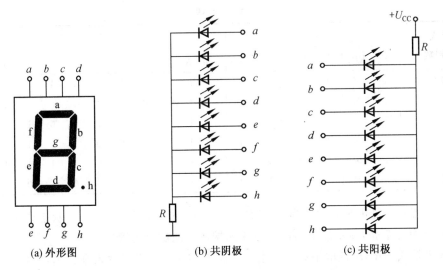

(a) 外形图　　(b) 共阴极　　(c) 共阳极

图 9.15　半导体数码管的外形结构及连接示意图

同时还具有消隐和试灯的辅助功能。

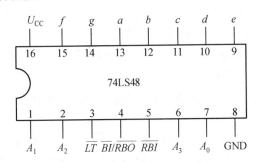

图 9.16　74LS48 的引脚排列图

74LS48 的功能表见表 9.10。由功能表可以看出，为了增强器件的功能，在 74LS48 中还设置了一些辅助端，这些辅助端的功能如下：

表 9.10　74LS48 的功能表

功能或十进制数	输入						输出							显示字形
	$\overline{LT}$	$\overline{RBI}$	A_3	A_2	A_1	A_0	$\overline{BI}/\overline{RBO}$	a	b	c	d	e	f	g	
$\overline{BI}/\overline{RBO}$(灭灯)	×	×	×	×	×	×	0(输入)	0	0	0	0	0	0	0	全暗
$\overline{LT}$(试灯)	0	×	×	×	×	×	1	1	1	1	1	1	1	1	8
$\overline{RBI}$(动态灭零)	1	0	0	0	0	0	0	0	0	0	0	0	0	0	全暗
0	1	1	0	0	0	0	1	1	1	1	1	1	1	0	0
1	1	×	0	0	0	1	1	0	1	1	0	0	0	0	1
2	1	×	0	0	1	0	1	1	1	0	1	1	0	1	2
3	1	×	0	0	1	1	1	1	1	1	1	0	0	1	3
4	1	×	0	1	0	0	1	0	1	1	0	0	1	1	4
5	1	×	0	1	0	1	1	1	0	1	1	0	1	1	5
6	1	×	0	1	1	0	1	0	0	1	1	1	1	1	6
7	1	×	0	1	1	1	1	1	1	1	0	0	0	0	7
8	1	×	1	0	0	0	1	1	1	1	1	1	1	1	8
9	1	×	1	0	0	1	1	1	1	1	0	0	1	1	9

续表 9.10

功能或十进制数	输入						输出								显示字形
	$\overline{LT}$	$\overline{RBI}$	A_3	A_2	A_1	A_0	$\overline{BI}/\overline{RBO}$	a	b	c	d	e	f	g	
10	1	×	1	0	1	0	1	0	0	0	1	1	0	1	⊏
11	1	×	1	0	1	1	1	0	0	1	1	0	0	1	⊐
12	1	×	1	1	0	0	1	0	1	0	0	0	1	1	⊏
13	1	×	1	1	0	1	1	1	0	0	1	0	1	1	⊏
14	1	×	1	1	1	0	1	0	0	0	1	1	1	1	ヒ
15	1	×	1	1	1	1	1	0	0	0	0	0	0	0	全暗

① 试灯输入端 $\overline{LT}$：低电平有效。当 $\overline{BI}/\overline{RBO}=1$、$\overline{LT}=0$ 时，不论 $A_3 \sim A_0$ 状态如何，输出 $a \sim g$ 均为 1，数码管的七段应全亮，显示数字"8"。本输入端用于测试数码管的好坏。

② 动态灭零输入端 $\overline{RBI}$：低电平有效。当 $\overline{LT}=1$，$\overline{RBI}=0$，且译码输入全为 0，即 $A_3 \sim A_0=0000$ 时，输出 $a \sim g$ 均为 0，该位输出不显示，即 0 字被熄灭；当译码输入不全为 0 时，该位正常显示。本输入端主要是用来熄灭整数部分前面的 0 和小数部分的尾 0。如数据 0093.80 可显示为 93.8。

③ 灭灯输入/动态灭零输出端 $\overline{BI}/\overline{RBO}$：这是一个特殊的引脚，有时用作输入，有时用作输出。本引脚主要用于显示多位数字时，多个译码器之间的连接。

当 $\overline{BI}/\overline{RBO}$ 作为输入使用，且 $\overline{BI}/\overline{RBO}=0$ 时，数码管七段全灭，与译码输入无关。当 $\overline{BI}/\overline{RBO}$ 作为输出使用时，受控于 $\overline{LT}$ 和 $\overline{RBI}$：当 $\overline{LT}=1$，$\overline{RBI}=0$，且 $A_3 \sim A_0=0000$ 时，本片灭 0，$\overline{BI}/\overline{RBO}=0$；在多片译码显示系统中，这个 0 送到另一片七段译码器的 $\overline{RBI}$ 端，可以使这两片的 0 都熄灭。其他情况下 $\overline{BI}/\overline{RBO}=1$。

从功能表可以看出，对输入代码 0000，译码条件是：$\overline{LT}$、$\overline{RBI}$ 同时等于 1，而对其他输入代码则仅要求 $\overline{LT}=1$，译码器各段输出的电平是由输入 BCD 码决定的。利用 74LS48 的 $\overline{BI}/\overline{RBO}$ 端和 $\overline{RBI}$ 端，可消去有效数字前后的 0。下面举一个利用 74LS48 实现多位数字译码显示的例子，通过它了解各控制端的意义和用法。

【例 9.3】 设计一个能显示 6 位有效数字的显示系统，整数部分 4 位，小数部分 2 位。要求能灭掉整数部分前面的 0 和小数部分的尾 0，但小数点前后一位的数字 0 必须显示。

解 要能显示 6 位数字，需要 6 个数码管，由 6 个 74LS48 译码器驱动，各片 74LS48 的 $\overline{LT}$ 端均接高电平。

因为整数部分前面的 0 要能灭掉，所以整数部分最高位的 $\overline{RBI}=0$，当最高位的输入是 0000，相应的字形 0 熄灭，同时输出 $\overline{RBO}=0$。最高位的 $\overline{RBO}$ 要和次高位的 $\overline{RBI}$ 连接，这样，当最高位灭 0 时，次高位若输入的是 0000，相应的字形 0 也会被灭掉，按此方法依次连接，这样直到第一个数字不是 0 时才显示。

小数部分的尾 0 要能灭掉，小数部分最低位的 $\overline{RBI}=0$，$\overline{RBO}$ 依次与相邻高位的 $\overline{RBI}$ 连接。

小数点前后一位的数字 0 必须显示，故小数点前后一位的 $\overline{RBI}=1$。连接图如图 9.17 所示。

例如从左到右译码器的输入为 0000、0000、1001、0011、1000、0000，第 1 片、第 2 片、第 6 片的译码器工作在灭零状态，故相应 3 位输入的"0"被熄灭，显示系统显示的是 93.8，这样既看起来清晰，又减少功耗。

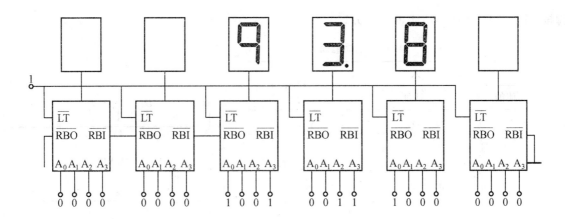

图 9.17 利用 74LS48 实现多位数字译码显示的连接图

9.4 数据选择器和数据分配器

9.4.1 数据选择器

数据选择器是指把多个通道的输入数据，根据地址控制信号，选择其中一个通道的数据送到输出端的逻辑电路。

输入端有 2^n 个数据源，则要求有 n 位地址码产生 2^n 个地址信号控制。地址码的不同取值组合对应选择不同的数据送到公共数据输出端。如 4 选 1 数据选择器需要 2 位地址码，8 选 1 数据选择器需要 3 位地址码。

1. 4 选 1 数据选择器

4 选 1 数据选择器有 4 个数据输入信号 $D_0 \sim D_3$，两个地址控制信号 A_1 和 A_0，一个输出信号 Y。图 9.18 所示是集成双 4 选 1 数据选择器 74LS153 的引脚排列图。74LS153 包含两个 4 选 1 数据选择器，共用地址控制信号 $A_1 A_0$，因而可利用 1 片 74LS153 实现 4 路 2 位的二进制信息传送。$\overline{S}$ 为选通控制端，低电平有效，当 $\overline{S} = 1$ 时，选择器被禁止，输出 $Y = 0$；当 $\overline{S} = 0$ 时，选择器被选中，由 $A_1 A_0$ 决定选择哪一路数据输出。74LS153 的功能表见表 9.11。

当 $\overline{S} = 0$ 时，由功能表得到输出 Y 的逻辑表达式为

$$Y = D_0 \overline{A}_1 \overline{A}_0 + D_1 \overline{A}_1 A_0 + D_2 A_1 \overline{A}_0 + D_3 A_1 A_0$$

表 9.11 74LS153 的功能表

输入				输出
$\overline{S}$	D	A_1	A_0	Y
1	×	×	×	0
0	D_0	0	0	D_0
0	D_1	0	1	D_1
0	D_2	1	0	D_2
0	D_3	1	1	D_3

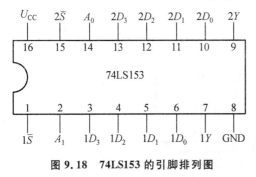

图 9.18 74LS153 的引脚排列图

2. 8 选 1 数据选择器

74LS151 是集成 8 选 1 数据选择器，它有 3 个地址输入端 $A_2 A_1 A_0$，可选择 $D_0 \sim D_7$ 8 个数据中的一个，具有两个互补输出端 Y 和 $\overline{Y}$，1 个选通控制端 $\overline{S}$。图 9.19 所示是集成 8 选 1 数据选择器 74LS151 的

引脚排列图。74LS151 的功能表见表 9.12。

表 9.12 74LS151 的功能表

输入				输出	
使能	地址				
$\overline{S}$	A_2	A_1	A_0	Y	$\overline{Y}$
1	×	×	×	0	1
0	0	0	0	D_0	$\overline{D}_0$
0	0	0	1	D_1	$\overline{D}_1$
0	0	1	0	D_2	$\overline{D}_2$
0	0	1	1	D_3	$\overline{D}_3$
0	1	0	0	D_4	$\overline{D}_4$
0	1	0	1	D_5	$\overline{D}_5$
0	1	1	0	D_6	$\overline{D}_6$
0	1	1	1	D_7	$\overline{D}_7$

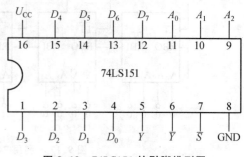

图 9.19 74LS151 的引脚排列图

$\overline{S}=1$ 时，选择器被禁止，无论地址码是什么，总有 $Y=0$、$\overline{Y}=1$。当 $\overline{S}=0$ 时，选择器被选中，由 $A_2 A_1 A_0$ 决定选择哪一路数据输出，有

$$Y = D_0\overline{A}_2\overline{A}_1\overline{A}_0 + D_1\overline{A}_2\overline{A}_1 A_0 + \cdots + D_7 A_2 A_1 A_0$$

$$\overline{Y} = \overline{D}_0\overline{A}_2\overline{A}_1\overline{A}_0 + \overline{D}_1\overline{A}_2\overline{A}_1 A_0 + \cdots + \overline{D}_7 A_2 A_1 A_0$$

当一片集成数据选择器通道数不够用时，可以增加数据选择器，把数据选择器的使能端作为地址码输入。

【例 9.4】 试用 8 选 1 数据选择器 74LS151 构成 16 选 1 数据选择器。

解 74LS151 是 8 选 1 数据选择器，要用两片才能构成 16 选 1 数据选择器。当地址码是 0000～0111 时，希望第一片工作，第一片数据输入端对应输入的是 $D_0 \sim D_7$；当地址码是 1000～1111 时，希望第二片工作，第二片的数据输入端对应输入的是 $D_8 \sim D_{15}$。即当地址码最高位是 0 时，第一片工作，地址码最高位是 1 时，第二片工作，因此只要把地址码最高位 A_3 送到第一片，经过非门送到第二片，即可使两片接替工作。具体连接图如图 9.20 所示。

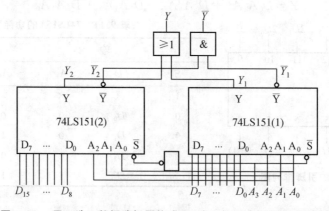

图 9.20 用 8 选 1 数据选择器构成 16 选 1 数据选择器电路连接图

地址码低三位 $A_2 \sim A_0$ 分别对应送到两片 74LS151 的地址输入端，两片的输出通过一个或门作为扩展后的输出端。如地址码 $A_3 A_2 A_1 A_0 = 1100$ 时，$A_3 = 1$，第一片不工作，输出 $Y_1 = 0$，$\overline{A}_3 = 0$，第二片工

作,输出第二片的 D_4,第二片 D_4 端输入的数据是 D_{12},所以输出的数据是 $Y_{12}=D_{12}$;$Y=Y_1+Y_2=D_{12}$。

9.4.2 数据分配器

数据分配器的功能与数据选择器正好相反,它有一个数据输入端和多个数据输出端,在地址信号的控制下,将输入端的数据分配到某一个通道上去,能实现此功能的电路称为数据分配器。

如将译码器的使能端作为数据输入端,二进制代码输入端作为地址信号输入端使用,则译码器便成为一个数据分配器。

带使能端的 3 线—8 线译码器可作为 8 路分配器使用。图 9.21 所示是用 74LS138 作为数据分配器使用时的逻辑原理图。

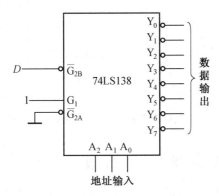

图 9.21　3 线—8 线译码器 74LS138 构成 8 路数据分配器接线原理图

9.5　用集成逻辑电路实现组合逻辑电路

随着 MSI(中规模集成电路)的不断发展,使得许多组合逻辑电路可方便地直接使用现成的 MSI 来实现。目前使用较多的 MSI 芯片有译码器、数据选择器和全加器等。

9.5.1　用全加器实现组合逻辑电路

用全加器方便实现代码转换和 BCD 码加法运算等组合逻辑电路。

当用全加器实现两种 BCD 码之间的转换电路时,首先要分析两种 BCD 码之间的关系,找出它们之间的转换规律。下面以 8421BCD 码转换成余 3 码为例,说明用全加器实现代码转换的方法。

【例 9.5】　试用全加器设计一个将 8421BCD 码转换成余 3 码的代码转换电路。

解　(1)分析题意,列出输入为 8421BCD 码、输出为余 3 码的真值表,真值表见表 9.13。

表 9.13　8421BCD 码转换成余 3 码的真值表

输		入		输		出	
A_3	A_2	A_1	A_0	Y_3	Y_2	Y_1	Y_0
0	0	0	0	0	0	1	1
0	0	0	1	0	1	0	0
0	0	1	0	0	1	0	1
0	0	1	1	0	1	1	0
0	1	0	0	0	1	1	1
0	1	0	1	1	0	0	0
0	1	1	0	1	0	0	1
0	1	1	1	1	0	1	0
1	0	0	0	1	0	1	1
1	0	0	1	1	1	0	0

(2) 分析真值表,找出这两种代码之间的关系。

分析真值表发现,8421BCD 码 $A_3A_2A_1A_0$ 加上 3(0011) 就是相应的余 3 码,即
$$Y_3Y_2Y_1Y_0 = A_3A_2A_1A_0 + 0011$$

(3) 选择 74LS283 四位二进制全加器 MSI 芯片来实现四位加法运算。被加数输入 8421BCD 码,加数输入 0011,进位输入 0,则全加器的输出就是余 3 码,实现了将 8421BCD 码转换成余 3 码的逻辑功能。

(4) 画出连线图,如图 9.22 所示。

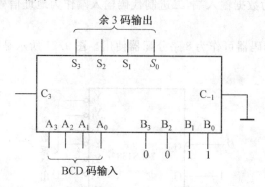

图 9.22　用全加器实现 8421BCD 码转换成余 3 码的电路图

9.5.2　译码器实现逻辑函数

前面分析得出 3 线—8 线译码器 74LS138 的输出函数表达式为

$$\overline{Y}_0 = \overline{\overline{A}_2\overline{A}_1\overline{A}_0} = \overline{m}_0 \qquad \overline{Y}_4 = \overline{A_2\overline{A}_1\overline{A}_0} = \overline{m}_4$$
$$\overline{Y}_1 = \overline{\overline{A}_2\overline{A}_1A_0} = \overline{m}_1 \qquad \overline{Y}_5 = \overline{A_2\overline{A}_1A_0} = \overline{m}_5$$
$$\overline{Y}_2 = \overline{\overline{A}_2A_1\overline{A}_0} = \overline{m}_2 \qquad \overline{Y}_6 = \overline{A_2A_1\overline{A}_0} = \overline{m}_6$$
$$\overline{Y}_3 = \overline{\overline{A}_2A_1A_0} = \overline{m}_3 \qquad \overline{Y}_7 = \overline{A_2A_1A_0} = \overline{m}_7$$

可见,译码器的每个输出端输出的是与之相对应的输入变量的最小项或最小项的反函数形式。因此根据逻辑函数包含的最小项,将对应输出端通过门电路组合起来,就可以很方便地实现逻辑函数。

【**例 9.6**】　用 3 线—8 线译码器 74LS138 实现逻辑函数 $F = \overline{A}BC + AB\overline{C} + AC$。

解　首先将逻辑函数变换成最小项表达式,有
$$F = \overline{A}BC + AB\overline{C} + AC = \overline{A}BC + AB\overline{C} + A\overline{B}C + ABC$$

只要在译码器的输入端输入 $A_2 = A$、$A_1 = B$、$A_0 = C$,则
$$F = \overline{A}_2A_1A_0 + A_2A_1\overline{A}_0 + A_2\overline{A}_1A_0 + A_2A_1A_0 =$$
$$m_3 + m_6 + m_5 + m_7 = \overline{\overline{m_3}\,\overline{m_6}\,\overline{m_5}\,\overline{m_7}} = \overline{\overline{Y}_3\overline{Y}_5\overline{Y}_6\overline{Y}_7}$$

函数中的最小项可从译码器的输出端获得,将 $\overline{Y}_3$、$\overline{Y}_5$、$\overline{Y}_6$、$\overline{Y}_7$ 四个输出信号经过一个与非门即可实现函数 F。

由 $F = \overline{\overline{Y}_3\overline{Y}_5\overline{Y}_6\overline{Y}_7}$ 画出译码器 74LS138 实现该逻辑函数的电路图,如图 9.23 所示。

从上述例子可归纳出用译码器实现组合逻辑函数的步骤为:

(1) 写出逻辑函数的最小项表达式,根据需要可变换成与或表达式或与非表达式。

(2) 根据函数包含的最小项选择合适的二进制译码器,因为只有二进制译码器的输出端才能产生输入变量的所有最小项,译码器的输入端必须和逻辑函数的变量数相等。

(3) 确定译码器的输入变量,并用译码器的输出表示所实现的逻辑函数。

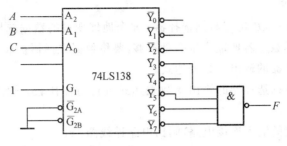

图 9.23 例 9.6 电路图

(4) 按照确定的输入变量和用译码器的输出表示的输出函数的表达式,画出该译码器的电路图。

9.5.3 用数据选择器实现逻辑函数

数据选择器的主要特点是:

① 具有标准与或表达式的形式,即

$$Y = \sum_{i=0}^{2^2-1} D_i m_i$$

② 提供了地址变量的全部最小项。

③ 一般情况下,D_i 可以当作一个变量处理。

因为任何组合逻辑函数总可以用最小项之和的标准形式构成。所以,利用数据选择器的输入 D_i 来选择地址变量组成的最小项 m_i 可以实现任何所需的组合逻辑函数。

n 个地址变量的数据选择器,不需要增加门电路,最多可实现 $n+1$ 个变量的函数。

【例 9.7】 试用 8 选 1 数据选择器 74LS151 实现逻辑函数:$L = \overline{A}BC + \overline{A}B\overline{C} + AB$。

解 (1) 将逻辑函数变换成最小项表达式为

$$L = \overline{A}BC + \overline{A}B\overline{C} + AB = \overline{A}BC + \overline{A}B\overline{C} + AB\overline{C} + ABC = \sum m(1,2,6,7)$$

(2) 列出 8 选 1 数据选择器的逻辑表达式为

$$Y = \overline{A}_2\overline{A}_1\overline{A}_0 D_0 + \overline{A}_2\overline{A}_1 A_0 D_1 + \overline{A}_2 A_1 \overline{A}_0 D_2 + \overline{A}_2 A_1 A_0 D_3 +$$
$$A_2\overline{A}_1\overline{A}_0 D_4 + A_2\overline{A}_1 A_0 D_5 + A_2 A_1 \overline{A}_0 D_6 + A_2 A_1 A_0 D_7$$

(3) 进行比较,确定地址和数据输入端的输入信号,使 $Y = L$。

8 选 1 数据选择器有 3 个地址输入端 A_2、A_1、A_0,使 $A_2 = A$、$A_1 = B$、$A_0 = C$。确定数据输入:函数最小项表达式中出现的最小项对应的数据输入端输入 1,没有出现的最小项对应的数据输入端输入 0,按此原则使 $D_1 = D_2 = D_6 = D_7 = 1$,$D_0 = D_3 = D_4 = D_5 = 0$。这样,$Y = L$。

(4) 画出电路连线图如图 9.24 所示。使能端要置有效电平,即使 $\overline{S} = 0$。

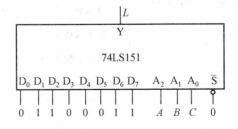

图 9.24 例 9.7 的电路图

综合上述情况,用数据选择器实现组合逻辑电路的步骤可归纳如下:

(1) 写出逻辑函数的最小项表达式。将逻辑函数表达式变换成最小项表达式,或由真值表直接写出逻辑函数的最小项表达式。

（2）根据函数包含的变量数，选定数据选择器。n 个地址变量的数据选择器，不需要增加门电路，最多可实现 $n+1$ 个变量的函数。若地址变量数量不够，要将数据选择器扩展使用或增加门电路。

（3）列出所选数据选择器的输出函数表达式。

（4）将函数表达式和数据选择器的输出函数表达式进行对照比较，确定地址输入端的输入和数据输入端的输入，使两函数相等。

（5）按照上一步中确定的输入连接电路，画出电路连线图。

重点串联

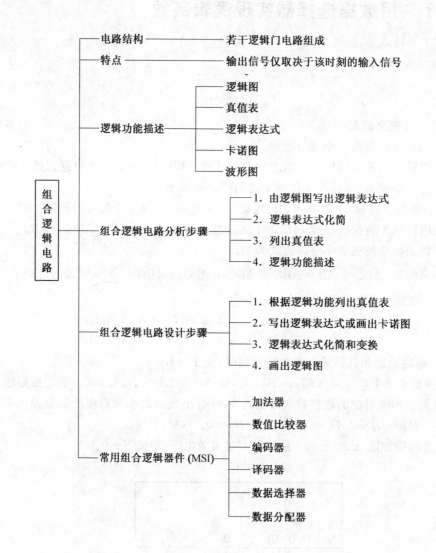

拓展与实训

基础训练

一、选择题

1. 组合逻辑电路的分析是指（　　）。
A. 已知逻辑电路图，求解逻辑表达式的过程
B. 已知真值表，求解逻辑功能的过程
C. 已知逻辑电路图，求解逻辑功能的过程

2. 电路如图 9.25 所示，其输出 F 为（　　）。
A. $F = ABCD$ 　　　B. $F = \overline{AB + CD}$ 　　　C. $\overline{AB} \cdot \overline{CD}$

3. 组合逻辑电路的设计是指（　　）。
A. 已知逻辑要求，求解逻辑表达式并画逻辑电路图的过程
B. 已知逻辑要求，列真值表的过程
C. 已知逻辑图，求解逻辑功能的过程

4. 编码电路和译码电路中，（　　）电路的输出是二进制代码。
A. 编码　　　　　　B. 译码　　　　　　C. 编码和译码

5. 七段数码显示译码电路应有（　　）个输出端。
A. 8 个　　　　　　B. 7 个　　　　　　C. 16 个

6. 译码电路的输入量是（　　）。
A. 二进制　　　　　B. 十进制　　　　　C. 某个特定的输入信号

7. 译码电路的输出量是（　　）。
A. 二进制代码　　　B. 十进制数　　　　C. 某个对应的输出信号

8. 二进制译码器是指（　　）。
A. 将二进制代码转换成某个对应的输出信号
B. 将某个特定的输入信号转换成二进制数
C. 具有以上两种功能

9. 电路如图 9.26 所示，它的逻辑功能为（　　）。
A. 全加器　　　　　B. 半加器　　　　　C. 译码器

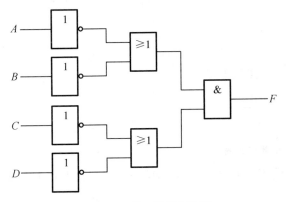

图 9.25　题 2 逻辑电路图

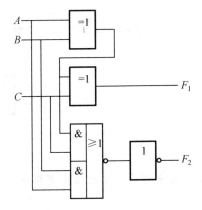

图 9.26　题 9 逻辑电路图

10. 组合逻辑电路的竞争和冒险是指(　　)。
A. 输入信号有干扰时,在输出端产生了干扰脉冲
B. 输入信号改变状态时,输出端可能出现的虚假信号
C. 输入信号不变时,输出端可能出现的虚假信号

11. 在以下各种电路中,属于组合电路的有(　　)。
A. 编码器　　　　B. 触发器　　　　C. 寄存器　　　　D. 数据选择器

12. 在大多数情况下,对于译码器而言(　　)。
A. 其输入端数目少于输出端数目
B. 其输入端数目多于输出端数目
C. 其输入端数目与输出端数目几乎相同

13. 属于组合逻辑电路的部件是(　　)。
A. 编码器　　　　B. 寄存器　　　　C. 触发器　　　　D. 计数器

14. 下面逻辑表达式中,不正确的是(　　)。
A. $\overline{A \oplus B} = AB + \overline{AB}$　　　　　　　　B. $A + BC = (A+B)(A+C)$
C. $\overline{ABC} = \overline{A}\overline{B}\overline{C}$　　　　　　　　D. $\overline{A+B+C} = \overline{A}\overline{B}\overline{C}$

15. 逻辑项 $AB\overline{C}D$ 的相邻项是(　　)。
A. $ABCD$　　　　B. $\overline{A}BCD$　　　　C. $A\overline{B}\overline{C}D$　　　　D. $ABC\overline{D}$

16. 下列触发器,没有约束条件的是(　　)。
A. 基本 RS 触发器　　B. 同步 RS 触发器　　C. 主从 RS 触发器　　D. 边沿 JK 触发器

二、判断题

1. $\overline{ABC}$ 化简为 $A+B+C$。　　　　　　　　　　　　　　　　　　　　　　　　(　　)
2. 只要电路功能正确,就不会有竞争—冒险现象。　　　　　　　　　　　　　　　　(　　)
3. 逻辑门构成的电路一定是组合逻辑电路。　　　　　　　　　　　　　　　　　　　(　　)
4. 组合逻辑电路在结构上由门电路构成且无反馈。　　　　　　　　　　　　　　　　(　　)
5. 组合逻辑电路由各种门电路组合而成,还包含存储信息的记忆元件。　　　　　　　(　　)
6. 可以有多个输入信号同时有效的编码器是优先编码器。　　　　　　　　　　　　　(　　)
7. 3 线—8 线译码器 74LS138,当控制端使其处于不译码状态时,各输出端的状态全为 0。(　　)
8. n 位代码输入的二进制译码器,每输入一组代码时,有输出信号的输出端个数为 n 个。(　　)
9. 4 位二进制译码器,其输出端个数为 16 个。　　　　　　　　　　　　　　　　　　(　　)
10. 4 选 1 数据选择器,地址输入量为 A_1、A_0,数据输入量为 D_3、D_2、D_1、D_0,若输出 $Y=D_2$,则应使地址输入 $A_1A_0=01$。　　　　　　　　　　　　　　　　　　　　　　　　　　　　　　　　(　　)
11. 如图 9.27 所示电路所实现的逻辑功能为异或门。　　　　　　　　　　　　　　　(　　)

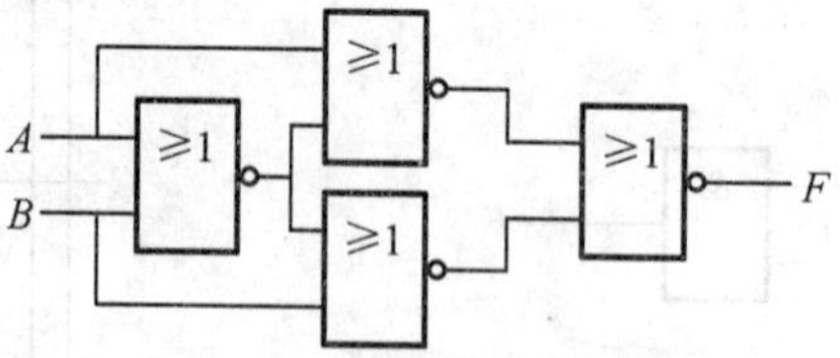

图 9.27　题 11 逻辑电路图

12. 一组合逻辑电路的输出逻辑表达式为 $F_1 = A \oplus B \oplus C$,$F_2 = \overline{A}B + \overline{A}C + BC$,则该电路是一位全加器。　　　　　　　　　　　　　　　　　　　　　　　　　　　　　　　　　　　　(　　)
13. 用译码器设计组合逻辑电路时,需要进行逻辑函数化简。　　　　　　　　　　　(　　)

14. 某逻辑函数的最简表达式为 $F=A\overline{B}+\overline{A}B$,在只提供原变量的条件下,按照该表达式实现的电路共需要的门电路有 3 种类型。( )

15. 某逻辑函数的最简表达式为 $F=A\overline{B}+\overline{A}B$,在只提供原变量的条件下,若用与非门实现,则共需要双输入端与非门电路的个数为 5 个。( )

16. 数据选择器能将并行数据转换成串行数据。( )

17. 优先编码器的输入信号没有约束,可以同时出现多个有效电平,但只对一个优先级高的输入信号进行编码。( )

18. 一位数据比较器,若 A、B 为两个一位数码的变量,当 $A>B$ 时输出 $Y=1$,则输出 Y 的表达式为 $Y=A\overline{B}$。( )

三、设计一个路灯控制电路。要求在 4 个不同的地方都能独立控制路灯的亮和灭。当一个开关动作后灯亮,则另一个开关动作后灯灭。设计一个能实现此逻辑功能的组合逻辑电路。

四、试用 3 线—8 线译码器 74LS138 和门电路实现下面多输出逻辑函数。

$$\begin{cases} Y_1 = AC \\ Y_2 = \overline{A}\overline{B}C + A\overline{B}\overline{C} + BC \\ Y_3 = AB\overline{C} + \overline{B}C \end{cases}$$

> 职业能力训练

实训一　用集成逻辑门设计组合逻辑电路

1.实训目的

(1) 学习查阅资料,根据设计要求选用集成芯片。

(2) 熟悉用集成逻辑门设计组合逻辑电路的方法和调试方法。

2.实训内容

(1) 3 个阀门中必须有两个或两个以上开通时才算工作正常,否则不发出正常信号。试设计一个能发出正常信号的逻辑电路。

(2) 3 个工厂由甲、乙两个变电站供电。如 1 个工厂用电,则由甲站供电;如两个工厂用电,则由乙站供电;如 3 个工厂同时用电,则由甲、乙两个站供电。试设计一个供电控制电路。

3.预习要求

(1) 用最少的门电路实现要求的逻辑功能。

(2) 写出设计过程,画出逻辑电路图,自拟测试调整方法。

(3) 根据数字集成电路手册选择合适的逻辑门电路,并画出安装接线图。

4.实训要求

(1) 测试、记录电路的逻辑功能,并列出真值表,判断设计是否正确。

(2) 自行分析、检测和排除训练中出现的故障。

实训二　用译码器实现组合逻辑功能

1.实训目的

(1) 掌握译码器的功能测试方法。

(2) 熟悉显示译码器的使用。

(3) 熟悉译码器的应用。

2.实训内容

(1) 测试显示译码器的逻辑功能,观察数码显示器的显示情况。

(2) 用 4 线—10 线译码器构成 10 路输出的数据分配器。

(3) 用 3 线—8 线译码器和与非门实现逻辑函数 $Y = A \oplus B \oplus C$。

(4) 用 3 线—8 线译码器和与非门组成一个 1 位二进制全减器。

3. 预习要求

(1) 在上述 4 个训练内容中,自选其中 3 个进行预习。

(2) 写出设计过程,根据数字集成电路手册选择集成译码器和门电路,画出安装接线图。

(3) 自拟测试调整步骤。

4. 实训要求

(1) 测试记录电路的逻辑功能,并列出真值表,判断设计是否正确。

(2) 自行分析、检测和排除训练中出现的故障。

(3) 总结本技能训练的收获、体会。

实训三　用数据选择器实现组合逻辑功能

1. 实训目的

(1) 掌握数据选择器的功能测试方法。

(2) 熟悉数据选择器的应用。

2. 实训内容

(1) 测试 8 选 1 数据选择器的逻辑功能。

(2) 用 8 选 1 数据选择器实现三输入多数表决电路。

(3) 用双 4 选 1 数据选择器和与非门实现一位全加器。

(4) 用数据选择器实现逻辑函数 $Y = AB + BC$。

3. 预习要求

(1) 写出设计过程,画出逻辑图。

(2) 根据数字集成电路手册选择需用的数据选择器,画出安装连线图。

(3) 自拟测试调整步骤。

4. 实训要求

(1) 测试记录电路的逻辑功能,列出真值表,分析设计是否正确。

(2) 自行分析、检测和排除训练中出现的故障。

模块 10
触发器与时序逻辑电路

教学聚集

本模块首先介绍 RS 触发器、JK 触发器、D 触发器的构成和逻辑功能,然后介绍由触发器构成的各种寄存器、计数器的逻辑功能和构成原理,并在寄存器、计数器的介绍过程中引出了时序逻辑电路的分析方法和设计方法。最后介绍集成寄存器、计数器芯片的功能和应用方法。

知识目标

◆掌握常用触发器的工作原理和逻辑功能;
◆掌握寄存器、计数器的工作原理及应用;
◆掌握时序逻辑电路的分析方法与设计方法。

技能目标

◆熟悉各种触发器的逻辑功能;
◆熟悉时序逻辑电路的分析方法。

课时建议

理论教学 8 课时;实训 6 课时。

课堂随笔

组合逻辑电路不具有记忆功能,在任何时刻,电路的稳定输出只取决于同一时刻各输入变量的取值,而与电路以前的状态无关。在数字电路中,往往还需要一种具有记忆功能的电路,这种电路在任何时刻的输出,不仅与该时刻的输入信号有关,而且还与电路原来的状态有关,这样的电路称为时序逻辑电路。典型的时序逻辑电路有寄存器、计数器等。

从时序逻辑电路的特点可知,时序逻辑电路应该而且必须能够将电路的状态存储起来,所以时序逻辑电路一般由组合逻辑电路和存储电路两部分组成,如图10.1所示。

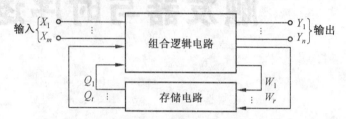

图 10.1 时序逻辑电路的结构图

存储电路通常以触发器为基本单元电路构成。存储电路保存电路现有的状态,作为下一个状态变化的条件,而存储的现有状态又通过反馈通路反馈到时序逻辑电路的输入端,与外部输入信号共同决定时序逻辑电路的状态变化。所以时序逻辑电路中至少要有一条反馈路径。

本模块首先介绍双稳态触发器的工作原理和逻辑功能,然后介绍由双稳态触发器组成的寄存器和计数器。

10.1 双稳态触发器

触发器是具有记忆功能的基本单元电路,是构成时序逻辑电路必不可少的重要组成部分,它能存储 1 位二进制代码。

触发器按工作状态可分为双稳态触发器、单稳态触发器和无稳态触发器。

双稳态触发器按结构可分为基本触发器、同步触发器、主从触发器和边沿触发器。按逻辑功能可分为 RS 触发器、JK 触发器、D 触发器、T 触发器和 T′触发器。

10.1.1 RS 触发器

1. 基本 RS 触发器

(1) 电路结构及逻辑符号

图 10.2(a) 所示是用两个与非门交叉连接起来构成的基本 RS 触发器。图中 $\overline{R}$、$\overline{S}$ 是信号输入端,低电平有效。Q、$\overline{Q}$ 既表示触发器的状态,又是两个互补的信号输出端。通常将 Q 端的状态定义为触发器的状态,即 $Q=0$、$\overline{Q}=1$ 的状态称为 0 状态,$Q=1$、$\overline{Q}=0$ 的状态称为 1 状态。图 10.2(b) 所示是基本 RS 触发器的逻辑符号,方框下面输入端处的小圆圈表示低电平有效。方框上面的两个输出端,无小圆圈的为 Q 端,有小圆圈的为 $\overline{Q}$ 端。在正常工作情况下,Q 和 $\overline{Q}$ 的状态是互补的,即一个为高电平时另一个为低电平,反之亦然。基本 RS 触发器也可以用两个或非门交叉连接起来构成。

(2) 逻辑功能分析

根据图 10.2(a) 可写出基本 RS 触发器输出端的表达式为

$$Q=\overline{\overline{S}\cdot\overline{Q}}$$
$$\overline{Q}=\overline{\overline{R}\cdot Q}$$

下面分四种情况分析基本 RS 触发器输出与输入之间的逻辑关系:

① $\overline{R}=0$、$\overline{S}=1$,触发器置 0。由于 $\overline{R}=0$,不论 Q 为 0 还是 1,都有 $\overline{Q}=1$;再由 $\overline{S}=1$、$\overline{Q}=1$ 可得 $Q=$

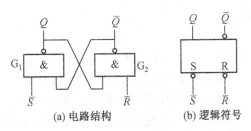

(a) 电路结构   (b) 逻辑符号

图 10.2   基本 RS 触发器的电路结构及逻辑符号

0。即不论触发器原来处于什么状态都将变成 0 状态,这种情况称将触发器置 0 或复位。由于是在 $\bar{R}$ 端加输入信号(负脉冲)将触发器置 0,所以把 $\bar{R}$ 端称为触发器的置 0 端或复位端。

② $\bar{R}=1$、$\bar{S}=0$,触发器置 1。由于 $\bar{S}=0$,不论 $\bar{Q}$ 为 0 还是 1,都有 $Q=1$;再由 $\bar{R}=1$、$Q=1$ 可得 $\bar{Q}=0$。即不论触发器原来处于什么状态都将变成 1 状态。这种情况称将触发器置 1 或置位。由于是在 $\bar{S}$ 端加输入信号(负脉冲)将触发器置 1,所以把 $\bar{S}$ 端称为触发器的置 1 端或置位端。

③ $\bar{R}=\bar{S}=1$,触发器保持原有状态不变。根据与非门的逻辑功能不难推知,当 $\bar{R}=\bar{S}=1$ 时,G_1 门和 G_2 门的打开或封锁仅由互补输出 Q 与 $\bar{Q}$ 的状态决定,显然触发器保持原有状态不变,即原来的状态被触发器存储起来,这体现了触发器具有记忆能力。

④ $\bar{R}=\bar{S}=0$,触发器状态不确定。显然,这种情况下两个与非门的输出端 Q 和 $\bar{Q}$ 全为 1,不符合触发器的逻辑关系。并且由于与非门延迟时间不可能完全相等,在两输入端的 0 信号同时撤除后,将不能确定触发器是处于 1 状态还是 0 状态。所以基本 RS 触发器不允许 $\bar{R}$ 和 $\bar{S}$ 同时为 0,这就是基本 RS 触发器的约束条件,写成 $\bar{R}+\bar{S}=1$。

根据以上分析,可列出基本 RS 触发器的逻辑功能表,见表 10.1。由表 10.1 可知,基本 RS 触发器具有置 0、置 1 和保持(即记忆)三种功能。

表 10.1   基本 RS 触发器的逻辑功能表

$\bar{R}$	$\bar{S}$	Q	功能
0	0	不定	不允许
0	1	0	置 0
1	0	1	置 1
1	1	不变	保持

(3) 基本 RS 触发器的动作特点

综上所述,基本 RS 触发器具有以下特点:

① 触发器的输入信号 $\bar{R}$、$\bar{S}$ 直接加在输出门的输入端,因此,在输入信号的全部作用时间内,它都将直接控制和改变输出端的状态。

② 在稳定状态下两个输出端的状态 Q 和 $\bar{Q}$ 必须是互补关系,正常使用时应满足约束条件。

③ 电路具有两个稳定状态,在无外来触发信号作用时,电路将保持原状态不变。在外加触发信号有效时,电路可以触发翻转,实现置 0 或置 1。

2. 同步 RS 触发器

基本 RS 触发器直接由输入信号控制着输出端 Q 和 $\bar{Q}$ 的状态,不仅使电路的抗干扰能力下降,也不便于多个触发器同步工作。同步 RS 触发器可以克服直接控制的缺点。

(1) 电路结构及逻辑符号

同步 RS 触发器的电路结构如图 10.3(a) 所示,是在基本 RS 触发器的基础上增加了两个控制门 G_3、G_4 和一个输入控制信号 CP,CP 称为时钟脉冲,因此同步 RS 触发器又称为钟控 RS 触发器。同步 RS 触发器的输入信号 R、S 通过控制门 G_3、G_4 进行传送,没有直接加在输出门 G_1、G_2 的输入端。图 10.3(b)

所示为同步 RS 触发器的逻辑符号。

(2)逻辑功能分析

从图 10.3(a)所示电路可知,$CP=0$ 时控制门 G_3、G_4 被封锁,基本 RS 触发器保持原来状态不变。只有当 $CP=1$ 时,控制门被打开,电路才会接收输入信号。且当 $R=0$、$S=1$ 时,触发器置 1;当 $R=1$、$S=0$ 时,触发器置 0;当 $R=S=0$ 时,触发器保持原来状态不变;当 $R=S=1$ 时,触发器的两个输出全为 1,是不允许的。可见,当 $CP=1$ 时同步 RS 触发器的工作情况与基本 RS 触发器没有什么区别,不同的只是由于增加了两个控制门,输入信号 R、S 为高电平有效。所以,两个输入信号端 R 和 S 中,R 仍为置 0 端,S 仍为置 1 端。

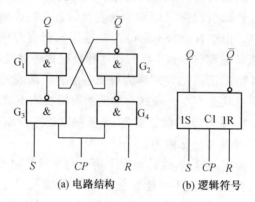

(a) 电路结构　　(b) 逻辑符号

图 10.3　同步 RS 触发器的电路结构及逻辑符号

根据以上分析,可列出同步 RS 触发器的逻辑功能表,见表 10.2。表中 Q^n 表示时钟脉冲 CP 到来之前触发器的状态,称为现态;Q^{n+1} 表示时钟脉冲 CP 到来之后触发器的状态,称为次态。

表 10.2　同步 RS 触发器的逻辑功能表

CP	R	S	Q^{n+1}	功能
0	×	×	Q^n	保持
1	0	0	Q^n	保持
1	0	1	1	置 1
1	1	0	0	置 0
1	1	1	1(不定)	不允许

(3)同步 RS 触发器的动作特点

综上所述,同步 RS 触发器的主要特点有:

① 时钟电平控制。与基本 RS 触发器相比,对触发器状态的转变增加了时间控制,在 $CP=1$ 期间接收输入信号,$CP=0$ 时状态保持不变。这样可使多个触发器在同一个时钟脉冲控制下同步工作,给使用带来了方便。而且由于同步 RS 触发器只在 $CP=1$ 时工作,$CP=0$ 时被禁止,所以抗干扰能力也要比基本 RS 触发器强得多。但在 $CP=1$ 期间,输入信号仍然直接控制着触发器输出端的状态,若 R、S 的状态发生变化,引起触发器两次或多次翻转,产生所谓空翻现象。

② R、S 之间有约束。不允许出现 R 和 S 同时为 1 的情况,否则会使触发器处于不确定的状态,即应满足约束条件 $R \cdot S=0$。

(4)RS 触发器的特性方程

触发器的逻辑功能除用功能表描述外,还通常用特性方程来描述。根据对同步 RS 触发器的逻辑功能分析,将表 10.2 中 $Q^{n+1}=1$ 所对应的 R、S、Q^n 填入卡诺图,如图 10.4 所示。其中 R、S、Q^n 为 110 和 111 是约束项。

由卡诺图化简得 RS 触发器的特性方程为

$$\begin{cases} Q^{n+1} = S + \bar{R}Q^n \\ RS = 0（约束方程） \end{cases}$$

例 10.1 设同步 RS 触发器的初始状态为 0 状态，即 $Q=0$、$\bar{Q}=1$，输入信号 R、S 及时钟脉冲 CP 的波形如图 10.5 所示，试画出输出端 Q、$\bar{Q}$ 的波形。

解 根据给定的输入信号波形及同步 RS 触发器的逻辑功能可知，第 1 个时钟脉冲 CP 到来时（$CP=1$），$R=0$、$S=1$，所以触发器状态翻转为 1；第 2 个时钟脉冲 CP 到来时，$R=1$、$S=0$，触发器状态翻转为 0；第 3 个时钟脉冲 CP 到来时，$R=0$、$S=1$，触发器状态翻转为 1；第 4 个时钟脉冲 CP 到来时，$R=1$、$S=0$，触发器状态翻转为 0；第 5 个时钟脉冲 CP 到来时，$R=0$、$S=0$，触发器保持原来的状态 0。

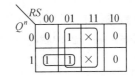

图 10.4 RS 触发器 Q^{n+1} 的卡诺图

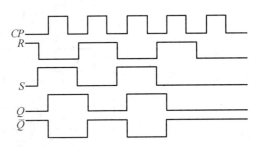

根据以上分析，即可画出触发器的输出端 Q、$\bar{Q}$ 的波形，如图 10.5 所示。

图 10.5 例 10.1 RS 触发器的波形图

（5）钟控触发器的触发方式

受输入时钟脉冲 CP 控制的触发器总称为钟控触发器。所谓触发方式，是指在时钟脉冲 CP 的什么时刻触发器的输出状态可能发生变化。钟控触发器有四种触发方式：

① $CP=1$ 期间均可触发，称为高电平触发。
② $CP=0$ 期间均可触发，称为低电平触发。
③ CP 由 0 变 1 时刻方可触发，称为上升边沿触发，记为"↑"。
④ CP 由 1 变 0 时刻方可触发，称为下降边沿触发，记为"↓"。

四种触发方式又可归纳为电平触发方式和边沿触发方式两类。为了区别上述四种触发方式，常在触发器逻辑符号图的 CP 端加以不同的标记，如图 10.6 所示。

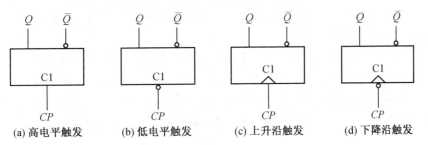

(a) 高电平触发　(b) 低电平触发　(c) 上升沿触发　(d) 下降沿触发

图 10.6 钟控触发器的触发方式

10.1.2 JK 触发器

前已述及，在同步 RS 触发器中虽然对触发器状态的转变增加了时间控制，但却存在着空翻现象；并且同步 RS 触发器不允许输入端 R 和 S 同时为 1 的情况出现，给使用带来了不便。为了防止触发器的空翻，在电路结构上多采用主从型触发器和边沿型触发器。

JK 触发器是一种逻辑功能完善、通用性强的集成触发器。在结构上可分为主从 JK 触发器和边沿 JK 触发器。

1. 主从 JK 触发器

(1) 电路结构及逻辑符号

图 10.7(a) 所示为主从 JK 触发器,它是由两个同步 RS 触发器级联起来构成的。主触发器的控制信号是 CP,从触发器的控制信号是 $\overline{CP}$。图 10.7(b) 所示为主从 JK 触发器的逻辑符号,图中 CP 端的三角形加小圆圈表示触发器的状态在时钟脉冲 CP 的下降沿(即 CP 由 1 变为 0 时刻)触发翻转。

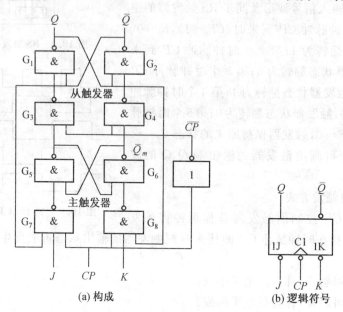

图 10.7 主从 JK 触发器的构成及其逻辑符号

(2) 逻辑功能分析

在主从 JK 触发器中,接收信号和输出信号是分两步进行的。

① 接收输入信号的过程。$CP=1$ 时,主触发器被打开,可以接收输入信号 J、K,其输出状态由输入信号的状态决定。但由于 $\overline{CP}=0$,从触发器被封锁,无论主触发器的输出状态如何变化,对从触发器均无影响,即触发器的输出状态保持不变。

② 输出信号的过程。当 CP 下降沿到来时,即 CP 由 1 变为 0 时刻,主触发器被封锁,无论输入信号如何变化,对主触发器均无影响,即在 $CP=1$ 期间接收的内容被存储起来。同时,由于 $\overline{CP}$ 由 0 变为 1,从触发器被打开,可以接收由主触发器送来的信号,其输出状态由其输入信号(即主触发器的输出状态)决定。在 $CP=0$ 期间,由于主触发器保持状态不变,因此受其控制的从触发器的状态 Q、$\overline{Q}$ 当然不可能改变。

综上所述可知,主从 JK 触发器的输出状态取决于 CP 下降沿到来时刻输入信号 J、K 的状态,避免了空翻现象的发生。

下面分四种情况来分析主从 JK 触发器的逻辑功能。

A. $J=K=0$,触发器的状态保持不变。当 $J=K=0$ 时,主触发器的控制门 G_7、G_8 被封锁,触发器的状态均保持不变,即 $Q^{n+1}=Q^n$。

B. $J=0$、$K=1$,触发器置 0。不论触发器原来的状态如何,当 $CP=1$ 时,从触发器被封锁,主触发器打开,分别接受 J、K 信号,因为此时 $J=0$、$K=1$,使主触发器置 0,即主触发器输出 0。$Q_m=0$、$\overline{Q}_m=1$。当 CP 从 1 变 0 时,主触发器被封锁,从触发器打开分别接受 Q_m、$\overline{Q}_m$ 的状态,使从触发器置 0,即 $Q^{n+1}=0$。

C. $J=1$、$K=0$,触发器置 1。不论触发器原来的状态如何,当 $CP=1$ 时,从触发器被封锁,主触发器

打开分别接受 J、K 信号,因为此时 $J=1$、$K=0$,使主触发器置 1,即主触发器输出 $Q_m=1$、$\bar{Q}_m=0$。当 CP 从 1 变 0 时,主触发器被封锁,从触发器打开分别接受 Q_m、$\bar{Q}_m$ 的状态,使从触发器置 1,即 $Q^{n+1}=1$。

D. $J=K=1$,触发器的状态翻转。设触发器的初始状态为 0,即 $Q=0$、$\bar{Q}=1$,此时主触发器的 $J=K=1$,在 $CP=1$ 时主触发器翻转为 1 状态,即 $Q_m=1$、$\bar{Q}_m=0$;当 CP 从 1 变 0 时,由于 $Q_m=1$、$\bar{Q}_m=0$,故从触发器也翻转为 1 状态,即 $Q^{n+1}=1$。同理,如果触发器的初始状态为 1,则由于 $Q=1$、$\bar{Q}=0$,在 $CP=1$ 时将主触发器翻转为 0 状态;当 CP 从 1 变 0 时,由于从触发器的 $Q_m=0$、$\bar{Q}_m=1$,故从触发器也翻转为 0 状态。可见,当 $J=K=1$ 时,输入时钟脉冲 CP 后,触发器状态必定与原来的状态相反,即 $Q^{n+1}=\bar{Q}^n$。由于每来一个时钟脉冲 CP 触发器状态翻转一次,所以这种情况下的 JK 触发器具有计数功能。

(3) JK 触发器的逻辑功能描述

综上所述,可列出主从 JK 触发器的逻辑功能表,见表 10.3。

由表 10.3 可知,主从 JK 触发器具有保持、置 0、置 1 和翻转四种功能。可见其功能完善,并且输入信号 J、K 之间没有约束。

将表 10.3 中 $Q^{n+1}=1$ 所对应的 J、K、Q^n 填入卡诺图,由卡诺图化简得 JK 触发器的特性方程为

$$Q^{n+1}=J\bar{Q}^n+\bar{K}Q^n$$

表 10.3 主从 JK 触发器的逻辑功能表

J	K	Q^n	Q^{n+1}	功能
0	0	0	0	$Q^{n+1}=Q^n$,保持
0	0	1	1	
0	1	0	0	$Q^{n+1}=0$,置 0
0	1	1	0	
1	0	0	1	$Q^{n+1}=1$,置 1
1	0	1	1	
1	1	0	1	$Q^{n+1}=\bar{Q}^n$,翻转
1	1	1	0	

2. 集成 JK 触发器简介

(1) 主从 JK 触发器 7472

7472、74H72 是采用主从结构的 JK 触发器,它的引脚排列和逻辑符号如图 10.8 所示。为了增加使用的灵活性,它有多个相与的输入端,即 $J=J_1 \cdot J_2 \cdot J_3$,$K=K_1 \cdot K_2 \cdot K_3$。还有异步置位端 $\bar{S}_D$ 和异步复位端 $\bar{R}_D$,即 $\bar{S}_D$ 和 $\bar{R}_D$ 不受时钟 CP 的控制,无论 CP、J、K 是 0 还是 1,当 $\bar{S}_D=0$ 时,直接将触发器置 1,$\bar{R}_D=0$ 时,直接将触发器置 0。

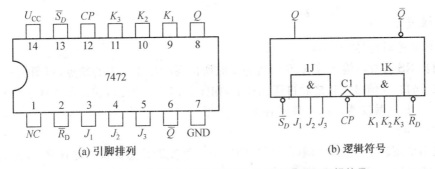

图 10.8 主从 JK 触发器 7472 的引脚排列和逻辑符号

(2) 边沿 JK 触发器 74LS112

为了免除主从 JK 触发器在 $CP=1$ 期间输入控制信号 J、K 不许改变的限制,可采用边沿触发方式。其特点是:触发器只在时钟跳转时发生翻转,而在 $CP=1$ 或 $CP=0$ 期间,输入端的任何变化都不影响输出。如果翻转发生在上升沿,称"上升沿触发";如果翻转发生在下降沿,称"下降沿触发"。在产品中应用较多的是下降沿触发的边沿型 JK 触发器。

74LS112 型双 JK 触发器是下降边沿触发的边沿触发器,其引脚排列如图 10.9 所示,表 10.4 为其功能表。

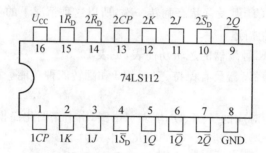

图 10.9 边沿 JK 触发器 74LS112 的引脚排列

表 10.4 74LS112 功能表

输入					输出		功能
$\overline{S}_D$	$\overline{R}_D$	CP	J	K	Q^{n+1}	$\overline{Q}^{n+1}$	
0	1	×	×	×	1	0	直接置 1
1	0	×	×	×	0	1	直接置 0
0	0	×	×	×	×	×	不定
1	1	↓	0	0	Q^n	$\overline{Q}^n$	保持
			0	1	0	1	置 0
			1	0	1	0	置 1
			1	1	$\overline{Q}^n$	Q^n	翻转(计数)
		↑	×	×	Q^n	$\overline{Q}^n$	保持

10.1.3 D 触发器

1. 同步 D 触发器

(1) 电路结构及逻辑符号

为了克服同步 RS 触发器输入端 R、S 同时为 1 时所出现的状态不定的缺点,可增加一个反相器,通过反相器把加在 S 端的 D 信号反相之后再送到 R 端,如图 10.10(a)所示,这样便构成了只有单输入端的同步 D 触发器。同步 D 触发器又称为 D 锁存器。

(2) 逻辑功能分析

同步 D 触发器的逻辑功能比较简单。显然,$CP=0$ 时触发器状态保持不变;$CP=1$ 时,根据同步 RS 触发器的逻辑功能可知,如果 $D=0$,则 $R=\overline{D}=1$,$S=D=0$,触发器置 0;如果 $D=1$,则 $R=\overline{D}=0$,$S=D=1$,触发器置 1。

根据以上分析可知,同步 D 触发器只有置 0 和置 1 两种功能,即在 $CP=1$ 期间,$D=0$ 时,触发器置 0;$D=1$ 时,触发器置 1。

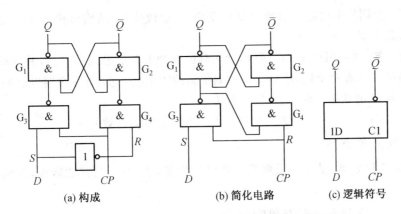

(a) 构成　　　　　(b) 简化电路　　　　(c) 逻辑符号

图 10.10　同步 D 触发器的构成、简化电路及逻辑符号

同步 D 触发器的特性方程为

$$Q^{n+1}=D \quad (CP=1 \text{ 期间有效})$$

图 10.10(b) 所示是同步 D 触发器的简化电路,图 10.10(c) 所示是其逻辑符号。

2. 维持阻塞边沿 D 触发器

根据以上分析可知,同步 D 触发器虽然克服了同步 RS 触发器输入端 R、S 同时为 1 时所出现的状态不定的缺点,但在 CP=1 期间,输入信号仍然直接控制着触发器输出端的状态,也存在着空翻现象。维持阻塞 D 触发器从根本上解决了这一问题。

(1) 电路结构及逻辑符号

维持阻塞 D 触发器属边沿型触发器,其电路构成及逻辑符号如图 10.11 所示。它由 6 个与非门组成,其中 G_1、G_2 组成数据输入电路,G_3、G_4 组成时钟控制电路,G_5、G_6 组成基本 RS 触发器。

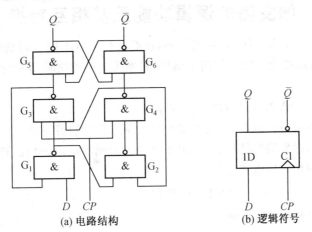

(a) 电路结构　　　　(b) 逻辑符号

图 10.11　维持阻塞 D 触发器的电路构成及逻辑符号

(2) 逻辑功能分析

①$D=0$。当时钟脉冲来到之前,即 $CP=0$ 时,G_1、G_3、G_4 的输出均为 1,G_2 输入端全为 1,因而输出为 0。这时触发器的状态不变。

当时钟脉冲 CP 从 0 上跳为 1,即 $CP=1$ 时,G_1、G_2 和 G_4 的输出保持原状态不变,而 G_3 因输入端全为 1,其输出由 1 变为 0。这个负脉冲一方面使基本 RS 触发器置 0,同时反馈到 G_1 的输入端,使在 $CP=1$ 期间不论输入信号 D 如何变化,触发器保持 0 状态不变,即不会发生空翻现象。

②$D=1$。当 $CP=0$ 时,G_3 和 G_4 的输出为 1,G_1 的输出为 0,G_2 的输出为 1。这时触发器的状态不变。当 $CP=1$ 时,G_4 的输出由 1 变为 0。这个负脉冲一方面使基本触发器置 1,同时反馈到 G_2 和 G_3 的

输入端,使在 $CP=1$ 期间不论输入信号 D 如何变化,只能改变 G_1 的输出状态,而其他门均保持不变,即触发器保持 1 状态不变。

由以上分析可知,维持阻塞 D 触发器具有在时钟脉冲上升沿触发的特点,其逻辑功能为:输出端 Q 的状态随输入端 D 的状态而变化,但总比输入端状态的变化晚一步,即某个时钟脉冲来到之后 Q 的状态和该脉冲来到之前 D 的状态一样,其特性方程为

$$Q^{n+1}=D \quad (CP\text{ 上升沿时刻有效})$$

3. 集成 D 触发器介绍

74LS74 是双 D 触发器,是上升沿触发的边沿触发器,表 10.5 为其功能表,其引脚排列如图 10.12 所示。

表 10.5　74LS74 的功能表

输入				输出	
$\overline{S}_D$	$\overline{R}_D$	CP	D	Q^{n+1}	$\overline{Q}^{n+1}$
0	1	×	×	1	0
1	0	×	×	0	1
0	0	×	×	×	×
1	1	↑	0	0	1
1	1	↑	1	1	0
1	1	↓	×	Q^n	$\overline{Q}^n$

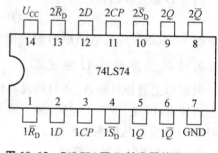

图 10.12　74LS74 双 D 触发器的引脚排列

10.1.4　触发器的逻辑功能及其相互转换

在双稳态触发器中,除了 RS、JK、D 触发器外,还有众多具有不同逻辑功能的触发器。根据实际需要,可将一种触发器经过改接或附加一些门电路后,转换为另一种逻辑功能的触发器。

转换方法和步骤为:

(1) 写出已有触发器和待求触发器的特性方程。

(2) 变换待求触发器的特性方程,使之形式与已有触发器的特性方程一致。

(3) 比较已有和待求触发器的特性方程,根据两个方程相等的原则求出转换逻辑。

(4) 根据转换逻辑画出逻辑电路图。

1. 将 JK 触发器转换为 D、T 和 T′ 触发器

(1) 将 JK 触发器转换为 D 触发器

写出 D 触发器的特性方程,并进行变换,使之形式与 JK 触发器的特性方程一致

$$Q^{n+1}=D=D(\overline{Q}^n+Q^n)=D\overline{Q}^n+DQ^n$$

与 JK 触发器的特性方程 $Q^{n+1}=J\overline{Q}^n+\overline{K}Q^n$ 比较,得 $J=D,K=\overline{D}$。

图 10.13 所示为将 JK 触发器转换成 D 触发器的接线图。

(2) 将 JK 触发器转换为 T 触发器

在数字电路中,凡在 CP 时钟脉冲控制下,根据输入信号 T 取值的不同,具有保持和翻转功能的电路,都称为 T 触发器。即当 T=0 时保持状态不变,$Q^{n+1}=Q^n$;T=1 时触发器翻转,$Q^{n+1}=\overline{Q}^n$,功能表见表 10.6。

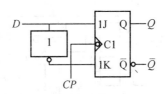

图 10.13　JK 触发器转换成 D 触发器的接线图

T 触发器的特性方程为

$$Q^{n+1} = T\bar{Q}^n + \bar{T}Q^n$$

与 JK 触发器的特性方程 $Q^{n+1} = J\bar{Q}^n + \bar{K}Q^n$ 比较,得 $J = T, K = T$。

表 10.6　T 触发器的功能表

T	Q^n	Q^{n+1}	功能
0	0	0	$Q^{n+1} = Q^n$,保持
0	1	1	
1	0	1	$Q^{n+1} = \bar{Q}^n$,翻转
1	1	0	

图 10.14(a) 所示为将 JK 触发器转换成 T 触发器的接线图,图 10.14(b) 所示为 T 触发器的逻辑符号。

(3) 将 JK 触发器转换为 T′ 触发器

在数字电路中,凡每来一个时钟脉冲就翻转一次的电路,都称为 T′ 触发器。T′ 触发器的特性方程为

$$Q^{n+1} = \bar{Q}^n$$

由 JK 触发器的逻辑功能可知,当 JK 触发器的 J、K 端同时为 1 时,每来一个时钟脉冲触发器的状态将翻转一次,所以将 JK 触发器的 J、K 端都接高电平 1 或悬空(J、K 端悬空相当于接高电平 1)时,即成为 T′ 触发器,如图 10.15 所示。

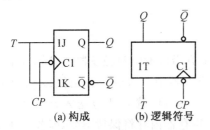

图 10.14　T 触发器的构成及其逻辑符号

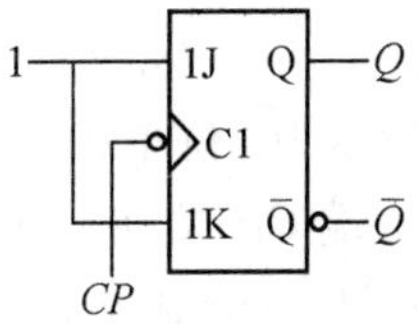

图 10.15　由 JK 触发器构成 T′ 触发器

2. 将 D 触发器转换为 JK 触发器、T 触发器和 T′ 触发器

比较 D 触发器和 JK 触发器的特性方程得:$D = J\bar{Q}^n + \bar{K}Q^n$。图 10.16(a) 所示为 D 触发器转换为 JK 触发器的接线图。

比较 D 触发器和 T 触发器的特性方程得:$D = T\bar{Q}^n + \bar{T}Q^n = T \oplus Q^n$。图 10.16(b) 所示为 D 触发器转换为 T 触发器的接线图。

比较 D 触发器和 T′ 触发器的特性方程得:$D = \bar{Q}^n$。图 10.16(c) 所示为 D 触发器转换为 T′ 触发器的接线图。

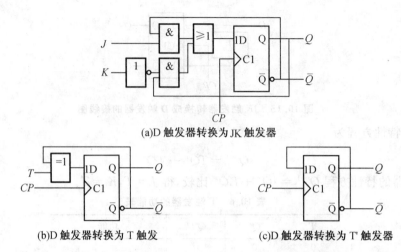

(a) D 触发器转换为 JK 触发器

(b) D 触发器转换为 T 触发   (c) D 触发器转换为 T′ 触发器

图 10.16   D 触发器转换为 JK、T 和 T′ 触发器的接线图

10.2 寄存器

任何现代数字系统都必须把需要处理的数据和代码先寄存起来,以便随时取用。在数字电路中,用来存放二进制数据或代码的电路称为寄存器。寄存器是一种基本时序逻辑电路。

寄存器是由具有存储功能的触发器组合起来构成的。一个触发器可以存储 1 位二进制代码,存放 n 位二进制代码的寄存器需用 n 个触发器来构成。

按照功能的不同,可将寄存器分为数码寄存器和移位寄存器两大类。数码寄存器只能并行送入数据,需要时也只能并行输出。移位寄存器中的数据可以在移位脉冲作用下依次逐位右移或左移,数据既可以并行输入、并行输出,也可以串行输入、串行输出,还可以并行输入、串行输出或串行输入、并行输出,十分灵活,用途也很广泛。

10.2.1 数码寄存器

1. 单拍工作方式数码寄存器

图 10.17 所示为 4 位单拍工作方式数码寄存器,是由 4 个上升沿触发的 D 触发器构成的,4 个触发器的时钟脉冲输入端 CP 接在一起作为送数脉冲控制端。无论寄存器中原来的内容是什么,只要送数控制时钟脉冲 CP 上升沿到来,加在数据输入端的 4 个数据 $D_3 \sim D_0$ 就立即被送入寄存器中,即有 $Q_3^{n+1} Q_2^{n+1} Q_1^{n+1} Q_0^{n+1} = D_3 D_2 D_1 D_0$。此后只要不出现 CP 上升沿,寄存器内容将保持不变,即各个触发器输出端 Q、$\bar{Q}$ 的状态与 D 无关,都将保持不变。

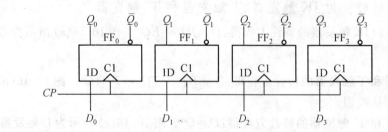

图 10.17   4 位单拍工作方式数码寄存器

2. 双拍工作方式数码寄存器

图 10.18 所示为 4 位双拍工作方式数码寄存器,工作过程为:

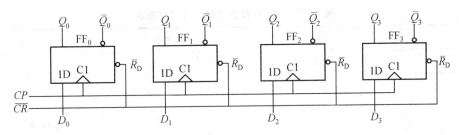

图 10.18 4 位双拍工作方式数码寄存器

(1) 清零。$\overline{CR}=0$ 时，异步清零。即有：$Q_3^n Q_2^n Q_1^n Q_0^n = 0000$。

(2) 送数。$\overline{CR}=1$ 时，CP 上升沿送数。即有：$Q_3^{n+1} Q_2^{n+1} Q_1^{n+1} Q_0^{n+1} = D_3 D_2 D_1 D_0$。

(3) 保持。在 $\overline{CR}=1$、CP 上升沿以外时间。寄存器内容将保持不变。

10.2.2 移位寄存器

移位寄存器除了具有存储数据的功能外，还可将所存储的数据逐位(由低位向高位或由高位向低位)移动。按照在移位控制时钟脉冲 CP 作用下移位情况的不同，移位寄存器又分为单向移位寄存器和双向移位寄存器两大类。

1. 单向移位寄存器

图 10.19 所示为 4 位右移移位寄存器。由 4 个上升沿触发的 D 触发器构成。4 位待存的数码从触发器 FF_0 的数据输入端 D_0（即 $D_0=D_i$）输入，CP 为移位脉冲输入端。待存数码在移位脉冲的控制下，从高位到低位依次串行送到 D_i 端。

由图 10.19 可列出如下方程

时钟方程：$CP_0=CP_1=CP_2=CP_3=CP$

驱动方程：$D_0=D_i$、$D_1=Q_0^n$、$D_2=Q_1^n$、$D_3=Q_2^n$

状态方程：$Q_0^{n+1}=D_i$、$Q_1^{n+1}=Q_0^n$、$Q_2^{n+1}=Q_1^n$、$Q_3^{n+1}=Q_2^n$

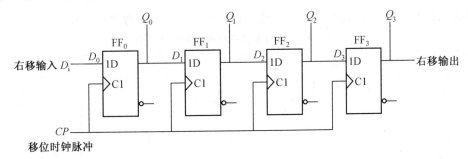

图 10.19 4 位右移移位寄存器

设 4 位待存的数码为 1111。在存数操作之前，先用清零脉冲使各个触发器清零。首先 $D_0=D_i=1$，$D_1=Q_0=0$，$D_2=Q_1=0$，$D_3=Q_2=0$。第 1 个移位脉冲的上升沿到来时，触发器 FF_0 翻转为 1，其他触发器都保持为 0。接着 $D_0=D_i=1$，$D_1=Q_0=1$，$D_2=Q_1=0$，$D_3=Q_2=0$。第 2 个移位脉冲的上升沿到来时，触发器 FF_0 和 FF_1 的输出都为 1，其他触发器都保持为 0。以此类推，在 4 个移位脉冲作用下，寄存器中的 4 位数码同时右移 4 次，待存的 4 位数码便可存入寄存器。这时，可以从 4 个触发器的 Q 端得到并行的数码输出。可见，4 位移位寄存器需要 4 个移位脉冲，才能将 4 位待存的数码全部存入。表 10.7 所示状态表生动地描述了右移移位过程。

表 10.7 4 位右移移位寄存器的状态表

输入		现态				次态				说明
D_i	CP	Q_0^n	Q_1^n	Q_2^n	Q_3^n	Q_0^{n+1}	Q_1^{n+1}	Q_2^{n+1}	Q_3^{n+1}	
1	↑	0	0	0	0	1	0	0	0	连续输入 4 个 1
1	↑	1	0	0	0	1	1	0	0	
1	↑	1	1	0	0	1	1	1	0	
1	↑	1	1	1	0	1	1	1	1	

图 10.20 所示为 4 位左移移位寄存器,其工作原理与右移移位寄存器一样,只是因为触发器 $FF_0 \sim FF_3$ 连接相反,所以移位方向也就由自左向右变为自右向左。

由图 10.20 可列出如下方程

时钟方程:$CP_0 = CP_1 = CP_2 = CP_3 = CP$

驱动方程:$D_0 = Q_1^n$、$D_1 = Q_2^n$、$D_2 = Q_3^n$、$D_3 = D_i$

状态方程:$Q_0^{n+1} = Q_1^n$、$Q_1^{n+1} = Q_2^n$、$Q_2^{n+1} = Q_3^n$、$Q_3^{n+1} = D_i$

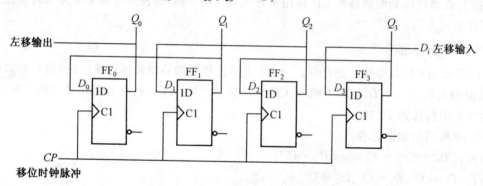

图 10.20 4 位左移移位寄存器

设 4 位待存的数码为 1111,表 10.8 所示状态表生动地描述了左移移位过程。

表 10.8 4 位左移移位寄存器的状态表

输入		现态				次态				说明
D_i	CP	Q_0^n	Q_1^n	Q_2^n	Q_3^n	Q_0^{n+1}	Q_1^{n+1}	Q_2^{n+1}	Q_3^{n+1}	
1	↑	0	0	0	0	0	0	0	1	连续输入 4 个 1
1	↑	0	0	0	1	0	0	1	1	
1	↑	0	0	1	1	0	1	1	1	
1	↑	0	1	1	1	1	1	1	1	

在数字电路中,把在时钟脉冲 CP 作用下循环移位一个 1 或循环移位一个 0 的电路称为环形计数器。也就是说,当连续输入时钟脉冲 CP 时,环形计数器中各个触发器的 Q 端或 $\overline{Q}$ 端将轮流地出现矩形脉冲,所以环形计数器又称为顺序脉冲分配器。

2. 双向移位寄存器

双向移位寄存器在移位脉冲 CP 作用下,不但可以使数据右移,还可以使数据左移。图 10.21 所示是 4 位双向移位寄存器的逻辑图。该寄存器由 4 个触发器 $FF_0 \sim FF_3$ 和各自的输入控制电路组成。D_{SR} 为数据右移串行输入端,D_{SL} 为数据左移串行输入端,$Q_0 \sim Q_3$ 为数据并行输出端,M 为左移右移控制端，CP 为移位时钟脉冲。

根据电路的接法写出各个触发器的状态方程为

$$\begin{cases} Q_0^{n+1} = \overline{M}D_{SR} + MQ_1^n \\ Q_1^{n+1} = \overline{M}Q_0^n + MQ_2^n \\ Q_2^{n+1} = \overline{M}Q_1^n + MQ_3^n \\ Q_3^{n+1} = \overline{M}Q_2^n + MD_{SL} \end{cases}$$

$M=0$ 时右移：$Q_0^{n+1} = D_{SR}$、$Q_1^{n+1} = Q_0^n$、$Q_2^{n+1} = Q_1^n$、$Q_3^{n+1} = Q_2^n$

$M=1$ 时左移：$Q_0^{n+1} = Q_1^n$、$Q_1^{n+1} = Q_2^n$、$Q_2^{n+1} = Q_3^n$、$Q_3^{n+1} = D_{SL}$

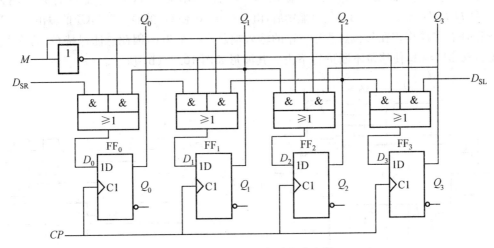

图 10.21　4 位双向移位寄存器

3. 集成移位寄存器

集成移位寄存器产品较多。4 位双向移位寄存器 74LS194 的逻辑图是在图 10.21 的基础上增加了并行数据输入端 $D_0 \sim D_3$ 而成的，74LS194 的引脚排列图和逻辑功能示意图如图 10.22 所示。各引脚的功能为：$\overline{CR}$ 为清零端；M_0、M_1 为工作状态控制端；D_{SR} 和 D_{SL} 分别为右移和左移串行数据输入端；$D_0 \sim D_3$ 为并行数据输入端；$Q_0 \sim Q_3$ 为并行数据输出端；CP 为移位时钟脉冲。表 10.9 所示是 74LS194 的功能表。

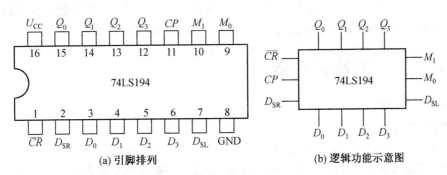

(a) 引脚排列　　　　　　　　　(b) 逻辑功能示意图

图 10.22　4 位双向移位寄存器 74LS194 的引脚排列和逻辑功能示意图

表 10.9　74LS194 的功能表

$\overline{CR}$	CP	M_1	M_0	功　　　能
0	×	×	×	异步清零：$Q_3Q_2Q_1Q_0 = 0000$
1	×	0	0	保持
1	↑	0	1	右移：$D_{SR} \to Q_0 \to Q_1 \to Q_2 \to Q_3$
1	↑	1	0	左移：$D_{SL} \to Q_3 \to Q_2 \to Q_1 \to Q_0$
1	↑	1	1	并行输入：$Q_3Q_2Q_1Q_0 = D_3D_2D_1D_0$

【例 10.2】 图 10.23(a) 所示是由 74LS194 构成的能自启动的 4 位环形计数器。试分析电路的工作原理，并画出其工作波形。

解 当启动信号输入低电平时，使 G_2 输出为 1，从而 $M_1M_0 = 11$，寄存器执行并行输入功能，$Q_3Q_2Q_1Q_0 = D_3D_2D_1D_0 = 1110$。启动信号撤销后，由于 $Q_0 = 0$，使 G_1 的输出为 1，G_2 的输出为 0，$M_1M_0 = 01$，开始执行循环右移操作。在移位过程中，G_1 的输入端总有一个为 0，因此总能保持 G_1 的输出为 1，G_2 输出为 0，维持 $M_1M_0 = 01$，使移位不断进行下去。其波形如图 10.23(b) 所示。

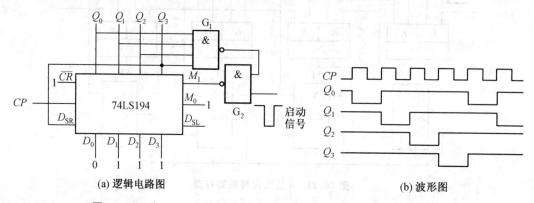

(a) 逻辑电路图　　　　　　　　　　　　　(b) 波形图

图 10.23　由 74LS194 构成的能自启动的 4 位环形计数器及其波形图

10.3　计数器

在数字电路中，能够记忆输入脉冲个数的电路称为计数器。计数器是一种应用十分广泛的时序逻辑电路，除用于计数、分频外，还广泛用于数字测量、运算和控制。

计数器按计数过程中各个触发器状态的更新是否同步，可分为同步计数器和异步计数器；按计数过程中数值的进位方式，可分为二进制计数器、十进制计数器和 N 进制计数器；按计数过程中数值的增减情况，可分为加法计数器（递增计数器）、减法计数器（递减计数器）和可逆计数器。

10.3.1　二进制计数器

1. 异步二进制计数器

(1) 异步二进制加法计数器

二进制只有 0 和 1 两个数码，二进制加法规则是逢二进一，即当本位是 1，再加 1 时本位便变为 0，同时向高位进 1。由于双稳态触发器只有 0 和 1 两个状态，所以一个触发器只能表示一位二进制数。如果要表示 n 位二进制数，需要用 n 个触发器。

图 10.24 所示为 3 位异步二进制加法计数器，由 3 个下降沿触发的 JK 触发器构成，C 为进位输出信号。3 个 JK 触发器的 J、K 端悬空（相当于接高电平 1），即 3 个 JK 触发器工作在计数状态。计数脉冲 CP 加至最低位触发器 FF_0 的时钟脉冲输入端，低位触发器的输出端 Q 依次接到相邻高位的时钟脉冲输入

端,即 $CP_0 = CP$,$CP_1 = Q_0^n$,$CP_2 = Q_1^n$。其输出方程为
$$C = Q_2^n Q_1^n Q_0^n$$

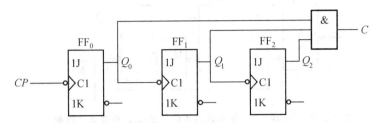

图 10.24　由 JK 触发器构成的 3 位异步二进制加法计数器

由于 3 个触发器都接成了 T′触发器,所以最低位触发器 FF_0 每来一个时钟脉冲的下降沿(即 CP 由 1 变 0)时翻转一次,而其他两个触发器都是在其相邻低位触发器的输出端 Q 由 1 变 0 时翻转,即 FF_1 在 Q_0 由 1 变 0 时翻转,FF_2 在 Q_1 由 1 变 0 时翻转。其状态见表 10.10,波形如图 10.25 所示。

从状态表或波形图可以看出,从状态 000 开始,每来一个计数脉冲,计数器中的数值便加 1,输入 8 个计数脉冲时,就计满归零,所以作为整体,该电路也可称为八进制计数器。

表 10.10　3 位二进制加法计数器的状态表

CP	Q_2	Q_1	Q_0	C
0	0	0	0	0
1	0	0	1	0
2	0	1	0	0
3	0	1	1	0
4	1	0	0	0
5	1	0	1	0
6	1	1	0	0
7	1	1	1	1
8	0	0	0	0

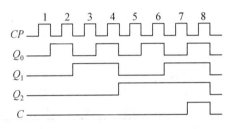

图 10.25　3 位二进制加法计数器的波形图

在异步计数器中,时钟脉冲不是同时加到各触发器的时钟端,有的触发器直接受输入计数脉冲控制,有的触发器则是把其他触发器的输出信号作为自己的时钟脉冲,因此各个触发器状态变换的时间先后不一,故被称为"异步计数器"。异步计数器结构简单,但计数速度较慢。

仔细观察图 10.25 中 CP、Q_0、Q_1 和 Q_2 波形的频率,不难发现,每出现两个计数脉冲 Q_0 输出一个脉冲,即频率减半,称为对计数脉冲 CP 二分频。同理,Q_1 为四分频,Q_2 为八分频。因此,在许多场合计数器也可作为分频器使用,以得到不同频率的脉冲。

图 10.26 所示为由上升沿触发的 D 触发器构成的 3 位异步二进制加法计数器。每个 D 触发器的 $\overline{Q}$ 与 D 相连,接成 T′触发器,且低位触发器的 $\overline{Q}$ 端依次接到相邻高位的时钟端。其工作原理与用 JK 触发器构成的 3 位异步二进制加法计数器相同。

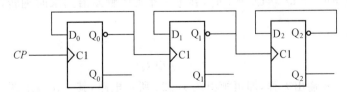

图 10.26　由 D 触发器构成的 3 位异步二进制加法计数器

(2) 异步二进制减法计数器

将图 10.24 所示 3 位二进制加法计数器稍作改变,使低位触发器的 $\overline{Q}$ 端依次接到相邻高位的时钟

端,便可组成3位二进制减法计数器,如图10.27所示;B为借位输出信号。

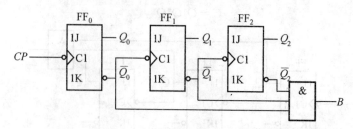

图10.27 由JK触发器构成的3位异步二进制减法计数器

B的输出方程为

$$B = \overline{Q}_2^n \overline{Q}_1^n \overline{Q}_0^n$$

3位二进制减法计数器的状态表和波形图分别见表10.11和如图10.28所示。

表10.11 3位二进制减法计数器的状态表

CP	Q_2	Q_1	Q_0	B
0	0	0	0	1
1	1	1	1	0
2	1	1	0	0
3	1	0	1	0
4	1	0	0	0
5	0	1	1	0
6	0	1	0	0
7	0	0	1	0
8	0	0	0	1

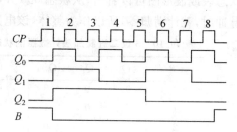

图10.28 3位二进制减法计数器的波形图

2. 同步二进制计数器

为了提高计数速度,将计数脉冲同时加到各个触发器的时钟端。在计数脉冲作用下,所有应该翻转的触发器可以同时翻转,这种结构的计数器称为同步计数器。

(1) 同步二进制加法计数器

图10.29所示为3位同步二进制加法计数器,是用3个JK触发器构成的。各个触发器只要满足$J=K=1$的条件,在CP计数脉冲的下降沿Q即可翻转。

一般可从分析状态表找出各个触发器的驱动方程。

分析表10.10所示3位二进制加法计数器状态表可知:

① 第1位触发器FF_0每输入一个时钟脉冲CP翻转一次,其驱动方程为$J_0=K_0=1$。

② 第2位触发器FF_1在$Q_0=1$时,再来一个时钟脉冲CP触发沿到来时翻转,故其驱动方程为$J_1=K_1=Q_0^n$。

③ 第3位触发器FF_2在$Q_0=Q_1=1$时,在下一个CP触发沿到来时翻转,故其驱动方程为$J_2=K_2=Q_1^n Q_0^n$。

输出方程为

$$C = Q_2^n Q_1^n Q_0^n$$

根据上述驱动方程和输出方程,即可画出图10.29所示电路,其工作波形图与3位异步二进制加法计数器的波形图完全相同(见图10.25)。

(2) 同步二进制减法计数器

选用3个CP下降沿触发的JK触发器,分别用FF_0、FF_1、FF_2表示,分析表10.11所示3位二进制减

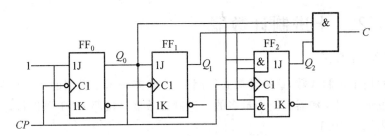

图 10.29　3 位同步二进制加法计数器

法计数器的状态表。FF_0 每输入一个时钟脉冲翻转一次,故其驱动方程 $J_0=K_0=1$;FF_1 在 $Q_0=0$ 时,在下一个 CP 触发沿到来时翻转,故其驱动方程为 $J_1=K_1=Q_0^n$;FF_2 在 $Q_0=Q_1=0$ 时,在下一个 CP 触发沿到来时翻转,故其驱动方程为 $J_2=K_2=\bar{Q}_1^n\bar{Q}_0^n$。

输出方程为
$$B=\bar{Q}_2^n\bar{Q}_1^n\bar{Q}_0^n$$

根据上述驱动方程和输出方程,即可画出图 10.30 所示 3 位同步二进制减法计数器。

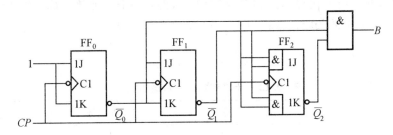

图 10.30　3 位同步二进制减法计数器

(3) 同步二进制可逆计数器

设用 $\overline{U}/D$ 表示加减控制信号,且 $\overline{U}/D=0$ 时作加法计数,$\overline{U}/D=1$ 时作减法计数,则把同步二进制加法计数器的驱动方程和 $\overline{\overline{U}/D}$ 相与,把减法计数器的驱动方程和 $\overline{U}/D$ 相与,再把二者相加,得到同步二进制可逆计数器的驱动方程为

$$\begin{cases} J_0=K_0=1 \\ J_1=K_1=\overline{\overline{U}/D}\cdot Q_0^n+\overline{U}/D\cdot \bar{Q}_0^n \\ J_2=K_2=\overline{\overline{U}/D}\cdot Q_1^nQ_0^n+\overline{U}/D\cdot \bar{Q}_1^n\bar{Q}_0^n \end{cases}$$

输出方程为
$$C/B=\overline{\overline{U}/D}\cdot Q_2^nQ_1^nQ_0^n+\overline{U}/D\cdot \bar{Q}_2^n\bar{Q}_1^n\bar{Q}_0^n$$

根据上述驱动方程和输出方程,即可画出图 10.31 所示 3 位同步二进制可逆计数器。

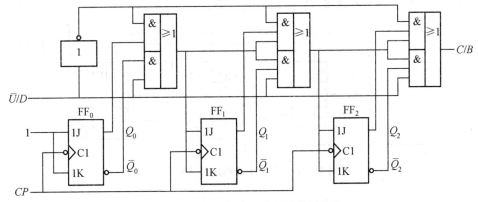

图 10.31　3 位同步二进制可逆计数器

10.3.2 十进制计数器

1. 同步十进制计数器

通常人们习惯用十进制计数,这种计数必须用10个状态表示十进制的0～9,所以准确地说十进制计数器应该是1位十进制计数器。使用最多的十进制计数器是按照8421码进行计数的电路,十进制加法计数器的状态表见表10.12。

选用4个CP下降沿触发的JK触发器,分别用$FF_0 \sim FF_3$表示。由十进制加法计数器的状态表可知:

① 第1位触发器FF_0要求每来一个时钟脉冲CP翻转一次,驱动方程为$J_0 = K_0 = 1$。

② 第2位触发器FF_1要求在Q_0为1时,再来一个时钟脉冲CP才翻转,但在Q_3为1时不得翻转,故其驱动方程为$J_1 = \bar{Q}_3^n Q_0^n; K_1 = Q_0^n$。

③ 第3位触发器FF_2要求在Q_0和Q_1都为1时,再来一个时钟脉冲CP才翻转,故其驱动方程为$J_2 = K_2 = Q_1^n Q_0^n$。

④ 第4位触发器FF_3要求在Q_0、Q_1和Q_2都为1时,再来一个时钟脉冲CP才翻转,但在第10个脉冲到来时Q_3应由1变为0,故其驱动方程为$J_3 = Q_2^n Q_1^n Q_0^n, K_3 = Q_0^n$。

输出方程为

$$C = Q_3^n Q_0^n$$

表 10.12 十进制加法计数器的状态表

CP	Q_3	Q_2	Q_1	Q_0	十进制数	进位 C
0	0	0	0	0	0	0
1	0	0	0	1	1	0
2	0	0	1	0	2	0
3	0	0	1	1	3	0
4	0	1	0	0	4	0
5	0	1	0	1	5	0
6	0	1	1	0	6	0
7	0	1	1	1	7	0
8	1	0	0	0	8	0
9	1	0	0	1	9	1
10	0	0	0	0	0	0

根据选用的触发器及所求得的驱动方程和输出方程,可画出同步十进制加法计数器的逻辑图,如图10.32所示。图10.33所示为十进制加法计数器的波形图。

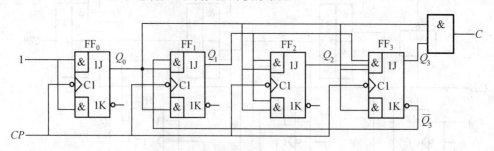

图 10.32 同步十进制加法计数器

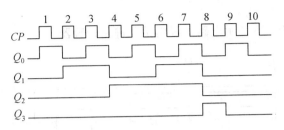

图 10.33　十进制加法计数器的波形图

2. 异步十进制计数器

异步十进制加法计数器如图 10.34 所示。选用 4 个 CP 上升沿触发的 D 触发器构成，分别用 FF_0、FF_1、FF_2、FF_3 表示。

时钟方程为

$$CP_0 = CP, \quad CP_1 = \bar{Q}_0, \quad CP_2 = \bar{Q}_1, \quad CP_3 = \bar{Q}_0$$

状态方程为

$$\begin{cases} Q_0^{n+1} = D_0 = \bar{D}_0^n \\ Q_1^{n+1} = D_1 = \bar{Q}_3^n \bar{Q}_1^n \\ Q_2^{n+1} = D_2 = \bar{Q}_2^n \\ Q_3^{n+1} = D_3 = Q_2^n Q_1^n \end{cases}$$

输出方程为

$$C = Q_3^n Q_0^n$$

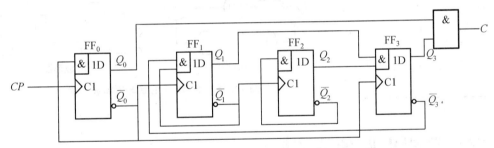

图 10.34　异步十进制加法计数器

设计数器的初始状态为 $Q_3Q_2Q_1Q_0 = 0000$，在 FF_0 翻转前，即从 0000 起到 0111 止，$\bar{Q}_3 = 1$，FF_2、FF_1、FF_0 的翻转情况与图 10.26 所示的由 D 触发器构成的 3 位异步二进制加法计数器相同。当第 7 个计数脉冲到来时，$Q_3Q_2Q_1Q_0 = 0111$。第 8 个计数脉冲到来时，使 Q_0 由 1 变 0，CP_1、CP_3 出现上升沿，按状态方程有 $Q_3 = 1$，$Q_1 = 0$；Q_1 由 1 变 0，CP_2 出现上升沿，按状态方程有 $Q_2 = 0$，即第 8 个计数脉冲到来后有 $Q_3Q_2Q_1Q_0 = 1000$。同理，第 9 个计数脉冲到来后，$Q_3Q_2Q_1Q_0 = 1001$。第 10 个计数脉冲到来时，Q_0 由 1 变 0，CP_1、CP_3 出现上升沿，使 $Q_3 = 1$，$Q_1 = 0$；因 Q_1 维持 0 不变，CP_2 无效，因而 Q_2 维持 0 不变，即第 10 个计数脉冲到来后有 $Q_3Q_2Q_1Q_0 = 0000$，从而使计数器回复到初始状态 0000。

10.3.3　由触发器构成 M 进制计数器

M 进制计数器是指除二进制计数器和十进制计数器外的其他进制计数器，即每来 M 个计数脉冲，计数器状态重复一次。

由触发器组成的 M 进制计数器的一般方法是：对于同步计数器，由于计数脉冲同时接到每个触发器的时钟脉冲输入端，因而触发器的状态是否翻转只需由其驱动方程判断。而异步计数器中各触发器的触发脉冲不尽相同，所以触发器的状态是否翻转，除了要考虑驱动方程外，还必须考虑时钟脉冲输入端的触发脉冲是否出现。

【例10.3】 分析图10.35所示电路。说明是几进制计数器。

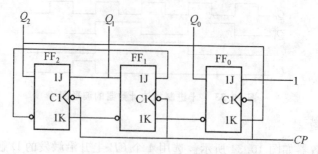

图10.35 例10.3的逻辑电路图

解 (1)列出电路方程。

驱动方程：$J_0=1, K_0=Q_2^n, J_1=\bar{Q}_2^n, K_1=\bar{Q}_0^n, J_2=Q_1^n, K_2=\bar{Q}_1^n$

状态方程：$Q_0^{n+1}=\bar{Q}_0^n+\bar{Q}_2^n\cdot Q_0^n, Q_1^{n+1}=\bar{Q}_2^n\cdot\bar{Q}_1^n+Q_1^n\cdot Q_0^n, Q_2^{n+1}=Q_1^n$

(2)列写状态表见表10.13，画出状态图和波形图，如图10.36所示。

(3)说明电路功能：是同步五进制计数器。

表10.13 例10.3的状态表

CP	Q_2	Q_1	Q_0
0	0	0	0
1	0	1	1
2	1	1	1
3	1	1	0
4	1	0	1
5	0	0	0

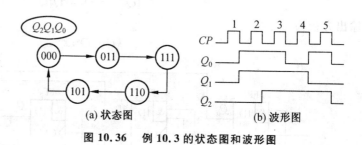

图10.36 例10.3的状态图和波形图

10.4 时序逻辑电路的分析

10.4.1 时序逻辑电路的分析方法

时序逻辑电路的逻辑功能可用逻辑电路图、状态方程、状态表、卡诺图、状态图和时序图（波形图）等6种方法来描述，它们在本质上是相通的，可以互相转换。时序电路的分析，就是由逻辑图到状态图的转换，进而判断电路逻辑功能。

时序逻辑电路的分析步骤：

(1)根据逻辑电路图，列出触发器的时钟方程、驱动方程和输出方程。

(2)根据触发器的特性方程和驱动方程，列出状态方程。

(3)根据状态方程，通过简单计算，列出状态表，画出状态图或时序图（波形图）。

(4)根据状态表或状态图或时序图，判断电路逻辑功能。

10.4.2 时序逻辑电路分析举例

【例10.4】 分析如图10.37所示逻辑电路的功能。

解 (1)根据逻辑电路图，列出触发器的驱动方程和输出方程（同步时序电路的时钟方程省去）。

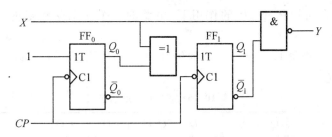

图 10.37　例 10.4 的逻辑电路

驱动方程：$T_1 = X \oplus Q_0^n$，$T_0 = 1$

输出方程：$Y = \overline{X \overline{Q_1^n}} = \overline{X} + Q_1^n$

(2) 将各触发器的驱动方程代入 T 触发器的特性方程：$Q^{n+1} = T \oplus Q^n$，即得电路的状态方程

$$\begin{cases} Q_1^{n+1} = T_1 \oplus Q_1^n = X \oplus Q_0^n \oplus Q_1^n \\ Q_0^{n+1} = T_0 \oplus Q_0^n = 1 \oplus Q_0^n = \overline{Q_0^n} \end{cases}$$

(3) 根据状态方程、输出方程列出状态表，见表 10.14。

表 10.14　例 10.4 的状态表

输入	现	态	次	态	输出	输入	现	态	次	态	输出
X	Q_1	Q_0	Q_1^{n+1}	Q_0^{n+1}	Y	X	Q_1	Q_0	Q_1^{n+1}	Q_0^{n+1}	Y
0	0	0	0	1	1	1	0	0	1	1	0
0	0	1	1	0	1	1	0	1	0	0	0
0	1	0	1	1	1	1	1	0	0	1	1
0	1	1	0	0	1	1	1	1	1	0	1

(4) 根据状态表，判断电路逻辑功能。

由状态表可以看出，当输入 $X = 0$ 时，在时钟脉冲 CP 的作用下，电路的 4 个状态按递增规律循环变化，即 $00 \to 01 \to 10 \to 11 \to 00 \to \cdots$；当 $X = 1$ 时，在时钟脉冲 CP 的作用下，电路的 4 个状态按递减规律循环变化，即 $00 \to 11 \to 10 \to 01 \to 00 \to \cdots$。可见，该电路既具有递增计数功能，又具有递减计数功能，是一个 2 位二进制同步可逆计数器。

【例 10.5】　分析如图 10.38 所示逻辑电路的功能，设电路的初始状态为"000"。

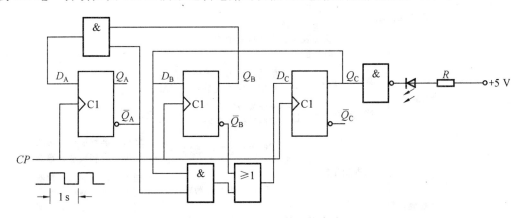

图 10.38　例 10.5 的逻辑电路

解　(1) 列出电路方程。

驱动方程：$D_A = \overline{Q_A} Q_B$；$D_B = Q_C$；$D_C = \overline{Q_A} Q_C + \overline{Q_B}$

状态方程：$Q_A = D_A = \overline{Q_A} Q_B$；$Q_B = D_B = Q_C$；$Q_C = D_C = \overline{Q_A} Q_C + \overline{Q_B}$

(2) 列出状态表，见表 10.15。

(3) 由状态表知,在时钟脉冲 CP 的作用下,电路的 5 个状态循环变化,即:100 → 110 → 111 → 010 → 001 → 100 → ⋯。

当 $Q_C=1$ 时,发光二极管 LED 亮。由于时钟脉冲 CP 的周期为 1 s,所以发光二极管 LED 按亮 3 s、暗 2 s 的周期循环发光。

表 10.15　例 10.5 的状态表

CP	$D_C=\bar{Q}_A Q_C+\bar{Q}_B$	$D_B=Q_C$	$D_A=\bar{Q}_A Q_B$	Q_C	Q_B	Q_A
0	1	0	0	0	0	0
1	1	1	0	1	0	0
2	1	1	1	1	1	0
3	0	0	0	1	1	1
4	0	0	0	0	1	0
5	1	0	0	0	0	1
6	1	1	0	1	0	0

重点串联

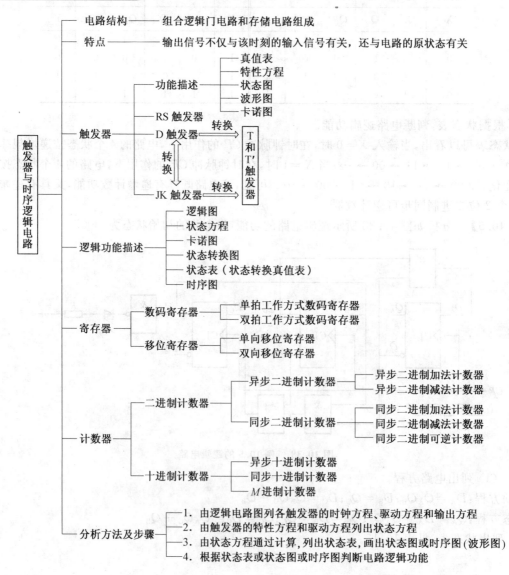

拓展与实训

▶ 基础训练

一、选择题

1. 仅具有"置0"、"置1"功能的触发器称(　　)。
   A. JK触发器　　　　　　　B. RS触发器　　　　　　　C. D触发器

2. 仅具有"保持"、"翻转"功能的触发器称(　　)。
   A. JK触发器　　　　　　　B. T触发器　　　　　　　　C. D触发器

3. 仅具有"置0"、"置1"、"保持"、"翻转"功能的触发器称(　　)。
   A. JK触发器　　　　　　　B. D触发器　　　　　　　　C. T触发器

4. 触发器由门电路构成,和门电路比较,其功能上主要特点是(　　)。
   A. 和门电路功能一样　　　B. 有记忆功能　　　　　　　C. 没有记忆功能

5. 时序电路可以由(　　)组成。
   A. 门电路　　　　　　　　B. 触发器或门电路　　　　　C. 触发器或触发器和门电路的组合

6. 时序电路输出状态的改变(　　)。
   A. 仅与该时刻输入信号的状态有关
   B. 仅与时序电路的原状态有关
   C. 与以上两者皆有关

7. 寄存器在电路组成上的特点是(　　)。
   A. 有CP输入端,无数据输入端
   B. 有CP输入端和数据输入端
   C. 无CP输入端,有数据输入端

8. 通常寄存器应具有(　　)功能。
   A. 存放数据　　　　　　　B. 清零与置数　　　　　　　C. 两者皆有

9. 计数器在电路组成上的特点是(　　)。
   A. 有CP输入端,无数据输入端
   B. 有CP输入端和数据输入端
   C. 无CP输入端,有数据输入端

10. 通常计数器应具有(　　)功能。
    A. 清零、置数、累计CP个数
    B. 存取数据
    C. 两者皆有

11. 根据组成计数器的各触发器状态翻转的时间与CP的关系分类,计数器可分为(　　)计数器。
    A. 加法、减法及加减可逆　　B. 同步和异步　　　　　　C. 二、十和N进制

12. 按计数器状态变化的规律分类,计数器可分为(　　)计数器。
    A. 加法、减法及加减可逆　　B. 同步和异步　　　　　　C. 二、十和N进制

13. 根据计数器的循环长度分类,计数器可分为(　　)计数器。
    A. 加法、减法及加减可逆　　B. 同步和异步　　　　　　C. 二、十和N进制

14. M进制计数器状态转换的特点是设初态后,每来(　　)个CP时,计数器又重回初态。
    A. $M-1$　　　　　　　　B. $M+1$　　　　　　　　　C. M

15. 经过有限个 CP，可由任意一个无效状态进入有效状态的计数器是（　　）自启动的计数器。
   A. 能　　　　　　　　　B. 不能　　　　　　　　　C. 不一定能
16. 用置数法构成 M 进制加法计数器，若预置数据为 0，则应将（　　）所对应的状态译码后驱动预置数控制端。
   A. M　　　　　　　　B. $M-1$　　　　　　　C. $M+1$
17. 用置数法构成 M 进制加法计数器，若预置数据为 N，则应将（　　）所对应的状态译码后驱动预置数控制端。
   A. $M+N$　　　　　　B. $M-N$　　　　　　C. $M+N-1$
18. n 位二进制加法计数器有（　　）个状态，最大计数值是（　　）。
   A. 2^{n-1}　　　　　　　B. 2^n　　　　　　　　C. 2^n-1
19. 单稳态触发器的输出状态有（　　）。
   A. 0 状态　　　　　　B. 1 状态　　　　　　C. 两者皆有　　　　　　D. 高阻态
20. 单稳态触发器具有（　　）功能。
   A. 计数　　　　　　　B. 定时、延时　　　　C. 定时、延时、整形

二、判断题

1. 时序逻辑电路的特点是任何时刻的输出信号仅与电路原来的状态有关。（　　）
2. 触发器是数字电路中具有记忆功能的基本逻辑单元。（　　）
3. 触发器输出端有两个稳定状态，即 0 态和 1 态。（　　）
4. 触发器也称单稳态触发器。（　　）
5. 触发器的外加输入信号终止后，稳态仍能保持下去。（　　）
6. 74LS163 是 4 位二进制异步计数器。（　　）
7. 边沿触发器的状态变化发生在 CP 上升沿或下降沿到来时刻，其他时间触发器状态均不变。（　　）
8. JK 触发器属于边沿触发器，CP 上升沿或下降沿时有效。（　　）
9. 令 $J=K=T=1$，可将 JK 触发器转换成 T 触发器。（　　）
10. 寄存器存放数据的方式只有并行一种。（　　）
11. 寄存器取出数据的方式有并行和串行输出两种。（　　）
12. 计数器可用于累计输入脉冲个数、分频、定时、执行数字运算等，应用广泛。（　　）
13. 基本 RS 触发器的约束条件是 $\overline{RS}=1$。（　　）
14. 反馈清零法是在计数过程中利用某个中间状态反馈到清零端，迫使计数器返回到 0，再重新开始计算。（　　）
15. D 触发器的特性方程为 $Q^{n+1}=D$，与 Q^n 无关，所以它没有记忆功能。（　　）
16. RS 触发器的约束条件 $RS=0$ 表示不允许出现 $R=S=1$ 的输入。（　　）
17. 同步触发器存在空翻现象，而边沿触发器和主从触发器克服了空翻。（　　）
18. 主从 JK 触发器、边沿 JK 触发器和同步 JK 触发器的逻辑功能完全相同。（　　）
19. 若要实现一个可暂停的一位二进制计数器，控制信号 $A=0$ 计数，$A=1$ 保持，可选用 T 触发器，且令 $T=A$。（　　）
20. 由两个 TTL 或非门构成的基本 RS 触发器，当 $R=S=0$ 时，触发器的状态为不定。（　　）

模块 10 | 触发器与时序逻辑电路

> 职业能力训练

实训一　二进制计数器应用实训

1. 实训目的
(1) 掌握中规模集成异步计数器的使用方法。
(2) 掌握中规模集成同步计数器的使用方法。
(3) 熟悉集成计数器的级联方法。

2. 实训内容
(1) 用集成异步二进制计数器构成十进制计数器和六十进制计数器。
(2) 用集成同步二进制计数器构成十进制计数器和二十四进制计数器。

3. 预习要求
(1) 自选集成异步二进制计数器、同步二进制计数器和门电路,并掌握计数器的功能和使用方法。
(2) 异步计数器采用异步置 0 端或异步置数端构成十进制计数器和六十进制计数器,并画出设计电路的连线图和训练用的接线图。
(3) 同步计数器采用同步置 0 端或同步置数端构成十进制计数器和二十四进制计数器,并画出设计电路的连线图和训练用的接线图。

4. 实训要求
(1) 自拟计数器的测试调整步骤。
(2) 输入单脉冲时,测量十进制计数器各触发器的输出状态。
(3) 用双踪示波器观测和记录集成计数器的输入和输出波形,并说明输出脉冲与输入脉冲间的频率关系(即说明计数器和分频器的关系)。
(4) 独立查找和排除训练中出现的故障。

实训二　计数器、译码器和显示器应用实训

1. 实训目的
(1) 掌握集成计数器的级联方法。
(2) 熟悉计数器、译码器和半导体数码显示器的使用。

2. 实训内容
(1) 用十进制计数器级联成六十进制计数器,并与译码器相连,由显示器显示数码。
(2) 用十进制计数器级联成一百进制计数器,并与译码器相连,由显示器显示数码。

3. 预习要求
(1) 自选集成同步十进制计数器、译码器、半导体数码显示器,并掌握它们的功能和使用方法。
(2) 画出设计电路的连线图和训练用的接线图。

4. 实训要求
(1) 自拟测试调整步骤。
(2) 采取限流措施保护半导体数码显示器。

实训三　移位寄存器应用实训

1. 实训目的
(1) 熟悉中规模集成移位寄存器的使用。
(2) 熟悉移位寄存器的应用。

2. 实训内容
(1) 用移位寄存器构成一个自启动的 4 位环形计数器。

(2)完成二进制数 1011 的左移位和右移位操作。
(3)用移位寄存器构成一个自启动的 4 位扭环计数器。

3. 预习要求

(1)自选集成双向移位寄存器和门电路,并掌握其功能和使用方法。
(2)画出所设计电路的接线图和训练用的接线图。
(3)使环形计数器和扭环计数器进入无效状态工作,并检查电路能否自启动。

4. 实训要求

(1)自拟测试调整步骤。
(2)观察双向移位寄存器对二进制数 1011 进行左移位和右移位时,并行输出和串行输出的情况。
(3)用双踪示波器观察和记录环形计数器、扭环计数器的输入和各触发器的输出波形。
(4)独立查找和排除训练中出现的故障。

模块 11
半导体存储器和可编程逻辑器件

教学聚集

本模块主要介绍半导体存储器和可编程逻辑器件的结构、工作原理及应用。其中存储器分为只读存储器(ROM)和随机存取存储器(RAM)。在只读存储器中,简要介绍二极管 ROM、PROM、EPROM、E^2PROM 和 Flash Memory 的工作原理及它们的特点。在随机存取存储器中,介绍静态随机存储器(SRAM)和动态随机存储器(DRAM)的工作原理,并介绍存储器存储容量的扩展方法。本模块还介绍可编程逻辑器件(PLD)的一般电路结构,重点介绍现场可编程逻辑阵列(FPLA)和可编程阵列逻辑(PAL)的结构特点、工作原理。

知识目标

◆掌握只读存储器的基本工作原理和基本应用;
◆掌握随机存取存储器的基本结构和工作原理;
◆掌握随机存取存储器容量扩展的基本方法;
◆掌握各种可编程逻辑器件的基本结构、电路表示方法和应用方法。

课时建议

理论教学 8 课时。根据学校情况选上该模块。

课堂随笔

11.1 只读存储器(ROM)

在电子计算机以及其他一些数字系统的工作过程中,都需要对大量的数据进行存储。因此,存储器就成了这些数字系统不可缺少的组成部分。存储器按材料可分为磁介质存储器(如软磁盘、磁带)、光介质存储器(如 CD、DVD)、半导体存储器(如 ROM、RAM),本书主要介绍半导体存储器。半导体存储器是一种能存储大量二值信息(或称为二值的数据)的半导体器件。半导体存储器按功能可分为只读存储器 ROM 和随机存取存储器 RAM(Random Access Memory,RAM)。由于计算机处理的数据量越来越大,运算速度越来越快,这就要求存储器具有更大存储容量和更快的存取速度。通常都把存储量和存取速度作为衡量存储器性能的重要指标。

11.1.1 只读存储器概述

1. 只读存储器的特点

只读存储器(Read-Only Memory,ROM)是存储固定信息的半导体存储器件,是存储结构最简单的一种。只读存储器的特点:

① 只能读出,不能写入。在正常工作状态下只读取数据,不能重新写入数据,只适应存储固定数据的场合。

② 电路结构简单,集成度高。

③ 具有信息的非易失性。只读存储器在断电以后数据不会丢失。

④ 存取时间在 20~50 ns。

2. 只读存储器的分类

只读存储器按照制造工艺可分为二极管 ROM、双极型 ROM(三极管)、单极型(MOS)。只读存储器按照存储内容写入方式可分为:

(1) 掩模编程 ROM

它所存储的固定逻辑信息,是由生产厂家通过光刻掩模板来决定的。

(2) 现场可编程 ROM(Programmable Read-only Memory)

它可细分为以下几类:

① PROM(可编程 ROM)。此类 ROM 采用熔丝结构,用户根据编程的需要,把无用的熔丝烧断来完成编程工作(即把信息写入到存储器中)。但一旦编程完毕,就无法再变更,故用户只可编程(写)一次。

② EPROM(可擦除可编程 ROM)。此类 ROM 存储单元中存储信息的管子采用浮栅(Floating-gate)结构,利用浮栅上有无电荷来存储信息,当需要重新编程时,可先用紫外光或 X 射线把原来存储的信息一次全部擦除,再根据需要编入新的内容,可反复编程。EPROM 不能逐字擦除所存内容,擦除需要紫外光或 X 射线源,且擦除时间长,使用不便。

③ EEPROM(电可擦除可编程 ROM,也写作 E^2PROM)。此类 ROM 存储单元中存储信息的管子采用浮栅隧道氧化物(Flotox)结构,它是利用 fowler-nordheim 隧道效应来实现存储管子中信息的存储和擦除,可以在较低的电压(约 20 V)下实现逐字的读和写。

④ Flash Memory(快闪存储器,也称为闪速存储器或快速擦写存储器)。此类 ROM 允许在线擦除和重写,既具有 ROM 非易失性的优点,又有很高的存取速度,寿命比 EEPROM 更长(擦除数据的次数越多,寿命缩短)。

11.1.2 掩模编程存储器

在采用掩模工艺制作 ROM 时，其中存储的数据是由制作过程中使用的掩模板决定的。这种掩模板是按照用户的要求专门设计的。因此，掩模 ROM 在出厂时内部存储的数据就已经"固化"在内了。

ROM 的电路结构包含存储矩阵、地址译码器和输出缓冲器三个组成部分，如图 11.1 所示。

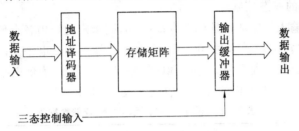

图 11.1　ROM 的电路结构框图

地址译码器的作用是将输入的地址代码译成相应的控制信号，利用这个控制信号从存储矩阵中将指定的单元选出，并把其中的数据送到输出缓冲器。

存储矩阵由许多存储单元排列而成。存储单元可以由二极管构成，也可以用双极型三极管或 MOS 管构成。每个单元能存放 1 位二值代码（0 或 1）。每一个或一组存储单元有一个对应的地址代码。

输出缓冲器的作用有两个，一是能提高存储器的带负载能力，二是实现对输出状态的三态控制，以便与系统的总线连接。

图 11.2 是具有 2 位地址输入码和 4 位数据输出的 ROM 电路，它的存储单元由二极管构成。它的

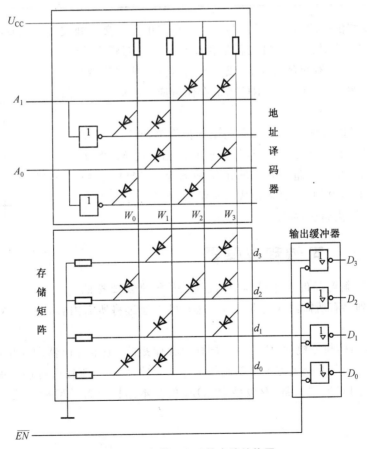

图 11.2　二极管 ROM 的电路结构图

地址译码器由4个二极管与门组成。2位地址代码A_1A_0能给出4个不同的地址。地址译码器将这4个地址代码分别译成$W_0 \sim W_3$ 4根线上的高电平。存储矩阵实际上是由4个二极管或门组成的编码器,当$W_0 \sim W_3$每根线上给出高电平信号时,都会在$d_3 \sim d_0$ 4根线上输出一个4位二进制代码。通常将每个输出代码称为一个"字",并将$W_0 \sim W_3$称为字线,将$d_3 \sim d_0$称为位线(或数据线),而A_1A_0称为地址线。输出端的缓冲器用来提高带负载能力,并将输出的高、低电平变换为标准的逻辑电平。同时,通过给定$\overline{EN}$信号实现对输出的三态控制。

在读取数据时,只要输入指定的地址码并令$\overline{EN}=0$,则指定地址内各存储单元所存的数据便会出现在输出数据线上。例如,当$A_1A_0=10$时,$W_2=1$,而其他字线均为低电平。由于只有d_2一根线与W_2间接有二极管,所以这个二极管导通后使d_2为高电平,而d_0、d_1和d_3为低电平。于是在数据输出端得到$D_3D_2D_1D_0=0100$。全部4个地址内的存储内容列于表11.1中。

表11.1 图11.2中所示ROM存储数据表

地址		数据			
A_1	A_0	D_3	D_2	D_1	D_0
0	0	0	1	0	1
0	1	1	0	1	1
1	0	0	1	0	0
1	1	1	1	1	0

不难看出,字线和位线的每个交叉点都是一个存储单元。交点处接有二极管时相当于存1,没有接二极管时相当于存0。交叉点的数目也就是存储单元数。习惯上用存储单元的数目表示存储器的存储容量(或称容量),并写成"(字数)×(位数)"的形式。例如,图11.2中ROM的存储量应表示成"4×4位"。

从图11.2中还可以看到,ROM的电路结构很简单,所以集成度可以做得很高,而且一般都是批量生产,价格便宜。当采用MOS工艺制作ROM时,译码器、存储矩阵和输出缓冲器全用MOS管组成。在大规模集成电路中MOS管多做成对称结构,同时也为了画图的方便,一般都采用简化画法,如图11.3所示。

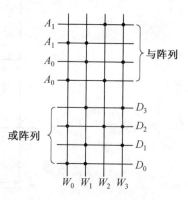

图11.3 简化ROM点阵图

11.1.3 可编程存储器

在开发数字电路新产品的工作过程中,设计人员经常需要按照自己的设想迅速得到存有所需内容的ROM。这时可以通过将所需内容自行写入PROM而得到要求的ROM。

PROM的总体结构与掩模ROM一样,同样由存储矩阵、地址译码器和输出电路组成。不过在出厂时已经在存储矩阵的所有交叉点上全部制作了存储元件,即相当于在所有存储单元中都存入了1。

PROM一般采用双极型电路,双极型PROM的基本结构有熔丝型和结破坏型(击穿型或反熔丝型)两种类型。

1. 熔丝型 PROM

图 11.4 是熔丝型 PROM 存储单元的原理图，它由一只三极管和串在发射极的快速熔断丝组成。三极管的 BE 结相当于接在字线与位线之间的二极管。熔丝用很细的低熔点合金丝或多晶硅导线制成。在写入数据时只要设法将需要存入 0 的那些存储单元上的熔丝烧断就行了。

在正常工作电流下，熔丝不会被烧断；而当通过几倍工作电流的情况下，熔丝会立即被烧断。当选中某一单元时，若此单元的熔丝未被烧断，则晶体管导通，回路有电流，表示该单元存储信息 1；而若此单元的熔丝已被烧断，就构不成回路，故无电流流通，表示该单元存储信息 0。因此可以通过用烧断熔丝的办法来进行编程。

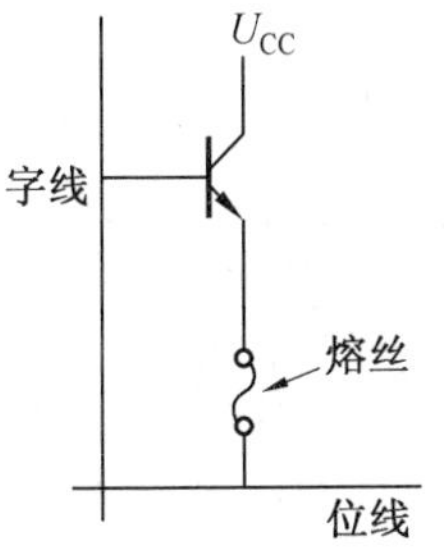

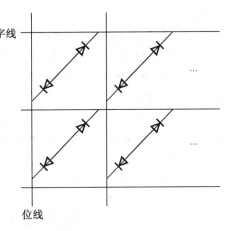

图 11.4　熔丝型 PROM 存储单元

2. 结破坏型（击穿型或反熔丝型）

由于熔丝在集成电路中所占的面积较大，所以后来又出现了所谓"反熔丝结构"的 PROM，即结破坏型。反熔丝结构 PROM 中的可编程连接点上不是熔丝，而是一个绝缘连接件（通常用特殊的绝缘材料或两个反相串联的肖特基势垒二极管）。未编程时所有的连接件均不导通，而在连接件上施加编程电压以后，绝缘被永久性击穿，连接点的两根导线被接通。

图 11.5 为结破坏型（击穿型）PROM 存储单元的示意图，其存储单元是一双背靠背连接的二极管跨接在对应的字线与位线的交叉处，因此在正常情况下它们不导通，芯片中没有写入数据，一般认为编程前全部单元都为 0。当用户编程时，通电将要写入 1 的单元中那只反接的二极管击穿，于是这一单元可以有电流流通，这表示写入了 1。

图 11.5　结破坏型（击穿型）PROM 存储单元

PROM 的内容一经写入以后，就不可能修改了，所以它只能写入一次。因此，PROM 仍不能满足研制过程中经常修改存储内容的需要。这就需要生产一种可以擦除重写的 ROM。

11.1.4　可擦除可编程存储器

由于可擦除的可编程 ROM（EPROM）中存储的数据可以擦除重写，因而在需要经常修改 ROM 中内容的场合它便成为一种比较理想的器件。最早研究成功并投入使用的 EPROM 是用紫外线照射进行擦除的，并被称为 EPROM。因此，现在一提到 EPROM 就是指的这种用紫外线擦除的可编程 ROM（Ultra－Violet Erasable Programmable Read－Only Memory，UVEPROM）。

EPROM 与前面已经讲过的 PROM 在总体结构形式上没有多大区别，只是采用了不同的存储单元。EPROM 中采用叠栅注入 MOS 管（Stacked－gate Injection Metal－Oxide－Semiconductor，SIMOS）制作的存储单元。

图 11.6 是 SIMOS 管的结构原理图和符号。它是一个 N 沟道增强型的 MOS 管，有两个重叠的栅极——控制栅 G_C 和浮置栅 G_f。控制栅 G_C 用于控制读出和写入，浮置栅 G_f 用于长期保存注入的电荷。

浮置栅上未注入电荷以前，在控制栅上加入正常的高电平能够使漏－源之间产生导电沟道，SIMOS 管导通。反之，在浮置栅上注入了负电荷以后，必须在控制栅上加入更高的电压才能抵消注入电荷的影响而形成导电沟道，因此在栅极加上正常的高电平信号时 SIMOS 管将不会导通。

当漏－源间加以较高的电压（约＋20～＋25 V）时，将发生雪崩击穿现象。如果同时在控制栅上加以高压脉冲（幅度约＋25 V，宽度约 50 ms），则在栅极电场的作用下，一些速度较高的电子便穿越 SiO_2

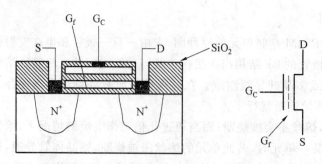

图 11.6 SIMOS 管的结构原理图和符号

层到达浮置栅,被浮置栅俘获而形成注入电荷。浮置栅上注入了电荷 SIMOS 管相当于写入了 1,未注入电荷的相当于存入了 0。漏极和源极间的高电压去掉以后,由于浮置栅被 SiO_2 绝缘层包围,注入浮置栅上的电荷没有放电通路,所以能长久保存下来。在 +125 ℃ 的环境温度下,70% 以上的电荷能保存 10 年以上。

如果用一定波长的紫外线或 X 射线照射 SIMOS 管的栅极氧化层,则 SiO_2 层中将产生电子-空穴对,为浮置栅上的电荷提供泄放通道,使之放电,这个过程称为擦除。擦除时间需 20～30 min。为便于擦除操作,在器件外壳上装有透明的石英盖板。在写好数据以后应使用不透明的胶带将石英盖板遮蔽,以防止数据丢失。

EPROM 的编程(写入)需要使用编程器完成。编程器是用于产生 EPROM 编程所需要的高压脉冲信号的装置。编程时将 EPROM 插到编程器上,并将准备写入 EPROM 的数据表装入编程器的随机存储器中,然后启动编程程序,编程器便将数据逐行地写入 EPROM 中。EPROM 的擦除在擦除器中进行。擦除器中的紫外线灯产生一定强度的紫外线,经过一定时间的照射后,即可将存储的数据擦除。

11.1.5 电可擦除可编程存储器和 Flash Memory(快闪存储器)

1. 电可擦除可编程存储器(EEPROM 或 E^2PROM)

虽然用紫外线擦除的 EPROM 具备了可擦除重写的功能,但擦除操作复杂,擦除速度很慢。为了克服这些缺点,又研制成了可以用电信号擦除的可编程 ROM,这就是通常所说的电可擦除可编程存储器(EEPROM 或 E^2PROM)。

在 E^2PROM 的存储单元中采用了一种称为浮栅隧道氧化层 MOS 管(Floating-gate Tunnel Oxide, Flotox 管),它的结构如图 11.7 所示。

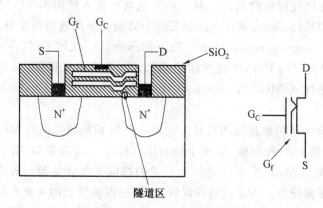

图 11.7 Flotox 管的结构和符号

Flotox 管与 SIMOS 管相似,它也属于 N 沟道增强型的 MOS 管,并且有两个栅极——控制栅 G_C 和浮置栅 G_f。所不同的是 Flotox 管的浮置栅与漏区之间有一个氧化层极薄(厚度在 2×10^{-8} m 以下)的区域,这个区域称为隧道区。当隧道区的电场强度大到一定程度时($>10^7$ V/cm),便在漏区和浮置栅之间出现导电隧道,电子可以双向通过,形成电流,这种现象称为隧道效应。

加到控制栅 G_C 和漏极 D 上的电压是通过浮置栅－漏极间的电容和浮置栅－控制栅间的电容分压加到隧道区上的。为了使加到隧道区上的电压尽量大,需要尽可能减小浮置栅和漏区间的电容,因而要求把隧道区的面积做得非常小。可见,在制作 Flotox 管时对隧道区氧化层的厚度、面积和耐压的要求都很严格。

虽然 E^2PROM 改用电压信号擦除了,但由于擦除和写入时需要加高电压脉冲,而且擦、写的时间仍较长,所以在系统的正常工作状态下,E^2PROM 仍然只能工作在它的读出状态,做 ROM 使用。

2. Flash Memory(快闪存储器)

快闪存储器则采用了种类似于 EPROM 的单管叠栅结构的存储单元,制成了新一代用电信号擦除的可编程 ROM。快闪存储器既吸收了 EPROM 结构简单、编程可靠的优点,又保留了 E^2PROM 用隧道效应擦除的快捷特性,而且集成度可以做得很高。自从 20 世纪 80 年代末期快闪存储器问世以来,便以其高集成度、大容量、低成本和使用方便等优点而引起普遍关注。产品的集成度在逐年提高,应用领域迅速扩展,它不仅取代了从前普遍使用的软磁盘,而且已经成为较大容量存储器。

11.2 随机存取存储器(RAM)

随机存储器也称随机读/写存储器,简称 RAM。在 RAM 工作时可以随时从任何一个指定地址读出数据,也可以随时将数据写入任何一个指定的存储单元中去。它的最大优点是读、写方便,使用灵活。但是,它也存在数据易失性的缺点(即一旦停电以后所存储的数据将随之丢失)。RAM 又分为静态随机存储器(SRAM)和动态随机存储器(DRAM)两大类。

11.2.1 静态随机存储器(SRAM)

1. SRAM 的结构和工作原理

SRAM 电路通常由存储矩阵、地址译码器和读/写控制电路(也称输入/输出电路)三部分组成,如图 11.8 所示。

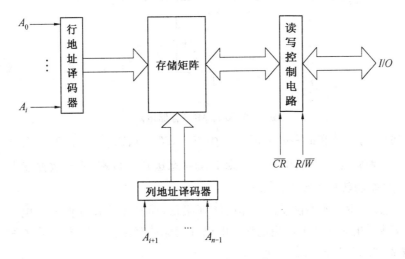

图 11.8　SRAM 的结构框图

存储矩阵由许多存储单元排列而成,每个存储单元能存储 1 位二值数据(1 或 0),在译码器和读/写电路的控制下,既可以写入 1 或 0,又可以将存储的数据读出。

地址译码器一般都分成行地址译码器和列地址译码器两部分。行地址译码器将输入地址代码的若干位译成某一条字线的输出高、低电平信号,从存储矩阵中选中一行存储单元;列地址译码器将输入地址代码的其余几位译成某一根输出线上的高、低电平信号,从字线选中的一行存储单元中再选 1 位(或几位),使这些被选中的单元经读/写控制电路与输入/输出端接通,以便对这些单元进行读、写操作。

读/写控制电路用于对电路的工作状态进行控制。当读/写控制信号 $R/\overline{W}=1$ 时,执行读操作,将存储单元里的数据送到输入/输出端上。当 $R/\overline{W}=0$ 时,执行写操作,加到输入/输出端上的数据被写入存储单元中。图中的双向箭头表示一组可双向传输数据的导线,它所包含的导线数目等于并行输入/输出数据的位数。多数 RAM 集成电路是用一根读/写控制线控制读/写操作的,但也有少数的 RAM 集成电路用两个输入端分别进行读和写控制。

在读/写控制电路上都设有片选输入端 $\overline{CS}$。当 $\overline{CS}=0$ 时 RAM 为正常工作状态;当 $\overline{CS}=1$ 时所有的输入/输出端均为高阻态,不能对 RAM 进行读/写操作。

2. SRAM 的静态存储单元

静态存储器单元是在 SR 锁存器的基础上附加门控管而构成的,因此,它是靠锁存器的自保功能存储数据的。

图 11.9 是用 6 只 N 沟道增强型 MOS 管组成的静态存储单元。其中 $T_1 \sim T_4$ 组成 SR 锁存器,用于记忆 1 位二值代码。T_5 和 T_6 是门控管,作模拟开关使用,以控制锁存器的 Q、$\overline{Q}$ 和位线 B_i、$\overline{B_i}$ 之间的联系。T_5、T_6 的开关状态由字线 X_i 的状态决定。$X_i=1$ 时 T_5、T_6 导通,锁存器的 Q 和 $\overline{Q}$ 端与位线 B_i、$\overline{B_i}$ 接通;$X_i=0$ 时,T_5、T_6 截止,锁存器与位线之间的联系被切断。每一列存储单元的开关状态由列地址译码器 Y_i 来控制,$Y_i=1$ 时导通,$Y_i=0$ 时截止。

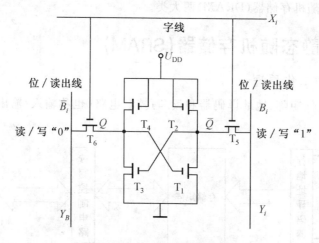

图 11.9　6 管 MOS 存储电路

存储单元所在的一行和所在的一列同时被选中以后,$X_i=1$,$Y_i=1$,T_5、T_6 均处于导通状态。Q 和 $\overline{Q}$ 与 B_i 和 $\overline{B_i}$ 接通。如果此时 $\overline{CS}=0$、$R/\overline{W}=1$,则 Q 端状态送到 I/O 端,实现数据读出。若此时 $\overline{CS}=0$、$R/\overline{W}=0$,则加到 I/O 端的数据被写入存储单元中。

采用 CMOS 工艺的 SRAM 不仅正常工作时功耗很低,而且还能在降低电源电压的状态下保存数据,因此它可以在交流供电系统断电后用电池供电以继续保持存储器中的数据不致丢失,用这种方法弥补半导体随机存储器数据易失的缺点。

11.2.2 动态随机存储器(DRAM)

RAM 的动态存储单元是利用 MOS 管栅极电容可以存储电荷的原理制成的。由于存储单元的结构能做得非常简单,所以在大容量、高集成度的 RAM 中得到了普遍的应用。但由于栅极电容的容量很小(通常仅为几皮法),而漏电流又不可能绝对等于零,所以电荷保存的时间有限。为了及时补充漏掉的电荷以避免存储的信号丢失,必须定时地给栅极电容补充电荷,通常将这种操作称为刷新或再生。因此,DRAM 工作时必须辅以必要的刷新控制电路(控制电路通常是做在 DRAM 芯片内部的),同时也使操作复杂化了。尽管如此,DRAM 仍然是目前大容量 RAM 的主流产品。

早期采用的动态存储单元为四管电路或三管电路。这两种电路的优点是外围控制电路比较简单,读出信号也比较大,而缺点是电路结构仍不够简单,不利于提高集成度。单管动态存储单元是所有存储单元中电路结构最简单的一种,虽然它的外围控制电路比较复杂,但由于在提高集成度上所具有的优势,使它成为目前所有大容量 DRAM 首选的存储单元。

图 11.10 是单管动态 MOS 存储单元的电路结构图。存储单元由一只 N 沟道增强型 MOS 管 T_4 和一个电容 C_S 组成。

在进行写操作时,字线给出高电平,使 T_4 导通,位线上的数据便经过 T_4 被存入 C_S 中。

在进行读操作时,字线同样应给出高电平,并使 T_4 导通。这时 C_S 经 T_4 向位线上的电容 C_B 提供电荷,使位线获得读出的信号电平。设 C_S 上原来存有正电荷,电压 U_{C_S} 为高电平,而位线电位 $U_B=0$,则执行读操作以后位线电平将上升为

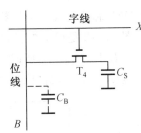

图 11.10 单管动态 MOS 存储单元

$$U_B = \frac{C_S}{C_S + C_B} U_{C_S}$$

因为在实际的存储器电路中位线上总是同时接有很多存储单元,使 $C_B \gg C_S$,所以位线上读出的电压信号很小。

例如,读出操作以前 $U_{C_S}=5$ V,$C_B/C_S=1/50$,则位线上的读出信号将仅有 0.1 V。而且在读出以后 C_S 上的电压也只剩下 0.1 V,所以这是一种破坏性读出。因此,需要 DRAM 中设置灵敏的读出放大器,一方面将读出信号加以放大,另一方面将存储单元里原来存储的信号恢复。

11.2.3 存储器容量的扩展

当使用一片 ROM 或 RAM 器件不能满足对存储容量的要求时,就需要将若干片 ROM 或 RAM 组合起来,形成一个容量更大的存储器。

1. 位扩展方式

如果每一片 ROM 或 RAM 中的字数已经够用而每个字的位数不够用,则应采用位扩展的连接方式,将多片 ROM 或 RAM 组合成位数更多的存储器。

RAM 的位扩展连接方法如图 11.11 所示。在这个例子中,用 8 片 1 024×1 位的 RAM 接成了一个 1 024×1 位的 RAM。

连接的方法十分简单,只需将 8 片的所有地址线、$R/\overline{W}$、$\overline{CS}$ 分别并联起来即可。每一片的 I/O 端作为整个 RAM 输入/输出数据端的一位,总的存储容量为每一片存储容量的 8 倍。

ROM 芯片上没有读/写控制端 $R/\overline{W}$,在进行位扩展时其余引出端的连接方法和 RAM 完全相同。

2. 字扩展方式

如果每一片存储器的数据位数够用而字数不够用,则需要采用字扩展方式,将多片存储器(RAM

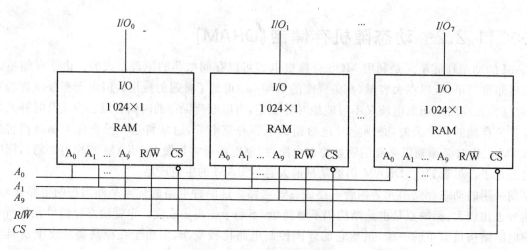

图 11.11　RAM 位扩展接法

或 ROM)芯片接成一个字数更多的存储器。

图 11.12 是用字扩展方式将 4 片 256×8 位的 RAM 接成一个 1 024×8 位 RAM 的例子。因为 4 片中共有 1 024 个字,所以必须给它们编成 1 024 个不同的地址。然而每片集成电路上的地址输入端只有 8 位($A_0 \sim A_7$),给出的地址范围全都是 0~255,无法区分 4 片中同样的地址单元。

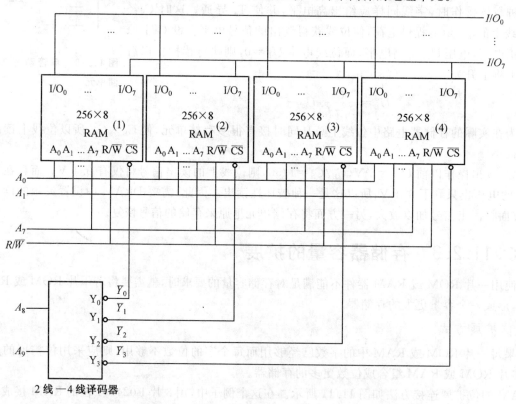

图 11.12　4 片 256×8 位 RAM 扩展为 1 024×8 位 RAM 的扩展接法

因此,必须增加两位地址代码 A_8、A_9,使地址代码增加到 10 位,才能得到 $2^{10}=1\ 024$ 个地址。如果取第一片的 $A_9A_8=00$,第二片的 $A_9A_8=01$,第三片的 $A_9A_8=10$,第四片的 $A_9A_8=11$,那么 4 片的地址分配将如表 11.2 中所示。

由表 11.2 可见,4 片 RAM 的低 8 位地址是相同的,所以接线时将它们分别并联起来就行了。由于每片 RAM 上只有 8 个地址输入端,所以 A_8A_9 的输入端只好借用 $\overline{CS}$ 端。图中使用 2 线—4 线译码器将

A_9A_8 的 4 种编码 00、01、10、11 分别译成 $\overline{Y}_0$、$\overline{Y}_1$、$\overline{Y}_2$、$\overline{Y}_3$ 4 个低电平输出信号，然后用它们分别去控制 4 片 RAM 的 $\overline{CS}$ 端。

表 11.2　图 11.12 中各片 RAM 电路的地址分配

器件编号	A_9	A_8	$\overline{Y}_0$	$\overline{Y}_1$	$\overline{Y}_2$	$\overline{Y}_3$	地址范围	$A_9A_8A_7A_6A_5A_4A_3A_2A_1A_0$（等效十进制数）
RAM(1)	0	0	0	1	1	1	00	00000000～00 11111111 (0)　　　　(255)
RAM(2)	0	1	1	0	1	1	01	00000000～01 11111111 (256)　　　(511)
RAM(3)	1	0	1	1	0	1	10	00000000～10 11111111 (512)　　　(767)
RAM(4)	1	1	1	1	1	0	11	00000000～11 11111111 (768)　　　(1 023)

此外，由于每一片 RAM 的数据端 $I/O_0 \sim I/O_7$ 都设置了由 $\overline{CS}$ 控制的三态输出缓冲器，而现在它们的 $\overline{CS}$ 任何时候只有一个处于低电平，故可将它们的数据端并联起来，作为整个 RAM 的 8 位数据输入/输出端。

上述字扩展接法也同样适用于 ROM 电路。

如果一片 RAM 或 ROM 的位数和字数都不够用，就需要同时采用位扩展和字扩展方法，用多片器件组成一个大的存储器系统，以满足对存储容量的要求。

11.3　可编程逻辑器件

11.3.1　概述

如果从逻辑功能的特点上将数字集成电路分类，则可以分为通用型和专用型两类。中、小规模数字集成电路(如 74 系列及其改进系列、CC4000 系列、74HC 系列等)都属于通用型数字集成电路。它们的逻辑功能都比较简单，而且是固定不变的。由于它们的这些逻辑功能在组成复杂数字系统时经常要用到，所以这些器件有很强的通用性。

从理论上讲，用这些通用型的中、小规模集成电路可以组成任何复杂的数字系统，但如果能把所设计的数字系统做成一片大规模集成电路，则不仅能减小电路的体积、质量、功耗，而且会使电路的可靠性大为提高。这种为某种专门用途而设计的集成电路称为专用集成电路，即所谓的 ASIC(Application Specific Integrated Circuit)。然而，在用量不大的情况下，设计和制造这样的专用集成电路不仅成本很高，而且设计、制造的周期也较长。这是一个很大的矛盾。

可编程逻辑器件(Programmable Logic Device,PLD)的研制成功为解决这个矛盾提供了一条比较理想的途径。PLD 虽然是作为一种通用器件生产，但它的逻辑功能是由用户通过对器件编程来设定的。而且，有些 PLD 的集成度很高，足以满足设计一般数字系统的需要。这样就可以由设计人员自行编程而将一个数字系统"集成"在一片 PLD 上，作成"片上系统"(System on Chip,SoC)，而不必去请芯片制造厂商设计和制作专用集成电路芯片。

自 20 世纪 80 年代以来 PLD 的发展非常迅速。目前生产和使用的 PLD 产品主要有可编程阵列逻辑(Programmable Array Logic,PAL)、通用阵列逻辑(Generic Array Logic,GAL)、可擦除的可编程逻辑器件(Erasable Programmable Logic Device,EPLD)、复杂的可编程逻辑器件(Complex Programmable Logic Device,CPLD)和现场可编程门阵列(Field Programmable Gate Array,FPGA)等几种类型。

其中 EPLD、CPLD 和 FPGA 的集成度比较高,有时又将这几种器件称为高密度 PLD,相对应地也将 PAL、GAL 称为低密度 PLD。

EPROM 实际上也是一种可编程逻辑器件,只是由于在绝大多数情况下都将它用作存储器使用,所以把它放在存储器部分介绍。

PLD 中的各种编程单元和之前部分所讲的 PROM 的各种编程单元是一样的。最初使用的编程单元也是熔丝或反熔丝,后来多数 PLD 都改用 CMOS 工艺制作,编程单元也相应地改成叠栅 MOS 管。

在发展各种类型 PLD 的同时,设计手段的自动化程度也日益提高。用于 PLD 编程的开发系统由硬件和软件两部分组成。硬件部分包括计算机和专门的编程器,软件部分有各种编程软件。这些编程软件都有较强的功能,操作也很简便,而且一般都可以在普通的 PC 机上运行。利用这些开发系统可以便捷地完成 PLD 的编程工作,这就大大提高了设计工作的效率。

新一代的在系统可编程(In System Programmable,ISP)器件的编程更加简单,编程时不需要使用专门的编程器,只要将计算机运行产生的编程数据直接写入 PLD 即可。

为便于画图,这里采用了图 11.13 中所示的逻辑图形符号,这也是目前国际、国内通行的画法。其中图(a)表示多输入端与门,图(b)是与门输出恒等于 0 时的简化画法,图(c)是多输入端或门,图(d)是互补输出的缓冲器,图(e)是三态输出缓冲器。

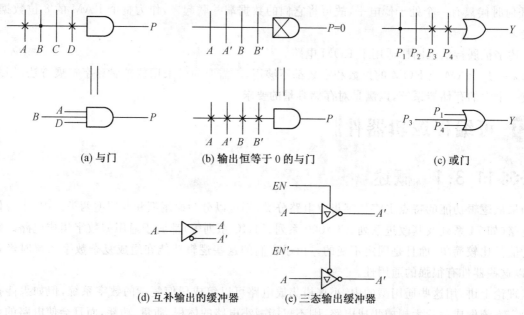

图 11.13 PLD 电路中门电路的惯用画法

11.3.2 现场可编程逻辑阵列(FPLA)

最早使用的 PLD 是现场可编程逻辑阵列(Field Programmable Logic Array),简称为 FPLA,它出现于 20 世纪 70 年代的后期。

我们已经知道,任何一个逻辑函数式都可以变换成与或表达式,因而任何一个逻辑函数都能用一级与逻辑电路和一级或逻辑电路来实现。

现场可编程逻辑阵列 FPLA 由可编程的与逻辑阵列和可编程的或逻辑阵列以及输出缓冲器组成,如图 11.14 所示,图中的与逻辑阵列最多可以产生 8 个可编程的乘积项,或逻辑阵列最多能产生 4 个组合逻辑函数。如果编程后的电路连接情况如图中所表示的那样,则当 $OE'=0$ 时可得

$Y_3 = ABCD + A'B'C'D'$ $Y_2 = AC + BD$
$Y_1 = A \oplus B$ $Y_0 = C \odot D$

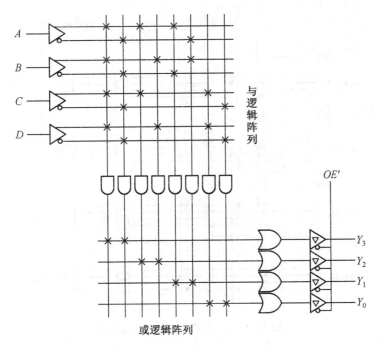

图 11.14　FPLA 的基本电路结构

将 FPLA 和 ROM 比较一下即可发现,它们的电路结构极为相似,都是由一个与逻辑阵列、一个或逻辑阵列和输出缓冲器组成。两者的不同在于,首先 ROM 的与逻辑阵列(即地址译码器)是固定的,而 FPLA 的与逻辑阵列是可编程的,其次,ROM 的与逻辑阵列将输入变量的全部最小项都译出了,而 FPLA 与逻辑阵列能产生的乘积项要比 ROM 少得多。

在使用 ROM 产生组合逻辑函数时,往往只用到了与逻辑阵列输出的最小项的一部分,而且有时这些最小项还可以合并,因此器件内部资源的利用率不高。然而在使用 FPLA 产生组合逻辑函数时,由于与逻辑阵列也是可编程的,所以可以通过编程只产生所需要的乘积项,这样就使得与逻辑阵列和或逻辑阵列所需要的规模大为减小,从而有效地提高了芯片的利用率。因此,使用 FPLA 设计组合逻辑电路比使用 ROM 更为合理。

11.3.3　可编程阵列逻辑(PAL)

PAL 是 20 世纪 70 年代末期由 MMI 公司率先推出的一种可编程逻辑器件,它采用双极型工艺制作,熔丝编程方式。随着 MOS 工艺的广泛应用,后来又出现了以叠栅 MOS 管作为编程器件的 PAL 器件。

PAL 器件由可编程的与逻辑阵列、固定的或逻辑阵列和输出电路三部分组成。通过对与逻辑阵列编程可以获得不同形式的组合逻辑函数。另外,在有些型号的 PAL 器件中,输出电路中设置有触发器和从触发器输出到与逻辑阵列的反馈线,利用这种 PAL 器件还可以很方便地构成各种时序逻辑电路。

图 11.15 所示电路是 PAL 器件当中最简单的一种电路结构形式,它仅包含一个可编程的与逻辑阵列和一个固定的或逻辑阵列,没有附加其他的输出电路。

由图 11.15 可见,在尚未编程之前,与逻辑阵列的所有交叉点上均有熔丝接通。编程时将有用的熔丝保留,将无用的熔丝熔断,即得到所需的电路。图 11.16 是经过编程后的一个 PAL 器件的结构图,它所产生的逻辑函数为

$Y_1 = I_1 I_2 I_3 + I_2 I_3 I_4 + I_1 I_3 I_4 + I_1 I_2 I_4$
$Y_2 = I_1' I_2' + I_2' I_3' + I_3' I_4' + I_4' I_1'$
$Y_3 = I_1 I_2' + I_1' I_2$

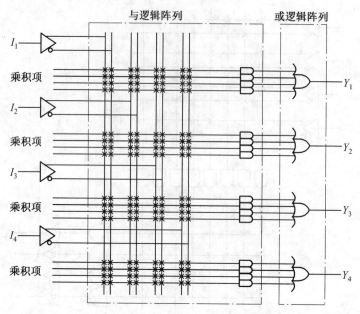

图 11.15 PAL 器件的基本电路结构

$Y_4 = I_1 I_2 + I'_1 I'_2$

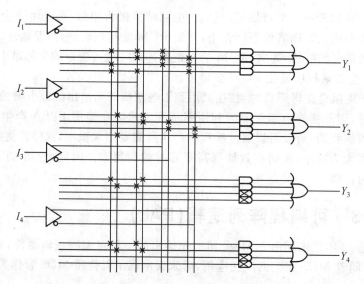

图 11.16 编程后的 PAL 电路

目前常见的 PAL 器件中,输入变量最多的可达 20 个,与逻辑阵列乘积项最多的有 80 个,或逻辑阵列输出端最多的有 10 个,每个或门输入端最多的达 16 个。为了扩展电路的功能并增加使用的灵活性,在许多型号的 PAL 器件中还增加了各种形式的输出电路。

11.3.4 其他可编程逻辑器件

1. 通用阵列逻辑(GAL)

PAL 器件的出现为数字电路的研制工作和小批量产品的生产提供了很大的方便。但是,由于它采用的是双极型熔丝工艺,一旦编程以后不能修改,因而不适应研制工作中经常修改电路的需要。采用 CMOS 可擦除编程单元的 PAL 器件克服了不可改写的缺点,然而 PAL 器件输出电路结构的类型繁多,仍给设计和使用带来一些不便。

为了克服 PAL 器件的缺点,Lattice 公司于 1985 年首先推出了另一种新型的可编程逻辑器件——通用阵列逻辑 GAL。GAL 采用电可擦除的 CMOS(E^2CMOS)制作,可以用电压信号擦除并可重新编程。GAL 器件的输出端设置了可编程的输出逻辑宏单元(Output Logic Macro Cell,OLMC)。通过编程可将 OLMC 设置成不同的工作状态,这样就可以用同一种型号的 GAL 器件实现 PAL 器件所有的各种输出电路工作模式,从而增强了器件的通用性。

2. 可擦除的可编程逻辑器件(EPLD)

EPLD 是继 PAL、GAL 之后推出的一种可编程逻辑器件,它采用 CMOS 和 UVEPROM 工艺制作,集成度比 PAL 和 GAL 器件高得多,其产品多半属于高密度 PLD。Atmel 公司生产的 EPLD 产品 AT22V10 基本结构形式和 PAL、GAL 器件类似,仍由可编程的与逻辑阵列、固定的或逻辑阵列和输出逻辑宏单元(OLMC)组成。

与 PAL 和 GAL 相比,EPLD 有以下几个特点:

①由于采用了 CMOS 工艺,所以 EPLD 具有 CMOS 器件低功耗、高噪声容限的优点。

②因为采用了 UVEPROM 工艺,以叠栅注入 MOS 管作为编程单元,所以不仅可靠性高、可以改写,而且集成度高、造价便宜。这也是选用 UVEPROM 工艺制作 EPLD 的一个主要原因。目前 EPLD 产品的集成度最高已达 1 万门以上。

③输出部分采用类似于 GAL 器件的可编程的输出逻辑宏单元。EPLD 的 OLMC 不仅吸收了 GAL 器件输出电路结构可编程的优点,而且还增加了对 OLMC 中触发器的预置数和异步置零功能。因此,EPLD 的 OLMC 要比 GAL 中的 OLMC 有更大的使用灵活性。此外,为提高与一或逻辑阵列中乘积项的利用率,有些 EPLD 的或逻辑阵列部分也引入了可编程逻辑结构。

重点串联

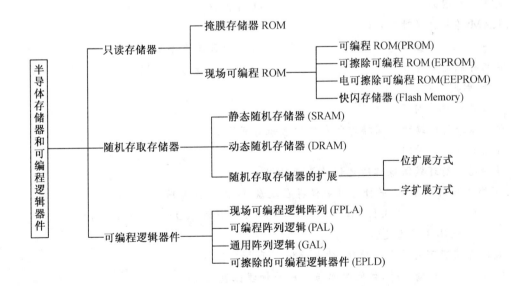

拓展与实训

一、选择题

1. 计算机的存储器体系是指(　　)。
   A. RAM　　　　　　B. ROM　　　　　　C. 主存储器　　　　D. Cache、主存和外存

2. 存储器是计算机系统的记忆设备,它主要用来(　　)。
   A. 存放数据　　　　B. 存放程序　　　　C. 存放数据和程序　D. 存放微程序

3. 内存若为 16 MB,则表示其容量为(　　)kB。
   A. 16　　　　　　　B. 16 384　　　　　C. 1 024　　　　　　D. 16 000

4. 可编程的只读存储器(　　)。
   A. 不一定可以改写　B. 一定可以改写　　C. 一定不可以改写　D. 以上都不对

5. 组成 2 M×8 bit 的内存,可以使用(　　)。
   A. 2 M×4 bit 进行并联　　　　　　　　B. 1 M×4 bit 进行串联
   C. 1 M×8 bit 进行并联　　　　　　　　D. 2 M×4 bit 进行串联

6. 若 RAM 中每个存储单元为 16 位,则下面正确的是(　　)。
   A. 地址线也是 16 位　　　　　　　　　B. 地址线与 16 位无关
   C. 地址线与 16 有关　　　　　　　　　D. 地址线不得少于 16 位

7. 若 RAM 芯片的容量是 2 M×8 bit,则该芯片引脚中地址线和数据线的数目和是(　　)。
   A. 21　　　　　　　B. 29　　　　　　　C. 18　　　　　　　D. 不可估计

8. 若存储器中有 1 k 个存储单元,采用双译码方式时要求译码输出线为(　　)。
   A. 1 024　　　　　　B. 10　　　　　　　C. 32　　　　　　　D. 64

9. RAM 芯片串联时可以(　　)。
   A. 增加存储单元数量　　　　　　　　　B. 增加存储器字长
   C. 提高存储器的速度　　　　　　　　　D. 降低存储器的平均价格

10. RAM 芯片并联时可以(　　)。
    A. 增加存储单元数量　　　　　　　　　B. 增加存储器字长
    C. 提高存储器的速度　　　　　　　　　D. 降低存储器的平均价格

11. 存储周期是指(　　)。
    A. 存储器的读出时间
    B. 存储器进行连续读和写操作所允许的最短时间间隔
    C. 存储器的写入时间
    D. 存储器进行连续写操作所允许的最短时间间隔

12. 某微型计算机系统,若操作系统保存在软盘,其内存应采用(　　)。
    A. RAM　　　　　　B. ROM　　　　　　C. RAM 和 ROM　　D. 都不行

13. 下面所述不正确的是(　　)。
    A. 随机存储器可随时存取信息,掉电后信息丢失
    B. 在访问随机存储器时,访问时间与单元的物理位置无关
    C. 内存储器中存储的信息均是不可改变的
    D. 随机存储器和只读存储器可以统一编址

14. 和外存相比,内存的特点是(　　)。
    A. 容量大,速度快,成本低　　　　　　B. 容量大,速度慢,成本高

C. 容量小,速度快,成本高 　　　　　　D. 容量小,速度快,成本低

15. 机器字长32位,其存储容量为4 MB,若按字编址,它的寻址范围是(　　)。
 A. 0~1 MW　　　B. 0~1 MB　　　C. 0~4 MW　　　D. 0~4 MB

16. ROM和RAM的主要区别是(　　)。
 A. 断电后,前者保存的信息会丢失,后者则可长期保存而不会丢失
 B. 断电后,后者保存的信息会丢失,前者则可长期保存而不会丢失
 C. 前者是外存,后者是内存
 D. 后者是外存,前者是内存

17. 某RAM芯片,其容量为1 024×16位,该芯片的地址总线和数据总线数目分别为(　　)。
 A. 20,16　　　B. 20,4　　　C. 1 024,4　　　D. 1 024,16

二、判断题

1. 动态RAM和静态RAM都是易失性半导体存储器。　　　　　　　　　　　　(　)
2. 计算机的内存由RAM和ROM两种半导体存储器组成。　　　　　　　　　　(　)
3. PROM是可以多次改写的ROM。　　　　　　　　　　　　　　　　　　　　(　)
4. CPU访问存储器的时间是由存储器的容量决定的,存储器容量越大,访问存储器所需的时间越长。　　　　　　　　　　　　　　　　　　　　　　　　　　　　　　　　　　(　)
5. 因为半导体存储器加电后才能存储数据,断电后数据就丢失了,因此EPROM做成的存储器,加电后必须重写原来的内容。　　　　　　　　　　　　　　　　　　　　　　(　)
6. 因为动态存储器是破坏性读出,所以必须不断地刷新。　　　　　　　　　　(　)
7. ROM中的任何一个单元不能随机访问。　　　　　　　　　　　　　　　　　(　)

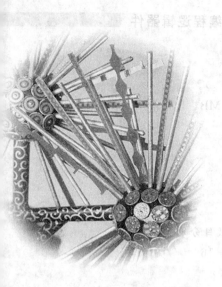

模块 12
模拟量和数字量的转换

教学聚集

本模块较系统地介绍了 D/A 转换器和 A/D 转换器的基本工作原理。在 D/A 转换器中,分别介绍了权电阻 D/A 转换器和倒 T 形电阻网络 D/A 转换器的电路结构和工作原理。在 A/D 转换器中,在介绍 A/D 转换的一般步骤后,分别讲述了逐次逼近型 A/D 转换器、双积分型 A/D 转换器和 VFC 型 A/D 转换器的工作原理。最后介绍配合教学使用的技能实训,供选择使用。

知识目标

◆ 掌握权电阻 D/A 转换器和倒 T 形电阻网络 D/A 转换器的电路结构和工作原理;
◆ 掌握逐次逼近型 A/D 转换器、双积分型 A/D 转换器和 VFC 型 A/D 转换器的工作原理。

课时建议
理论教学 4 课时。

课堂随笔

12.1 概述

由于数字电子技术的迅速发展,尤其是计算机在自动控制、自动检测以及许多其他领域中的广泛应用,用数字电路处理模拟信号的情况更加普遍。

为了能够使用数字电路处理模拟信号,必须将模拟信号转换成相应的数字信号,才能送入数字系统(例如微型计算机)进行处理。同时,往往还要求将处理后得到的数字信号再转换成相应的模拟信号,作为最后的输出。我们将前一种从模拟信号到数字信号的转换称为模—数转换,或简称为 A/D(Analog to Digital)转换,将后一种从数字信号到模拟信号的转换称为数—模转换,或简称为 D/A(Digital to Analog)转换。同时,将实现 A/D 转换的电路称为 A/D 转换器,简写为 ADC(Analog — Digital Converter);将实现 D/A 转换的电路称为 D/A 转换器,简写为 DAC(Digital — Analog Converter)。

为了保证数据处理结果的准确性,A/D 转换器和 D/A 转换器必须有足够的转换精度。同时,为了适应快速过程的控制和检测的需要,A/D 转换器和 D/A 转换器还必须有足够快的转换速度。因此,转换精度和转换速度是衡量 A/D 转换器和 D/A 转换器性能优劣主要标志。

目前常见的 D/A 转换器中,有权电阻网络 D/A 转换器、倒 T 形电阻网络 D/A 转换器、权电流型 D/A 转换器、权电容网络 D/A 转换器以及开关树型 D/A 转换器等几种类型。

A/D 转换器的类型也有多种,可以分为直接 A/D 转换器和间接 A/D 转换器两大类。在直接 A/D 转换器中,输入的模拟电压信号直接被转换成相应的数字信号;而在间接 A/D 转换器中,输入的模拟信号首先被转换成某种中间变量(例如时间、频率等),然后再将这个中间变量转换为输出的数字信号。

此外,在 D/A 转换器数字量的输入方式上,又有并行输入和串行输入两种类型。相对应地在 A/D 转换器数字量的输出方式上也有并行输出和串行输出两种类型。

12.2 D/A 转换器

12.2.1 权电阻网络 D/A 转换器

一个多位二进制数中每一位的 1 所代表的数值大小称为这一位的权。如果一个 n 位二进制数用 $D_n = d_{n-1} d_{n-2} \cdots d_1 d_0$ 表示,则从最高位(Most Significant Bit,MSB)到最低位(Least Significant Bit,LSB)的权将依次为 $2^{n-1}, 2^{n-2}, \cdots, 2^1, 2^0$。

图 12.1 是 4 位权电阻网络 D/A 转换器的原理图,它由权电阻网络、4 个模拟开关和 1 个求和放大器组成。

S_3、S_2、S_1 和 S_0 是 4 个电子开关,它们的状态分别受输入代码 d_3、d_2、d_1 和 d_0 的取值控制,代码为 1 时开关接到参考电压 V_{REF} 上,代码为 0 时开关接地。故 $d_i = 1$ 时有支路电流 I_i 流向求和放大器,$d_i = 0$ 时支路电流为零。

求和放大器是一个接成负反馈的运算放大器。为了简化分析计算,可以把运算放大器近似地看成是理想放大器——即它的开环放大倍数为无穷大,输入电流为零(输入电阻为无穷大),输出电阻为零。当同相输入端 V_+ 的电位高于反相输入端 V_- 的电位时,输出端对地的电压 V_o 为正;当 V_- 高于 V_+ 时,V_o 为负。

当参考电压经电阻网络加到 V_- 时,只要 V_- 稍高于 V_+,便在 V_o 产生很负的输出电压 V_o,经 R_F 反馈到 V_- 端使 V_- 降低,其结果必然使 $V_- \approx V_+ = 0$。

在认为运算放大器输入电流为零的条件下可以得到

$$V_o = -R_F I_\Sigma = -R_F (I_3 + I_2 + I_1 + I_0) \tag{12.1}$$

由于 $V_- \approx 0$,因而各支路电流分别为

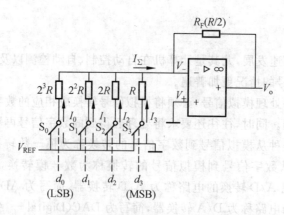

图 12.1 权电阻网络 D/A 转换器

$$I_3 = \frac{V_{\text{REF}}}{R}d_3\ (d_3=1\text{ 时},I_3=\frac{V_{\text{REF}}}{R},d_3=1\text{ 时},I_3=0)$$

$$I_2 = \frac{V_{\text{REF}}}{2R}d_2$$

$$I_1 = \frac{V_{\text{REF}}}{2^2 R}d_1$$

$$I_0 = \frac{V_{\text{REF}}}{2^3 R}d_0$$

将它们代入式(12.2)并取 $R_F=R/2$,则得到

$$V_o = -\frac{V_{\text{REF}}}{2^4}(d_3 2^3 + d_2 2^2 + d_1 2^1 + d_0 2^0) \tag{12.2}$$

对于 n 位的权电阻网络 D/A 转换器,当反馈电阻取 $R/2$ 时,输出电压的计算公式可写成

$$V_o = -\frac{V_{\text{REF}}}{2^n}(d_{n-1} 2^{n-1} + d_{n-2} 2^{n-2} + \cdots + d_1 2^1 + d_0 2^0) = -\frac{V_{\text{REF}}}{2^n}D_n \tag{12.3}$$

上式表明,输出的模拟电压正比于输入的数字量 D_n,从而实现了数字量到模拟量的转换。当 $D_n=0$ 时,$V_o=0$,当 $D_n=11\cdots11$ 时,$V_o=-\frac{2^n-1}{2^n}V_{\text{REF}}$,故 V_o 的最大变化范围是

$$0 \sim -\frac{2^n-1}{2^n}V_{\text{REF}}$$

从式(12.3)中还可以看到,在 V_{REF} 为正电压时输出电压 V_o 始终为负值。要想得到正的输出电压,可以将 V_{REF} 取为负值。

这个电路的优点是结构比较简单,所用的电阻元件很少。它的缺点是各个电阻的阻值相差较大,尤其是在输入信号的位数较多时,这个问题就更加突出。例如当输入信号增加到 8 位时,如果取权电阻网络中最小的电阻为 $R=10\text{ k}\Omega$,那么最大的电阻阻值将达到 $2^7 R=1.28\text{ M}\Omega$,两者相差 128 倍之多。要想在极为宽广的阻值范围内保证每个电阻都有很高的精度是十分困难的,尤其对制作集成电路更加不利。为了克服这一缺点,在输入数字量的位数较多时可以采用双级权电阻网络。

12.2.2 倒 T 形电阻网络 D/A 转换器

为了克服权电阻网络 D/A 转换器中电阻阻值相差太大的缺点,又研制出了如图 12.2 所示的倒 T 形电阻网络 D/A 转换器。由图可见,电阻网络中只有 R、$2R$ 两种阻值的电阻,这就给集成电路的设计和制作带来了很大的方便。

由图 12.2 可知,因为求和放大器反相输入端 V_- 的电位始终接近于零,所以无论开关 S_3、S_2、S_1、S_0

合到哪一边,都相当于接到了"地"电位上,流过每个支路的电流也始终不变。在计算倒T形电阻网络中各支路的电流时,可将电阻网络等效地画成图12.3所示的形式。(但应注意,V_-并没有接地,只是电位与"地"相等,因此这时又将V_-端称为"虚地"点。)不难看出,从AA、BB、CC、DD每个端口向左看过去的等效电阻都是R,因此从参考电源流入倒T形电阻网络的总电流为$I=V_{REF}/R$,而每个支路的电流依次为$I/2$、$I/4$、$I/8$、$I/16$。

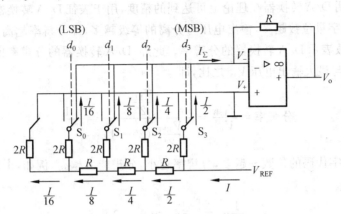

图 12.2　倒 T 形电阻网络 D/A 转换器

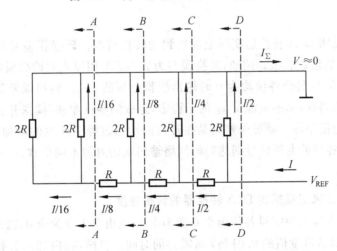

图 12.3　计算倒 T 形电阻网络支路电流的 D/A 转换器

如果令$d_i=0$时开关S_i接地(接放大器的V_+),而$d_i=1$的S_i接至放大器的V_-,则由图12.2可知

$$i_\Sigma = \frac{I}{2}d_3 + \frac{I}{4}d_2 + \frac{I}{8}d_1 + \frac{I}{16}d_0$$

在求和放大器的反馈电阻阻值等于R的条件下,输出电压为

$$V_o = -Ri_\Sigma = -\frac{V_{REF}}{2^4}(d_3 2^3 + d_2 2^2 + d_1 2^1 + d_0 2^0) \tag{12.4}$$

对于n位输入的倒T形电阻网络D/A转换器,在求和放大器的反馈电阻阻值为R的条件下,输出的模拟电压的计算公式为

$$V_o = -\frac{V_{REF}}{2^n}(d_{n-1} 2^{n-1} + d_{n-2} 2^{n-2} + \cdots + d_1 2^1 + d_0 2^0) = -\frac{V_{REF}}{2^n}D_n \tag{12.5}$$

上式说明输出的模拟电压与输入的数字量成正比。而式(12.5)和权电阻网络D/A转换器输出电压的计算公式(12.3)具有相同的形式。

12.2.3 D/A转换器的转换精度和转换速度

1. D/A转换器的转换精度

D/A转换器的转换精度通常用分辨率和转换误差来描述。

分辨率是用以说明D/A转换器在理论上可达到的精度,用于表征D/A转换器对输入微小量变化的敏感程度,显然输入数字量位数越多,输出电压可分离的等级越多,即分辨率越高。所以实际应用中,往往用输入数字量的位数表示D/A转换器的分辨率。此外,D/A转换器的分辨率也定义为电路所能分辨的最小输出电压V_{LSB}与最大输出电压V_m之比,即

$$分辨率 = \frac{V_{LSB}}{V_m} = \frac{-\frac{V_{REF}}{2^n}}{-\frac{V_{REF}}{2^n}(2^n-1)} = \frac{1}{2^n-1}$$

上式说明,输入数字代码的位数n越多,分辨率越小,分辨能力越高,例如,十位D/A转换器的分辨率为

$$\frac{1}{2^{10}-1} = \frac{1}{1\,023} \approx 0.000\,978$$

2. 转换误差

转换误差是用以说明D/A转换器实际上能达到的转换精度。转换误差可用输出电压满度值的百分数表示,也可用LSB的倍数表示。例如,转换误差为1/2LSB,用以表示输出模拟电压的绝对误差等于当输入数字量的LSB为1,其余各位均为0时输出模拟电压的1/2。转换误差又分静态误差和动态误差。产生静态误差的原因有:基准电源V_{REF}的不稳定,运放的零点漂移,模拟开关导通时的内阻和压降以及电阻网络中阻值的偏差等。动态误差则是在转换的动态过程中产生的附加误差,它是由于电路中的分布参数的影响,使各位的电压信号到达解码网络输出端的时间不同所致。

3. 转换速度

通常用建立时间t_{set}来定量描述D/A转换器的转换速度。

建立时间t_{set}是指在输入数字量各位由全0变为全1,或由全1变为全0,输出电压达到某一规定值(例如最小值取1/2LSB或满度值的0.01%)所需要的时间。目前,在内部只含有解码网络和模拟开关的单片集成D/A转换器中,$t_{set} \leq 0.1\,\mu s$;在内部还包含有基准电源和求和运算放大器的集成D/A转换器中,最短的建立时间在$1.5\,\mu s$左右。

12.3 A/D 转换器

12.3.1 A/D转换的基本原理

在A/D转换器中,因为输入的模拟信号在时间上是连续的而输出的数字信号是离散的,所以转换只能在一系列选定的瞬间对输入的模拟信号取样,然后再将这些取样值转换成输出的数字量。

因此,A/D转换的过程是首先对输入的模拟电压信号取样,取样结束后进入保持时间,在这段时间内将取样的电压量化为数字量,并按一定的编码形式给出转换结果。然后,再开始下一次取样。

1. 取样定理

由图12.4可见,为了能正确无误地用取样信号V_S表示模拟信号V_I,取样信号必须有足够高的频率。可以证明,为了保证能从取样信号将原来的被取样信号恢复,必须满足

$$f_S \geqslant 2f_{I(max)} \qquad (12.6)$$

式中，f_S 为取样频率，$f_{I(max)}$ 为输入模拟信号 V_I 的最高频率分量的频率。式(12.6)就是所谓的取样定理。

因此，A/D 转换器工作时的取样频率必须高于式(12.6)所规定的频率。取样频率提高以后留给每次进行转换的时间也应相应地缩短，这就要求转换电路必须具备更快的工作速度。因此，不能无限制地提高取样频率，通常取 $f_S = (3\sim5)f_{I(max)}$ 已满足要求。

由于转换是在取样结束后的保持时间内完成的，所以转换结果所对应的模拟电压是每次取样结束时的 V_I 值。

2. 量化和编码

数字信号不仅在时间上是离散的，而且数值大小的变化也是不连续的。这就是说，任何一个数字量的大小只能是某个规定的最小数量单位的整数倍。在进行 A/D 转换时，必须将取样电压表示为这个最小单位的整数倍。这个转化过程称为量化，所取的最小数量单位称为量化单位，用 Δ 表示。显然，数字信号最低有效位(LSB)的 1 所代表的数量大小就等于 Δ。

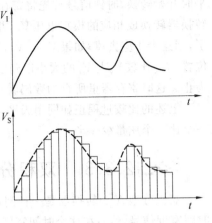

图 12.4 对输入模拟信号的取样

将量化的结果用代码(可以是二进制，也可以是其他进制)表示出来，称为编码。这些代码就是 A/D 转换的输出结果。

既然模拟电压是连续的，那么它就不一定能被 Δ 整除，因而量化过程不可避免地会引入误差，这种误差称为量化误差。

12.3.2 逐次逼近型 A/D 转换器

逐次逼近型 A/D 转换器是一种直接 A/D 转换器，其工作过程是：取一个数字量加到 D/A 转换器上，于是得到一个对应的输出模拟电压。将这个模拟电压和输入的模拟电压信号相比较。如果两者不相等，则调整所取的数字量，直到两个模拟电压相等为止，最后所取的这个数字量就是所求的转换结果。

逐次逼近型 A/D 转换器的工作原理可以用图 12.5 所示的框图来说明。这个转换器的电路由比较器、D/A 转换器(DAC)、寄存器、时钟脉冲源和控制逻辑等 5 个部分组成。

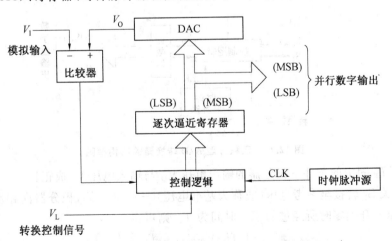

图 12.5 逐次逼近型 A/D 换器的电路结构框图

转换开始前先将寄存器清零，所以加给 D/A 转换器的数字量也是全 0。转换控制信号 V_L 变为高电平时开始转换,时钟信号首先将寄存器的最高位置1,使寄存器的输出为100…00。这个数字量被D/A转换器转换成相应的模拟电压V_o,并送到比较器与输入信号V_I进行比较。如果$V_o>V_I$,说明数字过大了,则这个1应去掉;如果$V_o<V_I$,说明数字还不够大,这个1应予保留。然后,再按同样的方法将次高位置1,并比较V_o与V_I的大小以确定这一位的1是否应当保留。这样逐位比较下去,直到最低位比较完为止。这时寄存器里所存的数码就是所求的输出数字量。

上述的比较过程正如同用天平去称量一个未知质量的物体时所进行的操作一样,而所使用的砝码一个比一个质量少一半。

12.3.3 双积分型 A/D 转换器

双积分型A/D转换器是一种间接A/D转换器,它首先将输入的模拟电压信号转换成与之成正比的时间宽度信号,然后在这个时间宽度里对固定频率的时钟脉冲计数,计数的结果就是正比于输入模拟电压的数字信号。因此,也将这种A/D转换器称为电压-时间变换型(简称V-T变换型)A/D转换器。

图12.6是双积分型A/D转换器的结构框图,它由积分器、比较器、计数器、控制逻辑和时钟脉冲源几个部分组成。

转换开始前(转换控制信号$V_L=0$)先将计数器清零,并接通开关S_0,使积分电容C完全放电。

$V_L=1$时开始转换。转换操作分两步进行:

第一步,令开关S_1合到输入信号电压V_I一侧,积分器对V_I进行固定时间的T_1的积分。积分结束时积分器的输出电压为

$$V_o = \frac{1}{C}\int_0^{T_1} -\frac{V_I}{R}dt = -\frac{T_1}{RC}V_I \tag{12.7}$$

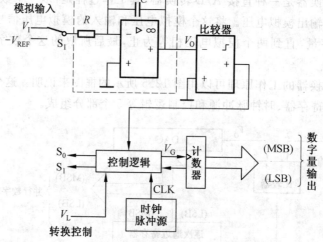

图 12.6 双积分型 A/D 转换器的结构框图

上式说明,在T_1固定的条件下积分器的输出电压V_o与输入电压V_I成正比。

第二步,令开关S_1转接至参考电压(或称为基准电压)$-V_{REF}$一侧,积分器向相反方向积分。如果积分器的输出电压上升到零时所经过的积分时间为T_2,则可得

$$V_o = \frac{1}{C}\int_0^{T_2}\frac{V_{REF}}{R}dt - \frac{T_1}{RC}V_I = 0$$

$$\frac{T_2}{RC}V_{REF} = \frac{T_1}{RC}V_I$$

故得到

$$T_2 = \frac{T_1}{V_{\text{REF}}} V_{\text{I}} \tag{12.8}$$

可见,反向积分到 $V_O=0$ 的这段时间 T_2 与输入信号 V_I 成正比。令计数器在 T_2 这段时间里对固定频率为 $f_c(f_c=1/T_c)$ 的时钟脉冲 CLK 计数,则计数结果也一定与 V_I 成正比,即

$$D = \frac{T_2}{T_c} = \frac{T_1}{T_c V_{\text{REF}}} V_{\text{I}} \tag{12.9}$$

上式中的 D 为表示计数结果的数字量。

若取 T_1 为 T_c 的整数倍,即 $T_1 = NT_c$,则上式可化成

$$D = \frac{N}{V_{\text{REF}}} V_{\text{I}} \tag{12.10}$$

双积分型 A/D 转换器最突出的优点是工作性能比较稳定。由于转换过程中先后进行了两次积分,而且由式(12.10)可知,只要在这两次积分期间 R、C 的参数相同,则转换结果与 R、C 的参数无关。因此,R、C 参数的缓慢变化不影响电路的转换精度,而且也不要求 R、C 的数值十分精确。此外,式(12.10)还说明,在取 $T_1 = NT_c$ 的情况下转换结果与时钟信号周期无关。只要每次转换过程中 T_c 不变,那么时钟周期在长时间里发生缓慢的变化也不会带来转换误差。因此,我们完全可能用精度比较低的元、器件制成精度很高的双积分型 A/D 转换器。

双积分型 A/D 转换器的另一个优点是抗干扰能力比较强。因为转换器的输入端使用了积分器,所以对平均值为零的各种噪声有很强的抑制能力。在积分时间等于交流电网电压周期的整数倍时,能有效地抑制来自电网的工频干扰。

双积分型 A/D 转换器的主要缺点是工作速度低。如果加上转换前的准备时间(积分电容放电及计数器复位所需要的时间)和输出转换结果的时间,则完成一次转换所需的时间相对较长。双积分型 A/D 转换器的转换速度一般都在每秒几十次以内。

尽管如此,由于它的优点十分突出,所以在对转换速度要求不高的场合(例如数字式电压表等)双积分型 A/D 转换器用得非常广泛。

双积分型 A/D 转换器的转换精度受计数器的位数、比较器的灵敏度、运算放大器和比较器的零点漂移、积分电容的漏电、时钟频率的瞬时波动等多种因素的影响。因此,为了提高转换精度仅靠增加计数器的位数是远不够的。特别是运算放大器和比较器的零点漂移对精度影响很大,必须采取措施予以消除。为此,在实用的电路中都增加了零点漂移的自动补偿电路。

为防止时钟信号频率在转换过程中发生波动,可以使用石英晶体振荡器作为脉冲源。同时,还应选择漏电非常小的电容器作为积分电容,并注意减小积分电容接线端通过底板的漏电流。

现在已有多种单片集成的双积分型 A/D 转换器定型产品。只需外接少量的电阻和电容元件,用这些芯片就能很方便地接成 A/D 转换器,并且可以直接驱动 LCD 或 LED 数码管。例如 CB7106/7126、CB7107/7127 都属于这类器件。为了能直接驱动数码管,在这些集成电路的输出部分都附加了数据锁存器和译码、驱动电路。而且,为便于驱动二－十进制译码器,计数器都采用二－十进制接法。此外,在芯片的模拟信号输入端还设置了输入缓冲器,以提高电路的输入阻抗。同时,集成电路内部还设有自动调零电路,以消除比较器和放大器的零点漂移和失调电压,保证输入为零时输出为零。

12.3.4 VFC 型 A/D 转换器

电压－频率变换型 A/D 转换器(简称 VFC 型 A/D 转换器)也是一种间接 A/D 转换器。在 VFC 型 A/D 转换器中,首先将输入的模拟电压信号转换成与之成比例的频率信号,然后在一个固定的时间间隔里对得到的频率信号计数,所得到的计数结果就是正比于输入模拟电压的数字量。

VFC 型 A/D 转换器的电路结构框图可以画成图 12.7 所示的形式，它由 V-F 变换器（也称为压控振荡器 Voltage Controlled Oscillator,VCO）、计数器及其时钟信号控制闸门、寄存器、单稳态触发器等几部分组成。

转换过程通过闸门信号 V_G 控制。当 V_G 变成高电平后转换开始，V-F 变换器的输出脉冲通过闸门 G 给计数器计数。由于 V_G 是固定宽度 T_G 的脉冲信号，而 V-F 变换器的输出脉冲的频率 f_{out} 与输入的模拟电压成正比，所以每个 T_G 周期期间计数器所记录的脉冲数目也与输入的模拟电压成正比。

为了避免在转换过程中输出的数字跳动，通常在电路的输出端设有输出寄存器。每当转换结束时，用 V_G 的下降沿将计数器的状态置入寄存器中。同时，用 V_G 的下降沿触发单稳态触发器，用单稳态触发器的输出脉冲将计数器置零。

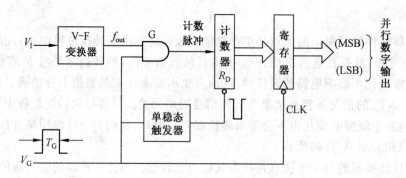

图 12.7 VFC 型 A/D 转换器的结构框图

因为 V-F 变换器的输出信号是一种调频信号，而这种调频信号不仅易于传输和检出，还有很强的抗干扰能力，所以 VFC 型 A/D 转换器非常适于在遥测、遥控系统中应用。在需要远距离传送模拟信号并完成 A/D 转换的情况下，一般是将 V-F 变换器设置在信号发送端，而将计数器及其时钟闸门、寄存器等设置在接收端。

VFC 型 A/D 转换器的转换精度首先取决于 V-F 变换器的精度。其次，转换精度还受计数器计数容量的影响，计数器容量越大转换误差越小。

V-F 变换器的电路结构有多种形式，目前在单片集成的精密 V-F 变换器当中，多采用电荷平衡式电路结构。电荷平衡式 V-F 变换器的电路结构又有积分器型和定时器型两种常见的形式。

12.3.5 A/D 转换器的转换精度和转换速度

1. A/D 转换器的转换精度

A/D 转换器也采用分辨率和转换误差来描述转换精度。

分辨率是指引起输出数字量变动一个二进制码最低有效位（LSB）时，输入模拟量的最小变化量。它反映了 A/D 转换器对输入模拟量微小变化的分辨能力。在最大输入电压一定时，位数越多，量化单位越小，分辨率越高。

转换误差通常用输出误差的最大值形式给出，常用最低有效位的倍数表示，反映 A/D 转换器实际输出数字量和理论输出数字量之间的差异。

2. A/D 转换器的转换速度

转换速度是指从转换控制信号（V_L）到来，到 A/D 转换器输出端得到稳定的数字量所需要的时间。转换时间与 A/D 转换器类型有关，并行比较型一般在几十个纳秒，逐次比较型在几十个微秒，双积分型在几十个毫秒数量级。

实际应用中，应根据数据位数、输入信号极性与范围、精度要求和采样频率等几个方面综合考虑

A/D 转换器的选用。

重点串联

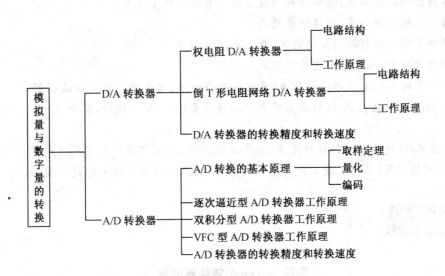

拓展与实训

基础训练

一、选择题

1. 一个无符号 8 位数字量输入的 DAC,其分辨率为( )位。
   A. 1   B. 3   C. 4   D. 8
2. 一个无符号 10 位数字输入的 DAC,其输出电平的级数为( )。
   A. 4   B. 10   C. 1 024   D. 210
3. 一个无符号 4 位权电阻 DAC,最低位处的电阻为 40 kΩ,则最高位处电阻为( )。
   A. 4 kΩ   B. 5 kΩ   C. 10 kΩ   D. 20 kΩ
4. 4 位倒 T 形电阻网络 DAC 的电阻网络的电阻取值有( )种。
   A. 1   B. 2   C. 4   D. 8
5. 为使采样输出信号不失真地代表输入模拟信号,采样频率和输入模拟信号的最高频率的关系是( )。
   A. ≥ 1 B. ≤ 1 C. ≥ 2 D. ≤ 2
6. 将一个时间上连续变化的模拟量转换为时间上断续(离散)的模拟量的过程称为( )。
   A. 采样   B. 量化   C. 保持   D. 编码
7. 用二进制码表示指定离散电平的过程称为( )。
   A. 采样   B. 量化   C. 保持   D. 编码
8. 将幅值上、时间上离散的阶梯电平统一归并到最邻近的指定电平的过程称为( )。
   A. 采样   B. 量化   C. 保持   D. 编码
9. 以下四种转换器,( )是 A/D 转换器且转换速度最高。

A. 并联比较型　　　B. 逐次逼近型　　　C. 双积分型　　　D. 施密特触发器

二、判断题

1. 权电阻网络 D/A 转换器的电路简单且便于集成工艺制造,因此被广泛使用。（　）
2. D/A 转换器的最大输出电压的绝对值可达到基准电压 V_{REF}。（　）
3. D/A 转换器的位数越多,能够分辨的最小输出电压变化量就越小。（　）
4. D/A 转换器的位数越多,转换精度越高。（　）
5. A/D 转换器的二进制数的位数越多,量化单位 Δ 越小。（　）
6. A/D 转换过程中,必然会出现量化误差。（　）
7. A/D 转换器的二进制数的位数越多,量化级分得越多,量化误差就可以减小到 0。（　）
8. 一个 N 位逐次逼近型 A/D 转换器完成一次转换要进行 N 次比较,需要 N+2 个时钟脉冲。（　）
9. 双积分型 A/D 转换器的转换精度高、抗干扰能力强,因此常用于数字式仪表中。（　）
10. 采样定理的规定,是为了能不失真地恢复原模拟信号,而又不使电路过于复杂。（　）

职业能力训练

实训一　D/A 转换器的应用

1. 实训目的

加强对 D/A 转换器的理解,学会使用 D/A 转换器芯片,掌握 D/A 转换电路零点和满度值的调整方法。

2. 实训器材

D/A 转换器芯片 DAC0832,运算放大器芯片,直流电源。

3. 实训内容

用 D/A 转换器将数字量转换为模拟量。图 12.8 给出了一个 D/A 转换的参考电路。

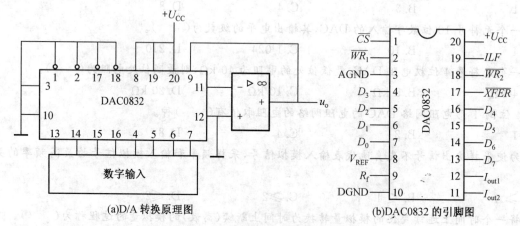

图 12.8　DAC0832 应用原理电路

4. 实训步骤

（1）查阅 D/A 转换器芯片 DAC0832 相关参数和引脚图;

（2）自拟实验电路和实验方案,并画出电路原理图;

（3）写出实验步骤,设计记录数据表格;

（4）分析实验结果:分辨率、相对误差,并绘制成转换曲线。

5. 实训总结
(1)对实训数据进行处理,对 D/A 转换器主要参数进行分析。
(2)总结测试中遇到的问题及解决方法。
(3)撰写实训报告。

实训二　A/D 转换器的应用

1. 实训目的
熟悉 A/D 转换器芯片的应用,加深对 A/D 转换器的理解,正确选择基准电压 V_{REF}。

2. 实训器材
A/D 转换器芯片 ADC0804,直流电源。

3. 实训内容
用 A/D 转换器将模拟信号转换为数字量。图 12.9 给出了一个 A/D 转换器的参考电路。

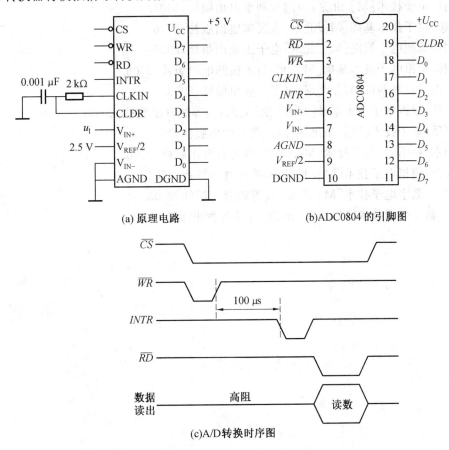

图 12.9　ADC0804 应用原理电路

4. 实训步骤
(1)查阅 A/D 转换器芯片 ADC0804 相关参数和引脚图;
(2)自拟实验电路和实验方案,并画出电路原理图;
(3)写出实验步骤,设计记录数据表格;
(4)分析实验结果,并绘制成转换曲线。

5. 实训总结
(1)对实训数据进行处理,对 A/D 转换器主要参数进行分析。
(2)总结测试中遇到的问题及解决方法。
(3)撰写实训报告。

参 考 文 献

[1] 华成英.模拟电子技术基础[M].北京:高等教育出版社,2006.
[2] 杨素行.模拟电子技术基础简明教程[M].北京:高等教育出版社,1998.
[3] 康华光.电子技术基础[M].4版.北京:高等教育出版社,2000.
[4] 周良权,傅恩锡,李世馨.模拟电子技术基础[M].3版.北京:高等教育出版社,2008.
[5] 马安良.电子技术[M].北京:中国水利水电出版社,2004.
[6] 陈振源.电子技术基础[M].北京:人民邮电出版社,2006.
[7] 刘树林.低频电子线路[M].北京:电子工业出版社,2003.
[8] 陈仲林.模拟电子技术基础[M].北京:人民邮电出版社,2006.
[9] 周雪.电子技术基础[M].北京:电子工业出版社,2003.
[10] 周良权.模拟电子技术基础[M].3版.北京:高等教育出版社,2005.
[11] 黄仁欣.电子技术[M].徐州:中国矿业大学出版社,2005.
[12] 吕国泰,白明友.电子技术[M].北京:高等教育出版社,2008.
[13] 胡宴如.模拟电子技术[M].北京:高等教育出版社,2004.
[14] 杨志忠.数字电子技术[M].北京:高等教育出版社,2003.
[15] 阎石.数字电子技术[M].5版.北京:高等教育出版社,2006.

「十二五」高职高专体验互动式创新规划教材

电子技术实训手册

DIANZI JISHU SHIXUN SHOUCE

主　编　袁明文　谢广坤
副主编　王邦林　张　洁　杨媛媛
编　者　董云波　杨思源　龚安顺
　　　　代广才　陈　阳　何　滔
　　　　马黎明

哈尔滨工业大学出版社

目录 Contents

实训项目 1　晶体管共射极单管放大电路的测试 …………………… 1

实训项目 2　场效应管放大电路的测试 …………………………… 7

实训项目 3　差动放大电路的测试 ………………………………… 11

实训项目 4　集成运算放大器的基本应用（Ⅰ）…………………… 15

实训项目 5　集成运算放大器的基本应用（Ⅱ）…………………… 20

实训项目 6　集成运算放大器的基本应用（Ⅲ）…………………… 24

实训项目 7　低频功率放大电路的调整与测试 …………………… 29

实训项目 8　直流稳压电源 ………………………………………… 33

实训项目 9　组合逻辑电路的逻辑功能测试 ……………………… 38

实训项目 10　加法器 ……………………………………………… 40

实训项目 11　触发器 ……………………………………………… 43

实训项目 12　时序逻辑电路测试及研究 ………………………… 46

实训项目 13　集成计数器及寄存器 ……………………………… 48

实训项目 14　译码器和数据选择器 ……………………………… 51

实训项目 1 晶体管共射极单管放大电路的测试

【实训目标】

(1) 学会放大器静态工作点的调试方法,分析静态工作点对放大器性能的影响。

(2) 掌握放大器电压放大倍数、输入电阻、输出电阻及最大不失真输出电压的测试方法。

(3) 熟悉常用电子仪器及模拟电路实验设备的使用方法。

【实训时间】

4 课时

【实训设备】

+12 V 直流电源;函数信号发生器;双踪示波器;交流毫伏表;直流电压表;直流毫安表;频率计;万用表;晶体三极管 3DG6×1(β=50~100)或 9011×1(管脚排列如图实 1.1 所示)。

【实训内容】

(1) 放大器静态工作点的测量与调试。

(2) 放大器动态指标测试。

【实训原理和步骤】

一、实训原理

图实 1.2 为电阻分压式工作点稳定单管共发射极放大电路。放大电路的偏置电路由电阻 R_{B1} 和 R_{B2} 组成的分压电路组成,并在发射极接有稳定放大器的静态工作点的电阻 R_E。当在放大器的输入端加入输入信号 u_i 后,在放大器的输出端便可得到一个与 u_i 相位相反、幅值被放大了的输出信号 u_o,从而实现了电压放大。

在图实 1.2 电路中,当流过偏置电阻 R_{B1} 和 R_{B2} 的电流远大于晶体管 T 的基极电流 I_B 时(一般 5~10 倍),则它的静态工作点可用下式估算

$$U_B \approx \frac{R_{B1}}{R_{B1}+R_{B2}} U_{CC}$$

$$I_E \approx \frac{U_B - U_{BE}}{R_E} \approx I_C$$

$$U_{CE} = U_{CC} - I_C(R_C + R_E)$$

电压放大倍数 A_u、输入电阻 r_i、输出电阻 r_o 等动态性能指标分别为：

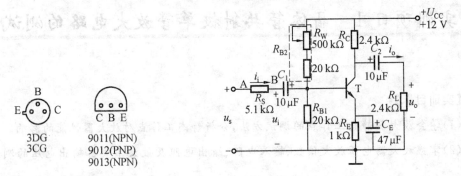

图实 1.1　晶体三极管管脚排列　　图实 1.2　电阻分压式工作点稳定共射极单管放大电路

（1）电压放大倍数 A_u

$$A_u = -\beta \frac{R_C // R_L}{r_{be}}$$

（2）输入电阻 r_i

$$r_i = R_{B1} // R_{B2} // r_{be}$$

（3）输出电阻 r_o

$$r_o \approx R_C$$

放大电路的测量和调试一般包括：放大电路静态工作点的测量与调试，消除干扰与自激振荡，以及放大电路各项动态参数的测量与调试等。

1. 放大电路静态工作点的测量与调试

（1）静态工作点的测量。测量放大器的静态工作点，应在输入信号 $u_i=0$ 的情况下进行，即将放大器输入端与地端短接，然后选用量程合适的直流毫安表和直流电压表，分别测量晶体管的集电极电流 I_C 以及各电极对地的电位 U_B、U_C 和 U_E。一般实验中，为了避免断开集电极，采用测量电压 U_E 或 U_C，然后算出 I_C 的方法，例如，只要测出 U_E，即可用 $I_C \approx I_E = \frac{U_E}{R_E}$ 算出 I_C（也可根据 $I_C = \frac{U_{CC} - U_C}{R_C}$，由 U_C 确定 I_C），同时也能算出 $U_{BE} = U_B - U_E$，$U_{CE} = U_C - U_E$。

（2）静态工作点的调试。放大器静态工作点的调试是指对管子集电极电流 I_C（或 U_{CE}）的调整与测试。

静态工作点是否合适，对放大器的性能和输出波形都有很大影响。如工作点偏高，放大器在加入交流信号以后易产生饱和失真，此时 u_o 的负半周将被削底，如图实 1.3(a) 所示；如工作点偏低则易产生截止失真，即 u_o 的正半周被缩顶（一般截止失真不如饱和失真明显），如图实 1.3(b)所示。这些情况都不符合不失真放大的要求。所以在选定工作点以后还必须进行动态调试，即在放大器的输入端加入一定的输入电压 u_i，检查输出电压 u_o 的大小和波形是否满足要求。如不满足，则应调节静态工作点的位置。

改变电路参数 U_{CC}、R_C、R_{B1}、R_{B2} 都会引起静态工作点的变化，如图实 1.4 所示。但通常采用调节偏置电阻 R_{B2} 的方法来改变静态工作点，如减小 R_{B2} 则可使静态工作点提高，增大 R_{B2} 可使静态工作点降低。

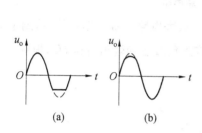

图实 1.3　静态工作点对 u_o 波形失真的影响　　图实 1.4　电路参数对静态工作点的影响

最后还要说明的是，上面所说的工作点"偏高"或"偏低"不是绝对的，应该是相对信号的幅度而言，如输入信号幅度很小，即使工作点较高或较低也不一定会出现失真。所以确切地说，产生波形失真是信号幅度与静态工作点设置配合不当所致。如需满足较大信号幅度的要求，静态工作点最好尽量靠近交流负载线的中点。

2. 放大电路动态指标测试

放大器动态指标包括电压放大倍数、输入电阻、输出电阻、最大不失真输出电压（动态范围）和通频带等。

（1）电压放大倍数 A_u 的测量。调整放大器到合适的静态工作点，然后加入输入电压 u_i，在输出电压 u_o 不失真的情况下，用交流毫伏表测出 u_i 和 u_o 的有效值 U_i 和 U_o，则

$$A_u = \frac{U_o}{U_i}$$

（2）输入电阻 r_i 的测量。为了测量放大器的输入电阻，按图实 1.5 所示在被测放大电路的输入端与信号源之间串入电阻 R，在放大电路正常工作的情况下，用交流毫伏表测出 U_s 和 U_i，则根据输入电阻的定义可得

$$r_i = \frac{U_i}{I_i} = \frac{U_i}{\dfrac{U_R}{R}} = \frac{U_i}{U_s - U_i} R$$

测量时应注意下列几点：

① 测量 R 两端电压 U_R 时，先分别测出 U_s 和 U_i，然后按 $U_R = U_s - U_i$ 求出 U_R 值。

② 电阻 R 的值不宜取得过大或过小，以免产生较大的测量误差，通常取 R 与 r_i 为同一数量级为好，本实验可取 $R = 1 \sim 2 \text{ k}\Omega$。

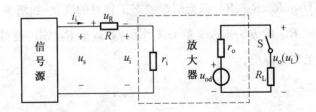

图实 1.5　输入、输出电阻测量电路

(3) 输出电阻 r_o 的测量。按图实 1.5 电路所示，在放大电路正常工作条件下，测量输出端不接负载 R_L 的输出电压 U_o（此时 $U_o = U_{od}$）和接入负载后的输出电压 U_L，根据

$$U_L = \frac{R_L}{r_o + R_L} U_o$$

即可求出

$$r_o = \left(\frac{U_o}{U_L} - 1\right) R_L$$

在测试中应注意，必须保持 R_L 接入前后输入信号的大小不变。

(4) 最大不失真输出电压 U_{OPP} 的测量（最大动态范围）。如上所述，为了得到最大动态范围，应将静态工作点调在交流负载线的中点。为此在放大器正常工作情况下，逐步增大输入信号的幅度，并同时调节 R_w（改变静态工作点），用示波器观察 u_c，当输出波形同时出现削底和缩顶现象（见图实 1.6）时，说明静态工作点已调在交流负载线的中点。然后反复调整输入信号，使波形输出幅度最大，且无明显失真时，用交流毫伏表测出 U_o（有效值），则动态范围等于 $2\sqrt{2} U_o$。或用示波器直接读出 U_{OPP}。

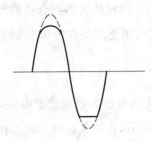

图实 1.6　静态工作点正常、输入信号太大引起的失真

二、实训步骤

实训电路如图实 1.2 所示。为防止干扰,各仪器的公共端必须连在一起,同时信号源、交流毫伏表和示波器的引线应采用专用电缆线或屏蔽线,如使用屏蔽线,则屏蔽线的外包金属网应接在公共接地端上。

1. 调试静态工作点

接通直流电源前,先将 R_W 调至最大,函数信号发生器输出旋钮旋至零。接通 +12 V 电源,调节 R_W,使 $I_C = 2.0$ mA(即 $U_E = 2.0$ V),用直流电压表测量 U_B、U_E、U_C 记入表实 1.1,然后断电,用万用电表测量 R_{B2} 值,记入表 1.1。

表实 1.1 $I_C = 2.0$ mA

测量值				计算值		
U_B/V	U_E/V	U_C/V	R_{B2}/kΩ	U_{BE}/V	U_{CE}/V	I_C/mA

2. 测量动态性能指标

在放大器输入端输入频率为 1 kHz 的正弦信号 u_s,调节函数信号发生器的输出旋钮使放大器输入电压 $U_i = 10$ mV,测量此时的 U_s 值,计算输入电阻 r_i,同时用示波器观察放大器输出电压 u_o 波形,在波形不失真的条件下用交流毫伏表测量表实 1.2 所示三种情况下的 u_o 值,计算 $R_C = 2.4$ kΩ 时的输出电阻 r_o,并用双踪示波器观察 u_o 和 u_i 的相位关系,记入表实 1.2。

表实 1.2 $I_C = 2.0$ mA $U_i = 10$ mV $U_s =$ mV $r_i =$ kΩ

R_C/kΩ	R_L/kΩ	U_o/V	A_u	r_o	观察记录一组 u_o 和 u_i 波形
2.4	∞				
1.2	∞				
2.4	2.4				

3. 观察静态工件点对电压放大倍数的影响

设置 $R_C = 2.4$ kΩ,$R_L = \infty$,u_i 适量,调节 R_W,用示波器监视输出电压波形,在 u_o 不失真的条件下,测量数组 I_C 和 U_o 值,记入表实 1.3。

表实1.3 $R_C = 2.4\ \text{k}\Omega$ $R_L = \infty$ $u_i =$ mV

I_C/mA					
U_o/mV					
A_u					

测量 I_C 时,要先将信号源输出旋钮旋至零(即使 $U_i = 0$)。

4. 观察静态工作点对输出波形失真的影响

设置 $R_C = 2.4\ \text{k}\Omega$,$R_L = 2.4\ \text{k}\Omega$,$U_i = 0$,调节 R_W 使 $I_C = 2.0\ \text{mA}$,测出 U_{CE} 值,再逐步加大输入信号,使输出电压 u_o 足够大但不失真。然后保持输入信号不变,分别增大和减小 R_W,使波形出现失真,绘出 u_o 的波形,并测出失真情况下的 I_C 和 U_{CE} 值,记入表实1.4中。每次测 I_C 和 U_{CE} 值时都要将信号源的输出旋钮旋至零。

表实1.4 $R_C = 2.4\ \text{k}\Omega$ $R_L = 2.4\ \text{k}\Omega$

I_C/mA	U_{CE}/V	u_o 波形	失真情况	管子工作状态
2.0				

【实训总结】

(1) 列表整理测量结果,并把实测的静态工作点、电压放大倍数与理论计算值比较,分析产生误差原因。

(2) 总结 R_C、R_L 及静态工作点对放大器电压放大倍数、输入电阻、输出电阻的影响。

(3) 讨论静态工作点变化对放大器输出波形的影响。

(4) 分析讨论在调试过程中出现的问题。

实训项目 2　场效应管放大电路的测试

【实训目标】

(1) 了解结型场效应管的性能和特点。

(2) 进一步熟悉放大电路动态参数的测试方法。

【实训时间】

2 课时

【实训设备】

+12 V 直流电源；函数信号发生器；双踪示波器；交流毫伏表；直流电压表；结型场效应管 3DJ6F×1；电阻器、电容器。

【实训内容】

(1) 结型场效应管放大电路静态工作点的测量和调整。

(2) 放大电路电压放大倍数 A_u、输入电阻 r_i 和输出电阻 r_o 的测量。

【实训原理和步骤】

一、实训原理

1. 结型场效应管的特性和参数

场效应管的特性主要有输出特性和转移特性。图实 2.1 所示为 N 沟道结型场效应管 3DJ6F 的输出特性曲线和转移特性曲线。其直流参数主要有饱和漏极电流 I_{DSS}、夹断电压 U_P 等；交流参数主要有低频跨导 g_m。

$$g_m = \frac{\Delta I_D}{\Delta U_{GS}} \bigg|_{U_{DS}=常数}$$

表实 2.1 列出了 3DJ6F 的典型参数值及测试条件。

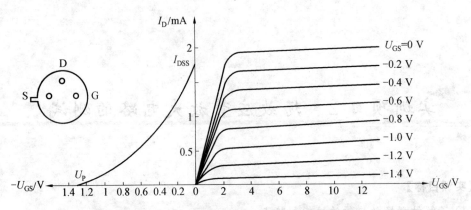

图实 2.1 3DJ6F 的输出特性和转移特性曲线

表实 2.1 3DJ6F 的典型参数值及测试条件

参数名称	饱和漏极电流 I_{DSS}/mA	夹断电压 U_P/V	跨导 g_m/($\mu A \cdot V^{-1}$)
测试条件	$U_{DS}=10\ V$ $U_{GS}=0\ V$	$U_{DS}=10\ V$ $I_{DS}=50\ \mu A$	$U_{DS}=10\ V$ $I_{DS}=3\ mA$ $f=1\ kHz$
参数值	1～3.5	<｜-9｜	>100

2. 结型场效应管放大电路的静态工作点和动态参数

图实 2.2 为结型场效应管组成的共源极放大电路。其静态工作点和动态参数如下：

(1) 静态工作点。

$$U_{GS}=U_G-U_S=\frac{R_{g1}}{R_{g1}+R_{g2}}U_{DD}-I_DR_S$$

$$I_D=I_{DSS}\left(1-\frac{U_{GS}}{U_P}\right)^2$$

(2) 动态参数。

中频电压放大倍数：$A_u=-g_mR_L'=-g_m(R_D//R_L)$

输入电阻：$r_i=R_G+R_{g1}//R_{g2}$

输出电阻：$r_o \approx R_D$

跨导 g_m 可由特性曲线用作图法求得，或用下面的公式计算。但要注意，计算时 U_{GS} 要用静态工作点处的数值。

$$g_m=-\frac{2I_{DSS}}{U_P}\left(1-\frac{U_{GS}}{U_P}\right)$$

3. 输入电阻的测量方法

由于场效应管的 r_i 比较大，如直接测输入电压 u_s 和 u_i，则限于测量仪器的输入电阻

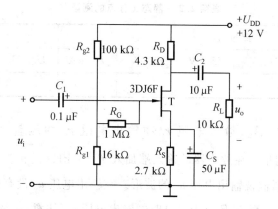

图实 2.2　结型场效应管共源级放大电路

有限,必然会带来较大的误差。因此为了减小误差,常利用被测放大器的隔离作用,通过测量输出电压 u_o 来计算输入电阻。测量电路如图实 2.3 所示。

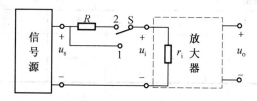

图实 2.3　输入电阻测量电路

在放大电路的输入端串入电阻 R,把开关 S 掷向位置 1(即使 $R=0$),测量放大电路的输出电压 $U_{o1}=A_u U_s$;保持 U_{o1} 不变,再把 S 掷向 2(即接入 R),测量放大电路的输出电压 U_{o2}。由于两次测量中 A_u 和 U_s 保持不变,故有效值表达式为

$$U_{o2}=A_u U_i=\frac{r_i}{R+r_i}U_s A_u$$

由此可以求出

$$r_i=\frac{U_{o2}}{U_{o1}-U_{o2}}R$$

式中 R 和 r_i 不要相差太大,本实验可取 $R=100\sim 200\ \text{k}\Omega$。

二、实训步骤

1. 静态工作点的测量和调整

(1) 按图实 2.2 连接电路,令 $U_i=0$,接通 $+12\ \text{V}$ 电源,用直流电压表测量 U_G、U_S 和 U_D。检查静态工作点是否在特性曲线放大区的中间部分,即 U_{GS} 约为 $0.5U_P$。如合适则把结果记入表实 2.2。

(2) 若不合适,则适当调整 R_{g2} 和 R_S,调好后,再测量 U_G、U_S 和 U_D 并记入表实 2.2。

表实 2.2 静态工作点的测量

测量值						计算值		
U_G/V	U_S/V	U_D/V	U_{DS}/V	U_{GS}/V	I_D/mA	U_{DS}/V	U_{GS}/V	I_D/V

2. 电压放大倍数 A_u、输入电阻 r_i 和输出电阻 r_o 的测量

(1) A_u 和 r_o 的测量。在放大器的输入端加入 $f=1\ \text{kHz}$ 的正弦信号 u_i($U_i \approx 50 \sim 100\ \text{mV}$),并用示波器监视输出电压 u_o 的波形。在输出电压 u_o 没有失真的条件下,用交流毫伏表分别测量 $R_L = \infty$ 和 $R_L = 10\ \text{k}\Omega$ 时的输出电压 u_o (注意:保持 u_i 幅值不变),记入表实 2.3。

表实 2.3 测量结果

	测量值				计算值		u_i 和 u_o 波形
	U_i/V	U_o/V	A_u	r_o/kΩ	A_u	r_o/kΩ	
$R_L = \infty$							
$R_L = 10\ \text{k}\Omega$							

用示波器同时观察 u_i 和 u_o 的波形,画出 u_i 和 u_o 的波形,并分析它们之间的相位关系。

(2) r_i 的测量。按图实 2.3 改接实验电路,选择合适大小的输入电压 u_s(约 50 ~ 100 mV),将开关 S 掷向"1",测出 $R=0$ 时的输出电压 U_{o1} 然后将开关掷向"2"(接入 R),保持 u_s 不变,再测出 U_{o2},根据下面的公式计算 r_i 的值,并记入表实 2.4。

$$r_i = \frac{U_{o2}}{U_{o1} - U_{o2}} R$$

表实 2.4 测量结果

测量值			计算值
U_{o1}/V	U_{o2}/V	r_i/kΩ	r_i/kΩ

【实训总结】

(1) 整理实验数据,将测得的 A_u、r_i、r_o 和理论计算值进行比较。

(2) 把场效应管放大电路与晶体管放大电路进行比较,总结场效应管放大电路的特点。

(3) 分析测试中的问题,总结实训收获。

实训项目 3 差动放大电路的测试

【实训目标】

(1) 加深对差动放大电路性能与特点的理解。

(2) 学习差动放大电路主要性能指标的测试方法。

【实训时间】

4 课时

【实训设备】

±12 V 直流电源；函数信号发生器；双踪示波器；交流毫伏表；直流电压表；晶体三极管 3DG6×3（或 9011×3，要求 T_1、T_2 管特性参数一致）；电阻器、电容器若干。

【实训内容】

(1) 典型差动放大电路的性能测试。

(2) 具有恒流源的差动放大电路的性能测试。

【实训原理和步骤】

一、实训原理

图实 3.1 是差动放大电路的基本电路结构。它由两个元件参数相同的基本共发射极放大电路组成。当开关 S 拨向左边时，构成典型的差动放大电路。调零电位器 R_P 用来调节 T_1、T_2 管的静态工作点，使得输入信号 $U_i=0$ 时，双端输出电压 $U_o=0$。R_E 为两管共用的发射极电阻，它对差模信号无负反馈作用，因而不影响差模电压放大倍数，但对共模信号有较强的负反馈作用，故可以有效地抑制零点漂移，稳定静态工作点。

当开关 S 拨向右边时，构成具有恒流源的差动放大电路。它用晶体管恒流源代替发射极电阻 R_E，可以进一步提高差动放大电路抑制共模信号的能力。

1. 静态工作点的估算

(1) 典型差动放大电路

$$I_E \approx \frac{|U_{EE}|-U_{BE}}{R_E}(认为 U_{B1}=U_{B2}\approx 0)$$

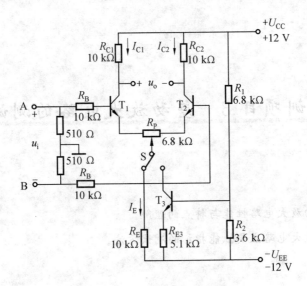

图实 3.1 差动放大器实验电路

$$I_{C1} = I_{C2} \approx \frac{1}{2} I_E$$

（2）具有恒流源的差动放大电路

$$I_{C3} \approx I_{E3} \approx \frac{\frac{R_2}{R_1+R_2}(U_{CC}+|U_{EE}|)-U_{BE}}{R_{E3}}$$

$$I_{C1} = I_{C2} \approx \frac{1}{2} I_{C3}$$

2. 差模电压放大倍数和共模电压放大倍数

当差动放大电路的射极电阻 R_E 足够大，或采用恒流源电路时，差模电压放大倍数 A_d 由输出端方式决定，而与输入方式无关。

双端输出：$R_E = \infty$，R_P 在中心位置时，

$$A_d = \frac{\Delta U_o}{\Delta U_i} = -\frac{\beta R_C}{R_B + r_{be} + \frac{1}{2}(1+\beta)R_P}$$

单端输出

$$A_{d1} = \frac{\Delta U_{C1}}{\Delta U_i} = \frac{1}{2} A_d$$

$$A_{d2} = \frac{\Delta U_{C2}}{\Delta U_i} = -\frac{1}{2} A_d$$

当输入共模信号时，若为单端输出，则共模电压放大位数 A_{c1}、A_{c2} 为

$$A_{c1} = A_{c2} = \frac{\Delta U_{c1}}{\Delta U_i} = \frac{-\beta R_C}{R_B + r_{be} + (1+\beta)(\frac{1}{2}R_P + 2R_E)} \approx -\frac{R_C}{2R_E}$$

若为双端输出,在理想情况下

$$A_c = \frac{\Delta U_o}{\Delta U_i} = 0$$

实际上由于元件不可能完全对称,因此 A_c 也不会绝对等于零。

3. 共模抑制比 K_{CMR}

为了表征差动放大电路对有用信号(差模信号)的放大作用和对共模信号的抑制能力,通常用一个综合指标来衡量,即共模抑制比

$$K_{CMR} = \left|\frac{A_d}{A_c}\right| \quad 或 \quad K_{CMR} = 20\lg\left|\frac{A_d}{A_c}\right| \text{ (dB)}$$

差动放大电路的输入信号可采用直流信号也可采用交流信号。本实训由函数信号发生器提供频率为 $f=1\text{ kHz}$ 的正弦信号作为输入信号。

二、实训步骤

1. 典型差动放大电路的性能测试

按图实 3.1 连接实验电路,开关 S 拨向左边构成典型差动放大电路。

(1) 测量静态工作点。

① 调节放大器零点。信号源不接入,将放大器输入端 A、B 与地短接,接通 $\pm 12\text{ V}$ 直流电源,用直流电压表测量输出电压 U_o,调节调零电位器 R_P,使 $U_o=0$。调节要仔细,力求准确。

② 测量静态工作点。零点调好以后,用直流电压表测量 T_1、T_2 管各电极电位及射极电阻 R_E 两端电压 U_{RE},记入表实 3.1。

表实 3.1　实训结果

	U_{C1}/V	U_{B1}/V	U_{E1}/V	U_{C2}/V	U_{B2}/V	U_{E2}/V	U_{RE}/V
测量值							
计算值	I_C/mA			I_B/mA			U_{CE}/V

(2) 测量差模电压放大倍数。断开直流电源,将函数信号发生器的输出端接放大器输入 A 端,地端接放大器输入 B 端构成单端输入方式,输入频率为 $f=1\text{ kHz}$ 的正弦信号,用示波器监视输出端(集电极 C_1 或 C_2 与地之间)信号。

接通 $\pm 12\text{ V}$ 直流电源,逐渐增大输入电压 U_i(约 100 mV),在输出波形无失真的情况下,用交流毫伏表测量 U_i、U_{C1} 和 U_{C2},将结果记入表实 3.2 中,并观察 u_i、u_{c1}、u_{c2} 之间的相位关系及 u_{RE} 随 u_i 改变而变化的情况。

(3) 测量共模电压放大倍数。将放大器 A、B 端短接，信号源接 A 端与地之间，构成共模输入方式，调节输入信号 $f=1\text{ kHz}$，$U_i=1\text{ V}$，在输出电压无失真的情况下，测量 U_{C1} 和 U_{C2}，将结果记入表实 3.2，并观察 u_i、u_{c1}、u_{c2} 之间的相位关系及 u_{RE} 随 u_i 改变而变化的情况。

2. 具有恒流源的差动放大电路性能测试

将图实 3.1 电路中的开关 S 拨向右边，构成具有恒流源的差动放大电路。重复典型差动放大电路性能测试(2)、(3)的步骤和要求，将结果记入表实 3.2。

表实 3.2 实训结果

	典型差动放大电路		具有恒流源的差动放大电路	
	单端输入	共模输入	单端输入	共模输入
U_i				
U_{C1}/V				
U_{C2}/V				
$A_{d1} = U_{C1}/U_i$				
$A_d = U_o/U_i$				
$A_{c1} = U_{C1}/U_i$				
$A_c = U_o/U_i$				
$K_{CMR} = |A_d/A_c|$				

【实训总结】

(1) 整理实验数据，列表比较实验结果和理论估算值，分析产生误差的原因。

① 静态工作点和差模电压放大倍数。

② 典型差动放大电路单端输出时的 K_{CMR} 实测值与理论值比较。

③ 典型差动放大电路单端输出时 K_{CMR} 的实测值与具有恒流源的差动放大器 K_{CMR} 实测值比较。

(2) 比较 u_i，u_{c1} 和 u_{c2} 之间的相位关系。

(3) 根据实验结果，总结电阻 R_E 和恒流源的作用。

实训项目 4　集成运算放大器的基本应用（Ⅰ）

模拟运算电路

【实训目标】

（1）掌握集成运算放大器组成的比例、加法、减法和积分等基本运算电路的电路结构和功能。

（2）掌握集成运算放大器的基本应用方法。

（3）了解运算放大器在实际应用时应考虑的一些问题。

【实训时间】

4 课时

【实训设备】

±12 V 直流电源；函数信号发生器；交流毫伏表；直流电压表；集成运算放大器 μA741×1；电阻器、电容器若干。

【实训内容】

（1）反相比例运算电路测试。

（2）同相比例运算电路测试。

（3）反相加法运算电路测试。

（4）减法运算电路测试。

（5）积分运算电路测试。

【实训原理和步骤】

一、实训原理

1. 反相比例运算电路

反相比例运算电路如图实 4.1 所示。对于理想运算放大器，该电路的输出电压与输入电压之间的关系为

$$U_o = -\frac{R_F}{R_1} U_i$$

为了减小运算放大器输入级偏置电流引起的运算误差,在同相输入端应接入平衡电阻 R_2 ($R_2 = R_1 // R_F$)。

2. 反相加法运算电路

反相加法运算电路如图实 4.2 所示,输出电压与输入电压之间的关系为

$$U_o = -\left(\frac{R_F}{R_1}U_{i1} + \frac{R_F}{R_2}U_{i2}\right), \quad R_3 = R_1 // R_2 // R_F$$

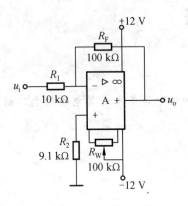
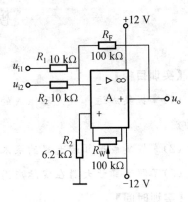

图实 4.1　反相比例运算电路　　　　图实 4.2　反相加法运算电路

3. 同相比例运算电路

图实 4.3(a) 是同相比例运算电路,它的输出电压与输入电压之间的关系为

$$U_o = (1 + \frac{R_F}{R_1})U_i, \quad R_2 = R_1 // R_F$$

当图实 4.3(a) 中 $R_1 \to \infty$ 时,$U_o = U_i$,即得到如图 4.3(b) 所示的电压跟随器。在图实 4.3(b) 中 $R_1 = R_F$,用以减小漂移和起保护作用。一般 R_F 取 10 kΩ,R_F 太小起不到保护作用,太大则影响跟随性。

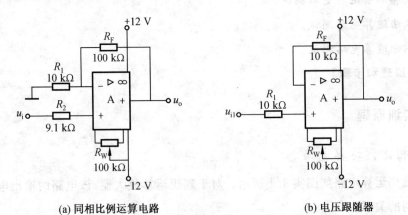

(a) 同相比例运算电路　　　　　　　　(b) 电压跟随器

图实 4.3　同相比例运算电路

4. 差动放大电路（减法器）

对于图实 4.4 所示的减法运算电路，当 $R_1=R_2$，$R_3=R_F$ 时，有如下关系式

$$U_o = \frac{R_F}{R_1}(U_{i2} - U_{i1})$$

5. 积分运算电路

反相积分运算电路如图实 4.5 所示。在理想化条件下，输出电压 u_o 为

$$u_o = -\frac{1}{R_1 C}\int_0^t u_i \mathrm{d}t + u_C(0)$$

式中，$u_C(0)$ 是 $t=0$ 时刻电容 C 两端的电压值，即初始值。

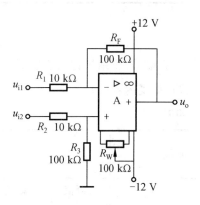

图实 4.4　减法运算电路

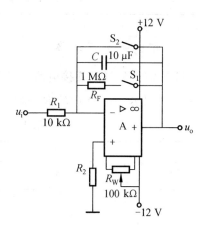

图实 4.5　反相积分运算电路

如果 $u_i(t)$ 是幅值为 U_m 的阶跃电压，并设 $u_C(0)=0$，则

$$u_o(t) = -\frac{1}{R_1 C}\int_0^t U_m \mathrm{d}t = -\frac{U_m}{R_1 C}t$$

即输出电压 $u_o(t)$ 随时间增长而线性下降。显然 $R_1 C$ 的数值越大，达到给定的 U_o 值所需的时间就越长。积分输出电压所能达到的最大值受集成运放最大输出范围的限制。

在进行积分运算之前，首先应对运放调零。为了便于调节，将图中 S_1 闭合，即通过电阻 R_F 的负反馈作用帮助实现调零。完成调零后，应将 S_1 打开，以免因 R_F 的接入造成积分误差。S_2 的设置一方面为积分电容放电提供通路，同时可实现积分电容初始电压 $u_C(0)=0$，另一方面，可控制积分起始点，即在加入信号 u_i 后，只要 S_2 打开，电容就将被恒流充电，电路也就开始进行积分运算。

二、实训步骤

实训前要看清运放组件各管脚的位置；切忌将正、负电源极性接反和将输出端短路，否则将会损坏集成块。

1. 反相比例运算电路

(1) 按图实 4.1 连接电路,接通 ±12 V 电源,输入端对地短路,进行调零和消振。

(2) 输入 $f=100$ Hz,$U_i=0.5$ V 的正弦交流信号,测量相应的 U_o,并用示波器观察 u_o 和 u_i 的相位关系,记入表实 4.1。

表实 4.1 $U_i = 0.5$ V $f = 100$ Hz

U_i/V	U_o/V	u_i 波形	u_o 波形	A_u	
				实测值	计算值

2. 同相比例运算电路

(1) 按图实 4.3(a) 连接电路。实训步骤同反相比例运算电路,将结果记入表实 4.2。

(2) 将图实 4.3(a) 中的 R_1 断开,得图实 4.3(b) 电路,重复内容(1)。

表实 4.2 $U_i = 0.5$ V $f = 100$ Hz

U_i/V	U_o/V	u_i 波形	u_o 波形	A_u	
				实测值	计算值

3. 反相加法运算电路

(1) 按图实 4.2 连接电路。接通 ±12 V 电源,输入端对地短路,进行调零和消振。

(2) 输入信号采用直流信号。图实 4.6 所示电路为简易直流信号源,由实训者自行连接构成。实训时要注意选择合适的直流信号幅度以确保集成运放工作在线性区。用直流电压表测量输入电压 U_{i1}、U_{i2} 及输出电压 U_o,记入表实 4.3。

表实 4.3 实训结果

U_{i1}/V					
U_{i2}/V					
U_o/V					

4. 减法运算电路

(1) 按图实 4.4 连接电路。接通 ±12 V 电源,输入端对地短路,进行调零和消振。

(2) 采用直流输入信号,实训步骤同反相加法运算电路,结果记入表实 4.4。

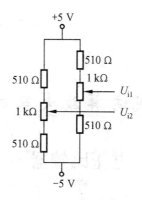

图实 4.6 简易可调直流信号源

表实 4.4 实训结果

U_{i1}/V					
U_{i2}/V					
U_o/V					

5. 积分运算电路

实训电路如图实 4.5 所示。

(1) 打开 S_2,闭合 S_1,对运放输出进行调零。

(2) 调零完成后,再打开 S_1,闭合 S_2,使 $u_C(0)=0$。

(3) 预先调好直流输入电压 $U_i=0.5$ V,接入实验电路,再打开 S_2,然后用直流电压表测量输出电压 U_o,每隔 5 s 读一次 U_o 记入表实 4.5,直到 U_o 不继续明显增大为止。

表实 4.5 实训结果

t/s	0	5	10	15	20	25	30	…
U_o/V								

【实训总结】

(1) 整理实训数据,画出波形图(注意波形间的相位关系)。

(2) 将理论计算结果和实测数据相比较,分析产生误差的原因。

(3) 分析讨论实训中出现的现象和问题。

实训项目 5 集成运算放大器的基本应用(Ⅱ)

电压比较器

【实训目标】

(1) 掌握电压比较器的电路构成及特点。

(2) 掌握比较器的测试方法。

【实训时间】

4 课时

【实训设备】

±12 V 直流电源；直流电压表；函数信号发生器；交流毫伏表；双踪示波器；运算放大器 μA741×2；稳压管 2CW231×1；二极管 1N4148×2；电阻器等。

【实训内容】

(1) 过零比较器的测试。

(2) 反相滞回比较器的测试。

(3) 同相滞回比较器的测试。

(4) 窗口比较器的测试。

【实训原理和步骤】

一、实训原理

电压比较器是集成运算放大器的非线性应用,它将一个模拟量电压信号与一个参考电压进行比较,在二者幅度相等的附近,输出电压将产生跃变,输出高电平或低电平。

图实 5.1(a) 所示电路是最简单的电压比较器,U_R 为参考电压,加到运放的同相输入端,输入电压 u_i 加到反相输入端。

当 $u_i < U_R$ 时,运放输出高电平,稳压管 D_Z 反向稳压工作,输出端电位被其箝位在稳压管的稳定电压 U_Z,即 $u_o = U_Z$。

当 $u_i > U_R$ 时,运放输出低电平,D_Z 正向导通,输出电压等于稳压管的正向压降 U_D,即 $u_o = -U_D$。

实训项目 5 | 集成运算放大器的基本应用(Ⅱ)

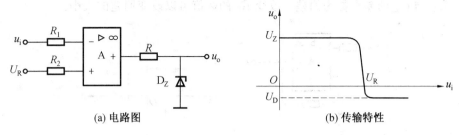

(a) 电路图 (b) 传输特性

图实 5.1 电压比较器

因此,以 U_R 为界,当输入电压 u_i 变化时,输出端反映出两种状态,高电平或低电平。

表示输出电压与输入电压之间关系的特性曲线,称为传输特性。图实 5.1(b)为图实 5.1(a)所示比较器的传输特性。

常用的电压比较器有过零比较器、具有滞回特性的过零比较器、双限比较器(又称窗口比较器)等。

1. 过零比较器

如图实 5.2(a)所示电路为加限幅电路的过零比较器,D_Z 为限幅稳压管。信号从运放的反相输入端输入,参考电压为零,从同相端输出。当 $u_i > 0$ 时,输出 $u_o = -(U_Z + U_D)$,当 $u_i < 0$ 时,$u_o = +(U_Z + U_D)$。其电压传输特性如图实 5.2(b)所示。过零比较器结构简单,灵敏度高,但抗干扰能力差。

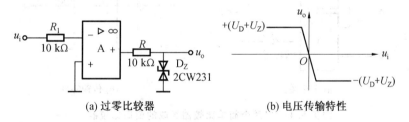

(a) 过零比较器 (b) 电压传输特性

图实 5.2 过零比较器

2. 滞回比较器

图实 5.3(a)所示电路为具有滞回特性的过零比较器。过零比较器在实际工作时,如果 u_i 恰好在过零值附近,则由于零点漂移的存在,u_o 将不断由一个极限值转换到另一个极限值,这在控制系统中,对执行机构将是很不利的。为此,就需要输出特性具有滞回现象。如图实 5.3(a)所示,从输出端引一个电阻分压正反馈支路到同相输入端,若 u_o 改变状态,Σ 点也随着改变电位,使过零点离开原来位置。当 u_o 为正(记为 U_+)时,$U_Σ = \frac{R_2}{R_F + R_2} U_+$,则当 $u_i > U_Σ$ 后,u_o 即由正变负(记为 U_-),此时 Σ 点电位变为 $-U_Σ$。故只有当 u_i 下降到 $-U_Σ$ 以下,才能使 u_o 再度回升到 U_+,于是出现图实 5.3(b)中所示的滞回特性。$-U_\Sigma$ 与 U_Σ 的差别称为回差。改变 R_2 的数值可以改变回差的大小。

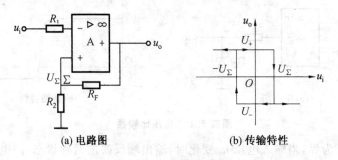

(a) 电路图　　　　　　　(b) 传输特性

图实 5.3　滞回比较器

3. 窗口（双限）比较器

窗口比较电路是由两个简单比较器组成的，如图实 5.4 所示，它能指示出 u_i 值是否处于 U_R^+ 和 U_R^- 之间。如 $U_R^-<u_i<U_R^+$，窗口比较器的输出电压 u_o 等于运放的正饱和输出电压（$+U_{omax}$），如果 $u_i<U_R^-$ 或 $u_i>U_R^+$，则输出电压 u_o 等于运放的负饱和输出电压（$-U_{omax}$）。

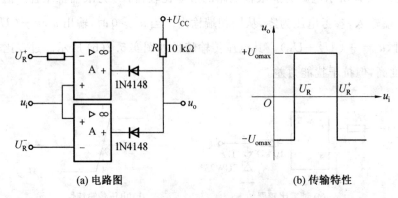

(a) 电路图　　　　　　　(b) 传输特性

图实 5.4　由两个简单比较器组成的窗口比较器

二、实训步骤

1. 过零比较器

实训电路如图实 5.2 所示。

(1) 接通 ±12 V 电源。

(2) 测量 u_i 悬空时的 u_o 值。

(3) u_i 输入 500 Hz、幅值为 2 V 的正弦信号，观察 u_i、u_o 波形并记录。

(4) 改变 u_i 幅值，测量传输特性曲线。

2. 反相滞回比较器

实训电路如图实 5.5 所示。

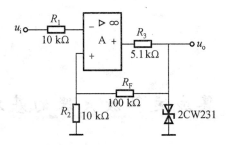

图实 5.5　反相滞回比较器

(1) 按图接线，u_i 接 +5 V 可调直流电源，测出 u_o 由 $+U_{omax} \to -U_{omax}$ 时 u_i 的临界值。

(2) 同(1)，测出 u_o 由 $-U_{omax} \to +U_{omax}$ 时 u_i 的临界值。

(3) u_o 接 500 Hz，峰值为 2 V 的正弦信号，观察并记录 u_i、u_o 波形。

(4) 将分压支路 100 kΩ 电阻改为 200 kΩ，重复上述实验，测定传输特性。

3. 同相滞回比较器

实训电路如图实 5.6 所示。

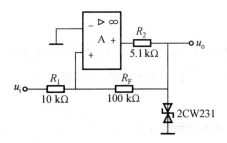

图实 5.6　同相滞回比较器

(1) 参照反相滞回比较器实训内容，自拟实训步骤及方法。

(2) 将测量结果与反相滞回比较器实训测量结果进行比较。

4. 窗口比较器

参照图实 5.4 自拟实训步骤和方法测定其传输特性。

【实训总结】

(1) 整理实验数据，绘制各类比较器的传输特性曲线。

(2) 总结几种比较器的特点，阐明它们的应用。

实训项目 6　集成运算放大器的基本应用(Ⅲ)

波形发生器

【实训目标】

(1)学习用集成运算放大器构成正弦波、方波和三角波发生器。

(2)掌握波形发生器的调整和主要性能指标的测试方法。

【实训时间】

4 课时

【实训设备】

±12 V 直流电源;双踪示波器;交流毫伏表;频率计;集成运算放大器 μA741×2;二极管 1N4148×2;稳压管 2CW231×1;电阻器、电容器若干。

【实训内容】

(1)RC 桥式正弦波振荡器的调整与测试。

(2)方波发生器的调整与测试。

(3)三角波和方波发生器的调整与测试。

【实训原理和步骤】

一、实训原理

由集成运算放大器构成的正弦波、方波和三角波发生器有多种形式,本实训选用最常用的、线路比较简单的几种电路加以训练。

1. RC 桥式正弦波振荡器(文氏电桥振荡器)

图实 6.1 所示电路为 RC 桥式正弦波振荡器。其中 RC 串、并联电路构成正反馈支路,同时兼作选频网络,R_1、R_2、R_W 及二极管等元件构成负反馈和稳幅环节。调节电位器 R_W 可以改变负反馈深度,以满足振荡的振幅条件和改善波形。利用两个反向并联二极管 D_1、D_2 正向电阻的非线性特性来实现稳幅。D_1、D_2 采用硅管(温度稳定性好),且要求特性匹配,才能保证输出波形正、负半周对称。R_3 的接入是为了削弱二极管非线性的影响,以改善波形失真。

电路的振荡频率

$$f_0 = \frac{1}{2\pi RC}$$

电路起振的幅值条件

$$\frac{R_F}{R_1} \geqslant 2$$

式中 $R_F = R_W + R_2 + (R_3 // r_D)$，$r_D$ 是二极管正向导通电阻。

调整反馈电阻 R_F（调 R_W），使电路起振，且波形失真最小。如不能起振，则说明负反馈太强，应适当加大 R_F。如波形失真严重，则应适当减小 R_F。改变选频网络的参数 C 或 R，即可调节振荡频率。一般采用改变电容 C 作频率量程切换，而调节 R 作量程内的频率细调。

2. 方波发生器

由集成运算放大器构成的方波发生器和三角波发生器，一般均包括比较器和 RC 积分器两大部分。

图实 6.2 所示电路为由滞回比较器及简单 RC 积分电路组成的方波—三角波发生器。它的特点是线路简单，但三角波的线性度较差。主要用于产生方波或对三角波要求不高的场合。

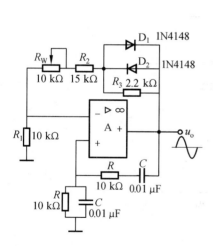

图实 6.1　RC 桥式正弦波振荡器

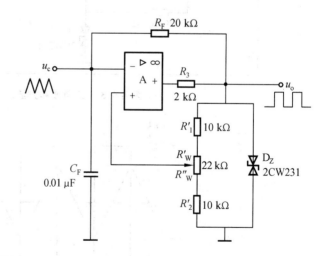

图实 6.2　方波发生器

电路振荡频率

$$f_0 = \frac{1}{2R_F C_F \ln(1 + \frac{2R_2}{R_1})}$$

式中,$R_1 = R_1' + R_W'$;$R_2 = R_2' + R_W''$。

方波输出幅值

$$U_{om} = \pm U_Z$$

三角波输出幅值

$$U_{om} = \frac{R_2}{R_1 + R_2} U_Z$$

调节电位器 R_W（即改变 R_2、R_1），可以改变振荡频率,但三角波的幅值也随之变化。如要互不影响,则可通过改变 R_F（或 C_F）来实现振荡频率的调节。

3. 三角波和方波发生器

如把滞回比较器和积分器首尾相接形成正反馈闭环系统,如图实 6.3 所示,则比较器 A_1 输出的方波经积分器 A_2 积分可得到三角波,三角波又触发比较器自动翻转形成方波,这样即可构成三角波和方波发生器。图实 6.4 为方波和三角波发生器输出波形。由于采用运算放大器组成的积分电路,因此可实现恒流充电,使三角波线性大大改善。

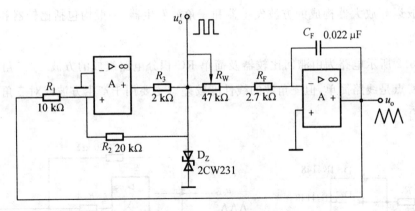

图实 6.3 三角波和方波发生器

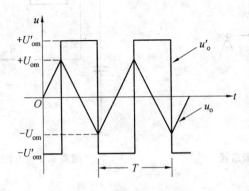

图实 6.4 三角波和方波发生器输出波形图

电路振荡频率

$$f_0 = \frac{R_2}{4R_1(R_F + R_W)C_F}$$

方波幅值

$$U'_{om} = \pm U_Z$$

三角波幅值

$$U_{om} = \frac{R_1}{R_2}U_Z$$

调节 R_W 可以改变振荡频率，改变比值 $\frac{R_1}{R_2}$ 可调节三角波的幅值。

二、实训步骤

1. RC 桥式正弦波振荡器

（1）按图实 6.1 连接实验电路。接通 ±12 V 电源，调节电位器 R_W，使输出波形从无到有，从正弦波到出现失真。画出 u_o 的波形，记下临界起振、正弦波输出及失真情况下的 R_W 值，分析负反馈强弱对起振条件及输出波形的影响。

（2）调节电位器 R_W，使输出电压 u_o 幅值最大且不失真，用交流毫伏表分别测量输出电压 U_o、正反馈电压 U_+ 和负反馈电压 U_-，分析研究振荡的幅值条件。

（3）用示波器或频率计测量振荡频率 f_o，然后在选频网络的两个电阻 R 上并联相同阻值电阻，观察记录振荡频率的变化情况，并与理论值进行比较。

（4）断开二极管 D_1、D_2，重复步骤（2）的内容，将测试结果与（2）进行比较，分析 D_1、D_2 的稳幅作用。

（5）RC 串并联网络幅频特性观察。将 RC 串并联网络与运放断开，由函数信号发生器注入 3 V 左右正弦信号，并用双踪示波器同时观察 RC 串并联网络输入、输出波形。保持输入幅值（3 V）不变，从低到高改变频率，当信号源达某一频率时，RC 串并联网络输出将达最大值（约 1 V），且输入、输出同相位。此时的信号源频率为

$$f = f_0 = \frac{1}{2\pi RC}$$

2. 方波发生器

（1）按图实 6.2 连接实验电路。将电位器 R_W 调至中心位置，用双踪示波器观察并描绘方波 u_o 及三角波 u_c 的波形（注意对应关系），测量其幅值及频率，记录之。

（2）改变 R_W 动点的位置，观察 u_o、u_c 幅值及频率变化情况。把 R_W 动点调至最上端和最下端，测出频率范围，记录之。

(3) 将 R_W 恢复至中心位置,将一只稳压管短接,观察 u_o 波形,分析 D_Z 的限幅作用。

3. 三角波和方波发生器

(1) 按图实 6.3 连接实验电路。将电位器 R_W 调至合适位置,用双踪示波器观察并画出三角波输出 u_o 及方波输出 u'_o,测其幅值、频率及 R_W 值,记录之。

(2) 改变 R_W 的位置,观察对 u_o、u'_o 幅值及频率的影响。

(3) 改变 R_1(或 R_2),观察对 u_o、u'_o 幅值及频率的影响。

【实训总结】

1. 正弦波发生器

(1) 列表整理实验数据,画出波形,把实测频率与理论值进行比较。

(2) 根据实验分析 RC 振荡器的振幅条件。

(3) 讨论二极管 D_1、D_2 的稳幅作用。

2. 方波发生器

(1) 列表整理实验数据,在同一坐标纸上,按比例画出方波和三角波的波形图(标出时间和电压幅值)。

(2) 分析 R_W 变化时,对 u_o 波形的幅值及频率的影响。

(3) 讨论 D_Z 的限幅作用。

3. 三角波和方波发生器

(1) 整理实验数据,把实测频率与理论值进行比较。

(2) 在同一坐标纸上,按比例画出三角波及方波的波形,并标明时间和电压幅值。

(3) 分析电路参数变化(R_1,R_2 和 R_W)对输出波形频率及幅值的影响。

实训项目 7　低频功率放大电路的调整与测试

【实训目标】

(1) 进一步理解 OTL 功率放大电路的工作原理。

(2) 掌握 OTL 电路的调试及主要性能指标的测试方法。

【实训时间】

4 课时

【实训设备】

+5 V 直流电源；函数信号发生器；双踪示波器；频率计；直流电压表；直流毫安表；交流毫伏表；晶体三极管 3DG6(9011)、3DG12(9013)、3CG12(9012)；晶体二极管 1N4007；8 Ω 扬声器；电阻器和电容器若干。

【实训内容】

(1) OTL 功率放大电路静态工作点的调整与测试。

(2) 最大输出功率 P_{om} 和效率 η 的测试。

【实训原理和步骤】

一、实训原理

图实 7.1 所示电路为 OTL 低频功率放大器。其中由晶体三极管 T_1 组成推动级(也称前置放大级)，T_2、T_3 是一对参数对称的 NPN 和 PNP 型晶体三极管，它们组成互补推挽 OTL 功率放大电路。T_1 管工作于甲类状态，它的集电极电流 I_{C1} 由电位器 R_{W1} 进行调节。I_{C1} 的一部分流经电位器 R_{W2} 及二极管 D，给 T_2、T_3 提供偏压。调节 R_{W2}，可以使 T_2、T_3 得到合适的静态电流而工作于甲乙类状态，以克服交越失真。静态时要求输出端中点 A 的电位 $U_A = \frac{1}{2}U_{CC}$，可以通过调节 R_{W1} 实现，又由于 R_{W1} 的一端接在 A 点，因此在电路中引入交、直流电压并联负反馈，一方面能够稳定放大器的静态工作点，同时也改善了非线性失真。

当输入正弦交流信号 u_i 时，经 T_1 放大、倒相后同时作用于 T_2、T_3 的基极，u_i 的负半周使 T_3 管导通(T_2 管截止)，有电流通过负载 R_L，同时向电容 C_o 充电，在 u_i 的正半周，T_2 导

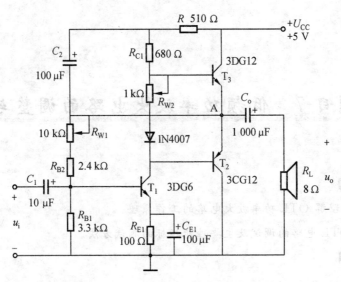

图实 7.1 OTL 低频功率放大器实验电路

通(T_3 截止),则已充好电的电容器 C_o 起着电源的作用,通过负载 R_L 放电,这样在 R_L 上就得到完整的正弦波。

C_2 和 R 构成自举电路,用于提高输出电压正半周的幅度,以得到较大的动态范围。

OTL 电路的主要性能指标:

1. 最大不失真输出功率 P_{om}

理想情况下,$P_{om} \approx \dfrac{U_{CC}^2}{8R_L}$,在实训中可通过测量 R_L 两端的最大不失真输出电压有效值 U_{om} 来求得实际的 $P_{om} = \dfrac{U_{om}^2}{R_L}$。

2. 效率 η

$$\eta = \dfrac{P_{om}}{P_E} \times 100\% \quad (P_E \text{ 是直流电源供给的平均功率})$$

理想情况下,$\eta_{max} = 78.5\%$。在实训中,可测量电源供给的平均电流 I_{dc},从而求得 $P_E = U_{CC} \times I_{dc}$,负载上的交流功率已用上述方法求出,因而可以计算实际效率。

二、实训步骤

1. 静态工作点的测试

按图实 7.1 连接实训电路,将输入信号旋钮旋至零($u_i = 0$),电源进线中串入直流毫安表,电位器 R_{W2} 置最小值,R_{W1} 置中间位置。接通 +5 V 电源,观察毫安表指示,同时用手触摸输出级管子,若电流过大,或管子温升显著,应立即断开电源检查原因(如 R_{W2} 开路、电路自激或输出管性能不好等)。如无异常现象,可开始调试。

(1) 调节输出端中点电位 U_A。调节电位器 R_{W1},用直流电压表测量 A 点电位,使 $U_A = \frac{1}{2}U_{CC}$。

(2) 调整输出级静态电流及测试各级静态工作点。调节 R_{W1},使 T_2、T_3 管的 $I_{C2} = I_{C3} = 5 \sim 10$ mA。从减小交越失真角度而言,应适当加大输出级静态电流,但该电流过大,会使效率降低,所以一般以 $5 \sim 10$ mA 为宜。由于毫安表串入电源进线,因此测得的是整个放大器的电流,但一般 T_1 的集电极电流 I_{C1} 较小,从而可以把测得的总电流近似当作末级的静态电流。如要准确得到末级静态电流,则可从总电流中减去 I_{C1} 值。

调整输出级静态电流的另一方法是动态调试法。先使 $R_{W2} = 0$,在输入端接入 $f = 1$ kHz 的正弦信号 u_i。逐渐加大输入信号的幅值,此时,输出波形应出现较严重的交越失真(注意:没有饱和和截止失真),然后缓慢增大 R_{W2},当交越失真刚好消失时,停止调节 R_{W2} 恢复 $u_i = 0$,此时直流毫安表读数即为输出级静态电流。一般数值也应在 $5 \sim 10$ mA,如过大,则要检查电路。

输出级电流调好以后,测量各级静态工作点,记入表实 7.1。

表实 7.1　$I_{C2} = I_{C3} = $ 　　mA　　$U_A = 2.5$ V

	T_1	T_2	T_3
U_B/V			
U_C/V			
U_E/V			

注意:

(1) 在调整 R_{W2} 时,一是要注意旋转方向,不要调得过大,更不能开路,以免损坏输出管。

(2) 输出管静态电流调好后,如无特殊情况,不得随意旋动 R_{W2} 的位置。

2. 最大输出功率 P_{om} 和效率 η 的测试

(1) 测量 P_{om}。输入端接 $f = 1$ kHz 的正弦信号 u_i,输出端用示波器观察输出电压 u_o 波形。逐渐增大 u_i,使输出电压达到最大不失真输出,用交流毫伏表测出负载 R_L 上的电压 U_{om},则

$$P_{om} = \frac{U_{om}^2}{R_L}$$

(2) 测量 η。当输出电压为最大不失真输出时,读出直流毫安表中的电流值,此电流即为直流电源供给的平均电流 I_{dc}(有一定误差),由此可近似求得 $P_E = U_{CC}I_{dc}$,再根据上

面测得的 P_{om} 即可求出

$$\eta = \frac{P_{om}}{P_E}$$

【实训总结】

(1) 整理实验数据，计算静态工作点、最大不失真输出功率 P_{om}、效率 η 等，并与理论值进行比较。

(2) 分析自举电路的作用。

(3) 讨论实验中发生的问题及解决办法。

实训项目 8 直流稳压电源

【实训目标】

(1)研究单相桥式整流、电容滤波电路的特性。

(2)掌握串联型晶体管稳压电源主要技术指标的测试方法。

【实训时间】

4 课时

【实训设备】

交流调压器;双踪示波器;交流毫伏表;直流电压表;直流毫安表;滑线变阻器 200 Ω/1 A;晶体三极管 3DG6×2(9011×2),3DG12×1(9013×1);晶体二极管 1N4007×4;稳压管 1N4735×1;电阻器、电容器若干。

【实训内容】

(1)整流滤波电路测试。

(2)串联型稳压电源性能测试。

【实训原理和步骤】

一、实训原理

电子设备一般都需要直流电源供电。这些直流电除了少数直接利用干电池和直流发电机外,大多数是采用把交流电(市电)转变为直流电的直流稳压电源。

直流稳压电源由电源变压器、整流、滤波和稳压电路四部分组成,其原理框图如图实8.1所示。电网供给的交流电压 u_1(220 V,50 Hz)经电源变压器降压后,得到符合电路需要的交流电压 u_2,然后由整流电路变换成方向不变、大小随时间变化的脉动电压 u_3,再用滤波器滤去其交流分量,就可得到比较平直的直流电压 u_i。但这样的直流输出电压,还会随交流电网电压的波动或负载的变动而变化。在对直流供电要求较高的场合,还需要使用稳压电路,以保证输出直流电压更加稳定。

图实 8.2 是由分立元件组成的串联型稳压电源的电路图。稳压电源采用单相桥式整流和电容滤波电路,稳压部分为串联型稳压电路,它由调整元件(晶体管 T_1)、比较放大器

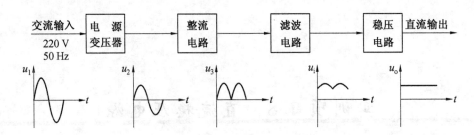

图实 8.1　直流稳压电源原理框图

(T_2 和 R_7 构成)、取样电路(R_1、R_2 和 R_{W2} 构成)、基准电压(D_W 和 R_3 构成)和过流保护电路(T_3、R_4、R_5 和 R_6 构成)等组成。整个稳压电路是一个具有电压串联负反馈的闭环系统,其稳压过程为:当电网电压波动或负载变动引起输出直流电压发生变化时,取样电路取出输出电压的一部分送入比较放大器,并与基准电压进行比较,产生的误差信号经 T_2 放大后送至调整管 T_1 的基极,使调整管改变其管压降,以补偿输出电压的变化,从而达到稳定输出电压的目的。

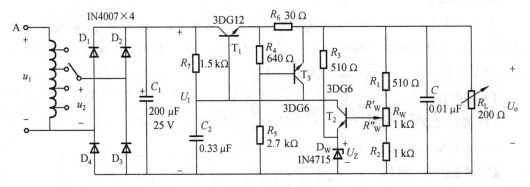

图实 8.2　串联型稳压电源实验电路

由于在稳压电路中,调整管与负载串联,因此流过它的电流与负载电流一样大。当输出电流过大或发生短路时,调整管会因电流过大或电压过高而损坏,所以需要对调整管加以保护。在图实 8.2 电路中,晶体管 T_3、R_4、R_5、R_6 组成减流型保护电路。保护电路作用时,输出电流减小,输出电压降低。故障排除后电路自动恢复正常工作。在调试时,若保护提前作用,应减少 R_6 的阻值;若保护作用滞后,则应增大 R_6 之值。

稳压电源的主要性能指标:

1. 输出电压 U_o

$$U_o = \frac{R_1 + R_W + R_2}{R_2 + R''_W}(U_Z + U_{BE2})$$

调节 R_W 可以改变输出电压 U_o。

2. 最大负载电流 I_{om}

最大负载电流指稳压电路在安全、稳定的工作状态下能长时间向负载提供的最大电流。最大负载电流由电路的元件参数决定。

3. 输出电阻 R_o

输出电阻 R_o 定义为:当输入电压 U_I(指稳压电路输入电压)保持不变,由于负载变化而引起的输出电压变化量与输出电流变化量之比,即

$$R_o = \frac{\Delta U_o}{\Delta I_o} \bigg| U_I = 常数$$

4. 稳压系数 S

稳压系数定义为:当负载保持不变,输出电压相对变化量与输入电压相对变化量之比,即

$$S = \frac{\Delta U_o / U_o}{\Delta U_I / U_I} \bigg| R_L = 常数$$

5. 纹波电压

输出纹波电压是指在额定负载条件下,输出电压中所含交流分量的有效值(或峰值)。

二、实训步骤

1. 整流滤波电路测试

按图实8.3连接实验电路。取可调电源电压16 V作为整流电路输入电压 u_2。

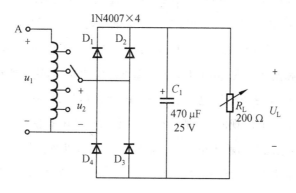

图实 8.3 整流滤波电路

(1) 取 $R_L = 240\ \Omega$,不加滤波电容,测量直流输出电压 U_L,并用示波器观察 u_2 和 u_L 波形,记入表实8.1。

(2) 取 $R_L = 240\ \Omega$,$C_1 = 470\ \mu F$,重复内容(1)的要求,记入表实8.1。

(3) 取 $R_L = 120\ \Omega, C_1 = 470\ \mu F$，重复内容(1)的要求，记入表实 8.1。

注意：

① 每次改接电路时，必须切断电源。

② 在观察输出电压 u_o 波形的过程中，"Y轴灵敏度"旋钮位置调好以后，不要再变动，否则将无法比较各波形的脉动情况。

表实 8.1 $U_o = 16\ V$

电路形式		U_L	u_L 波形
$R_L = 240\ \Omega$			
$R_L = 240\ \Omega$ $C = 470\ \mu F$			
$R_L = 120\ \Omega$ $C = 470\ \mu F$			

2. 串联型稳压电源性能测试

切断工频电源，在图实 8.3 基础上按图实 8.2 连接实验电路。

(1) 初测。稳压器输出端负载开路，断开保护电路，接通 16 V 工频电源，测量整流电路输入电压 U_2，滤波电路输出电压 U_1（稳压器输入电压）及输出电压 U_o。调节电位器 R_W，观察 U_o 的大小和变化情况，如果 U_o 能跟随 R_W 线性变化，这说明稳压电路各反馈环路工作基本正常。否则，说明稳压电路有故障，因为稳压器是一个深度负反馈的闭环系统，只要环路中任一个环节出现故障（某管截止或饱和），稳压器就会失去自动调节作用。此时可分别检查基准电压 U_Z，输入电压 U_1，输出电压 U_o，以及比较放大器和调整管各电极的电位（主要是 U_{BE} 和 U_{CE}），分析它们的工作状态是否都处在线性区，从而找出不能正常工作的原因。排除故障以后就可以进行下一步测试。

(2) 测量输出电压可调范围。接入负载 R_L（滑线变阻器），并调节 R_L，使输出电流 $I_o \approx 100\ mA$。再调节电位器 R_W，测量输出电压可调范围 $U_{omin} \sim U_{omax}$。且使 R_W 动点在中间位置附近时 $U_o = 12\ V$。若不满足要求，可适当调整 R_1, R_2 之值。

(3) 测量各级静态工作点。调节输出电压 $U_o=12$ V，输出电流 $I_o=100$ mA，测量各级静态工作点，记入表实 8.2。

表实 8.2　$U_2=16$ V　$U_o=12$ V　$I_o=100$ mA

	T_1	T_2	T_3
U_B/V			
U_C/V			
U_E/V			

(4) 测量稳压系数 S。取 $I_o=100$ mA，按表实 8.3 改变整流电路输入电压 U_2（模拟电网电压波动），分别测出相应的稳压器输入电压 U_1 及输出直流电压 U_o，记入表实 8.3。

(5) 测量输出电阻 R_o。取 $U_2=16$ V，改变滑线变阻器位置，使 I_o 为空载、50 mA 和 100 mA，测量相应的 U_o 值，记入表实 8.4。

表实 8.3　$I_o=100$ mA

测试值			计算值
U_2/V	U_1/V	U_o/V	S
14			$S_1=$
16		12	
18			$S_2=$

表实 8.4　$U_2=100$ mA

测试值		计算值
I_o/mA	U_o/V	R_o/Ω
空载		$R_{o1}=$
50	12	
10		$R_{o2}=$

(6) 测量输出纹波电压。取 $U_2=16$ V，$U_o=12$ V，$I_o=100$ mA，测量输出纹波电压 U_o，记录之。

(7) 调整过流保护电路。

① 断开交流电源，接上保护回路，再接通交流电源，调节 R_W 及 R_L 使 $U_o=12$ V，$I_o=100$ mA，此时保护电路应不起作用。测出 T_3 管各极电位值。

② 逐渐减小 R_L 使 I_o 增加到 120 mA，观察 U_o 是否下降，并测出保护起作用时 T_3 管各极的电位值。若保护作用过早或滞后，可改变 R_6 之值进行调整。

③ 用导线瞬时短接一下输出端，测量 U_o 值，然后去掉导线，检查电路是否能自动恢复正常工作。

【实训总结】

(1) 对表实 8.1 所测结果进行全面分析，总结桥式整流、电容滤波电路的特点。

(2) 根据表实 8.3 和表实 8.4 所测数据，计算稳压电路的稳压系数 S 和输出电阻 R_o，并进行分析。

(3) 分析讨论实验中出现的故障及其排除方法。

实训项目9 组合逻辑电路的逻辑功能测试

【实训目标】

(1)熟悉组合逻辑电路的逻辑功能测试方法。

(2)熟悉数字电路实训装置及示波器使用方法。

【实训时间】

2课时

【实训设备】

双踪示波器;74LS00(二输入端四与非门)2片。

【实训内容】

(1)集成逻辑门电路的逻辑关系测试。

(2)利用与非门对信号进行控制。

(3)用与非门组成异或门并测试验证。

【实训原理和步骤】

实训前先学习所用实训装置的使用方法,并检查装置是否正常。然后选择实训用的集成电路。按实训原理图设计接线图,并按接线图接线,特别注意U_{CC}及地线不能接错。线接好后经实训指导教师检查无误方可通电实训。实训中改动接线须先断开电源,接好线后再通电实训。

1.逻辑电路的逻辑关系测试

(1)用2片74LS00构成图实9.1所示逻辑电路,并按图实9.1接线,逻辑电路的输入端A、B接高、低电平转换开关,输出端接电平显示发光二极管,为便于接线和检查,在图中注明了芯片编号及各引脚对应的编号。

(2)接线完毕,检查无误后接通电源。通过电平转换开关在逻辑电路输入端A、B按表9.1所示输入高电平(H)或低电平(L),观察输出端的电平变化情况(二极发光输出的是高电平),并将结果填入表实9.1中。

(3)用万用表测量输出信号Y的高、低电平电压,并进行比较。

(4)根据表9.1的测试结果,写出逻辑电路的逻辑表达式。

实训项目9 | 组合逻辑电路的逻辑功能测试

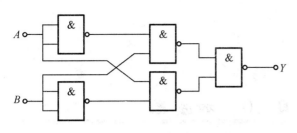

图实9.1 与非门组成的逻辑电路

表实9.1 实训结果

输入		输出
A	B	Y
L	L	
L	H	
H	L	
H	H	

2.利用与非门对信号进行控制

用一片74LS00按图实9.2接线，S接电平转换开关，用示波器观察S对输入脉冲的控制作用。

3.用与非门组成异或门并测试验证

(1)将异或门表达式转化为与非表达式。

(2)根据与非表达式画出逻辑电路图。

(3)按画出的逻辑电路图接线和测试，并将结果填入表实9.2。

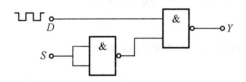

图实9.2 与非门对信号控制逻辑电路

表实9.2 实训结果

输入		输出
S	D	Y
0	0	
0	1	
1	0	
1	1	

【实训总结】

(1)按各步骤要求填表并画出逻辑图。

(2)回答问题：

①与非门一个输入端接连续脉冲，其余端什么状态时允许脉冲通过？什么状态时禁止脉冲通过？

②异或门又称可控反相门，为什么？

实训项目 10 加法器

【实训目标】

(1)验证半加器和全加器的逻辑功能。

(2)掌握二进制数的运算规律。

【实训时间】

4 课时

【实训设备】

74LS00(二输入四与非门),3 片;74LS86(二输入四异或门),1 片。

【实训内容】

(1)测试由异或门(74LS86)和与非门组成的半加器的逻辑功能。

(2)测试全加器的逻辑功能。

【实训原理和步骤】

1.测试由异或门(74LS86)和与非门组成的半加器的逻辑功能

由半加器的逻辑表达式可知,A、B 两个二进制数相加的和 S 是 A、B 的异或,而进位 C 是 A、B 相与,故半加器可用一个集成异或门和两个与非门组成,如图实 10.1 所示。

(1)在实训装置上用异或门和与非门构成图实 10.1 所示逻辑电路,A、B 接电平转换开关,S、C 接电平显示发光二极管。

(2)按表实 10.1 要求改变 A、B 状态,观察 S、C 的输出状态并填入表实 10.1。

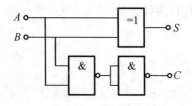

图实 10.1　74LS86 和与非门组成的半加器

表实 10.1　实训结果

输入端	A	0	1	0	1
	B	0	0	1	1
输出端	S				
	C				

2. 测试全加器的逻辑功能

(1) 根据图实 10.2,写出逻辑电路的逻辑表达式。

(2) 根据逻辑表达式列出真值表(表实 10.2)。

(3) 根据真值表画逻辑函数 S_i、C_i 的卡诺图,用卡诺图对 S_i、C_i 进行化简。

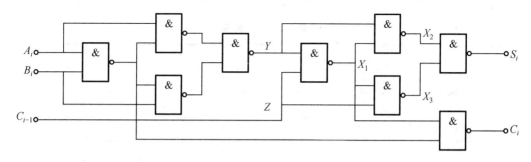

图实 10.3　与非门构成的全加器

$Y =$　　　　　$Z =$　　　　　$X_1 =$　　　　　$X_2 =$

$X_3 =$　　　　　$S_i =$　　　　　$C_i =$

(4) 填写表实 10.2 各点的逻辑状态。

(5) 按原理图选择与非门并接线进行测试,将测试结果记入表实 10.3,并与表实 10.2 进行比较,看逻辑功能是否一致。

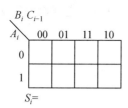

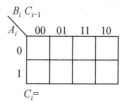

表实 10.2　真值表

A_i	B_i	C_{i-1}	Y	Z	X_1	X_2	X_3	S_i	C_i
0	0	0							
0	1	0							
1	0	0							
1	1	0							
0	0	1							
0	1	1							
1	0	1							
1	1	1							

表实 10.3　真值表

A_i	B_i	C_{i-1}	C_i	S_i
0	0	0		
0	1	0		
1	0	0		
1	1	0		
0	0	1		
0	1	1		
1	0	0		
1	1	1		

【实训总结】

(1) 整理实训数据、图表并对实训结果进行分析,总结二进制数的加法运算规律。

(2) 总结组合逻辑电路的分析方法。

实训项目 11 触发器

【实训目标】

(1) 熟悉并掌握 RS、D、JK 触发器的构成、工作原理和功能测试方法。

(2) 学会正确使用触发器集成芯片。

(3) 了解触发器的相互转换方法。

【实训时间】

4 课时

【实训设备】

双踪示波器;74LS00(二输入端四与非门),1 片;74LS74(双 D 触发器),1 片;74LS112(双 JK 触发器),1 片。

【实训内容】

(1) 基本 RS 触发器逻辑功能测试。

(2) 维持阻塞 D 触发器功能测试。

(3) 下降沿触发的 JK 触发器功能测试。

(4) 触发器功能转换。

【实训原理和步骤】

1. 基本 RS 触发器逻辑功能测试

两个 TTL 与非门首尾相接构成的基本 RS 触发器的电路如图实 11.1 所示。按图实 11.1 连接电路,并将 $\overline{S}_d$ 和 $\overline{R}_d$ 接电平转换开关,Q 和 $\overline{Q}$ 端接发光二极管电平显示电路。

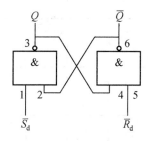

图实 11.1 基本 RS 触发器

(1) 试按表实 11.1 的顺序在 $\overline{S}_d$ 和 $\overline{R}_d$ 端加信号,观察并记录触发器的 Q、$\overline{Q}$ 端的状态,将结果填入表实 11.1 中,并说明在上述各种输入状态下,触发器执行的是什么功能?

表实 11.1　实训结果

$\overline{S}_d$	$\overline{R}_d$	Q	$\overline{Q}$	逻辑功能
0	1			
0	1			
1	0			
1	1			

(2) 当 $\overline{S}_d$、$\overline{R}_d$ 端为低电平时,观察 Q、$\overline{Q}$ 端的状态。当 $\overline{S}_d$、$\overline{R}_d$ 同时由低电平跳为高电平时,注意观察 Q、$\overline{Q}$ 端的状态,重复 3～5 次,比较 Q、$\overline{Q}$ 端的状态是否相同,以正确理解"不定"状态的含义。

2. 维持阻塞 D 触发器功能测试

双 D 型上升沿触发的维持阻塞触发器 74LS74 的逻辑符号如图实 11.2 所示。试按下面步骤进行实训。

(1) $\overline{S}_d$、$\overline{R}_d$ 端分别加低电平,观察 Q、$\overline{Q}$ 的状态,并将 Q 端状态填入表实 11.2 中。

(2) $\overline{S}_d$、$\overline{R}_d$ 端均接高电平,D 端分别接高、低电平,用点动脉冲作为 CP,观察并记录当 CP 为 0、↑、1、↓ 时 Q 端的状态变化。

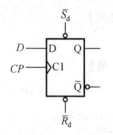

图实 11.2　D 触发器逻辑符号

(3) 当 $\overline{S}_d = \overline{R}_d = 1$、$CP = 0$(或 $CP = 1$),改变 D 端信号,观察 Q 端的状态是否变化? 整理上述实验数据,将结果填入表实 11.2 中。

(4) 当 $\overline{S}_d = \overline{R}_d = 1$,将 D 和 $\overline{Q}$ 端相连,CP 加连续脉冲,用双踪示波器观察并记录 Q 相对于 CP 的波形。

表实 11.2　实训结果

$\overline{S}_d$	$\overline{R}_d$	CP	D	Q^n	Q^{n+1}
0	1	×	×	0	
				1	
1	0	×	×	0	
				1	
1	1	↑	0	0	
				1	
1	1	↑	1	0	
				1	

3. 下降沿触发的 JK 触发器功能测试

下降沿触发的双 JK 触发器 74LS112 芯片的逻辑符号如图实 11.3 所示。自拟实训步骤，测试其功能，并将结果填入表实 11.3 中。若令 $J=K=1$ 时，CP 端输入连续脉冲，用双踪示波器观察 Q 及 CP 波形。

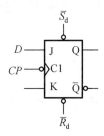

图实 11.3　下降沿触发的双 JK 触发器逻辑符号

表实 11.3　实训结果

$\overline{S}_d$	$\overline{R}_d$	CP	J	K	Q^n	Q^{n+1}
0	1	×	×	×	×	
1	0	×	×	×	×	
1	1	↓	0	×	0	
1	1	↓	×	0	0	
1	1	↓	×	0	1	
1	1	↓	×	1	1	

4. 触发器功能转换

(1) 将 D 触发器和 JK 触发器转换成 T 触发器，列出表达式，画出实训电路图。

(2) 输入连续脉冲，观察各触发器 CP 及 Q 端波形，并比较两者关系。

(3) 自拟实验数据表并填写。

【实训总结】

(1) 整理实训数据并填表。

(2) 写出实训内容(3)、(4)的实验步骤及表达式。

(3) 画出实训(4)的逻辑电路图及相应表格。

(4) 总结各类触发器特点。

实训项目 12　时序逻辑电路测试及研究

【实训目标】

(1) 掌握常用时序逻辑电路分析、设计及测试方法。

(2) 训练独立进行实训的技能。

【实训时间】

4 课时

【实训设备】

双踪示波器;74LS112(双 JK 触发器),2 片;74LS00(二输入端四与非门),1 片。

【实训内容】

(1) 异步二进制计数器测试。

(2) 异步十进制加法计数器测试。

【实训原理和步骤】

1. 异步二进制计数器

(1) 用 JK 触发器构成的 4 位二进制加法计数器如图实 12.1 所示。用 2 片 74LS73 按图实 12.1 接线,构成二进制加法计数器。

(2) 所有 $\bar{R}_d$ 端连接在一起接到一个电平转换开关上,各触发器的 Q 端分别接到发光二极管电平显示器。接线完成,检查无误后,上电进行实训。

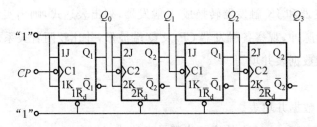

图实 12.1　由 2 片 74LS73 构成的 4 位二进制加法计数器

(3) 上电后,先将各触发器的 $\bar{R}_d$ 端接低电平,使计数器清零,然后将 $\bar{R}_d$ 端接高电平,由 CP 端输入单脉冲,测试并记录 $Q_0 \sim Q_3$ 端状态及波形。

2. 异步十进制加法计数器

(1) 由 JK 触发器和与非门构成的 8421BCD 码十进制加法计数器如图实 12.2 所示。

按图实12.2接线。Q_0、Q_1、Q_2、Q_3 4个输出端分别接发光二极管显示,CP 端接连续脉冲或单脉冲。

(2)上电后,先将各触发器的 $\bar{R}_d$ 端接低电平,使计数器清零,然后将 $\bar{R}_d$ 端接高电平,由 CP 端输入单脉冲,测试并记录 $Q_0 \sim Q_3$ 端状态及波形。

(3)在 CP 端接连续脉冲,观察 CP、Q_0、Q_1、Q_2、Q_3 的波形。

(4)画出 CP、Q_0、Q_1、Q_2 及 Q_3 的波形。

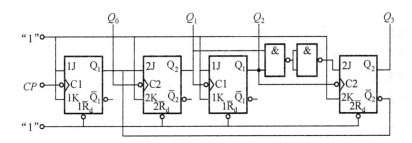

图实 12.2 由 JK 触发器和与非门构成的 8421BCD 码十进制加法计数器

【实训总结】

(1)画出实训内容要求的波形及记录表格。

(2)总结时序电路特点。

实训项目 13　集成计数器及寄存器

【实训目标】

(1)熟悉集成计数器逻辑功能和各控制端作用。

(2)掌握集成计数器的应用方法。

【实训时间】

4 课时

【实训设备】

双踪示波器;74LS290(集成二—五—十进制计数器),2 片;74LS08(二输入端四与门),1 片。

【实训内容】

(1)用 74LS90 构成七进制加法计数器。

(2)用两片 74LS90 构成 45 进制加法计数器。

(3)用 74LS90 设计一个六十进制计数器。

【实训原理和步骤】

一、实训原理

图实 13.1 是集成二—五—十进制计数器 74LS90 的引脚排列图及逻辑功能示意图。

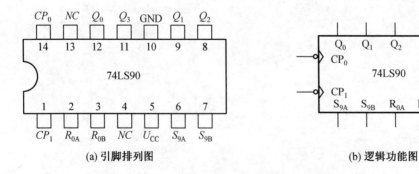

图实 13.1　74LS90 的引脚排列图及逻辑功能示意图

74LS90 的逻辑功能见表实 13.1。由表实 13.1 可知,74LS90 具有下列功能:

1. 异步清零功能

当 $S_9 = S_{9A} \cdot S_{9B} = 0$ 时，若 $R_0 = R_{0A} \cdot R_{0B} = 1$，则计数器清零。

2. 异步置 9 功能

当 $S_9 = S_{9A} \cdot S_{9B} = 1$ 时，计数器置 9，即 $Q_3Q_2Q_1Q_0 = 1001$，与 CP 无关，并且优先级别高于 R_0。

表实 13.1　集成异步二一五一十进制计数器 74LS90 功能表

输入						输出			
R_{0A}	R_{0B}	S_{9A}	S_{9B}	CP_0	CP_1	Q_3^{n+1}	Q_2^{n+1}	Q_1^{n+1}	Q_0^{n+1}
1	1	0	×	×	×	0	0	0	0(清零)
1	1	×	0	×	×	0	0	0	0(清零)
×	×	1	1	×	×	1	0	0	1(置 9)
×	0	×	0	↓	0	二进制计数			
×	0	0	×	0	↓	五进制计数			
0	×	×	0	↓	Q_0	8421 码十进制计数			
0	×	0	×	Q_1	↓	5421 码十进制计数			

3. 异步计数功能

当 $S_9 = S_{9A} \cdot S_{9B} = 0$，且 $R_0 = R_{0A} \cdot R_{0B} = 0$ 时，计数器进行异步计数。有 4 种应用方法。

(1) 若将时钟脉冲 CP 加到 CP_0 端，且把 Q_0 与 CP_1 连接起来，则对时钟脉冲 CP 按照 8421 码进行异步十进制加法计数。

(2) 若将时钟脉冲 CP 加到 CP_0 端，而 CP_1 接低电平，则电路构成 1 位二进制计数器，信号从 Q_0 输出，$Q_1 \sim Q_3$ 不工作。

(3) 若将时钟脉冲 CP 加到 CP_1 端，CP_0 接低电平，则电路构成五进制异步加法计数器，信号从 $Q_1 \sim Q_3$ 输出，Q_0 不工作。

(4) 若将时钟脉冲 CP 加到 CP_1 端，且把 Q_1 与 CP_0 连接起来，则对时钟脉冲 CP 按照 5421 码进行异步十进制加法计数。

二、实训步骤

1. 用 74LS90 构成七进制加法计数器

用 74LS90 可组成任意进制计数器。图实 13.2 是用 74LS90 实现七进制加法计数器的接线原理图。

(1) 分别按图实 13.2 接线，从 CP 端输入单脉冲并将输出接到发光二极管显示器上

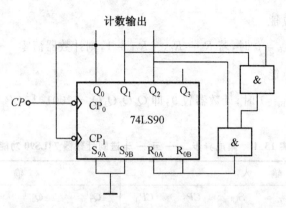

图实 13.2 用 74LS90 构成的七进制加法计数器

验证。

(2) 自行设计表格,记录上述实训同步波形。

2. 用两片 74LS90 构成四十五进制加法计数器

采用多片 74LS90 级连可实现十以上进制的计数器。图实 13.3 是实现四十五进制计数的一种方案,输出为 8421BCD 码。

按图实 13.3 接线,CP 端输入连续脉冲,并将输出接到译码显示器上进行验证。

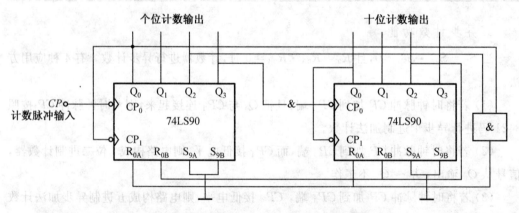

图实 13.3 由两片 74LS90 构成的四十五进制加法计数器

3. 用 74LS90 设计一个六十进制计数器

用 74LS90 设计一个六十进制计数器,并接线进行验证。

【实训总结】

(1) 整理实训内容和实训数据。

(2) 画出实训内容(3)所要求的电路图。

(3) 画出实训内容(1)的表格和波形图。

(4) 总结任意进制计数器的设计方法。

(5) 总结集成计数器 74LS90 的使用特点。

实训项目 14 译码器和数据选择器

【实训目标】

(1) 熟悉集成译码器和数据选择器。

(2) 掌握集成译码器和数据选择器的应用。

【实训时间】

4 课时

【实训设备】

双踪示波器;74LS139(2—4 线译码器),1 片;74LS153(双 4 选 1 数据选择器),1 片;74LS00(二输入端四与非门),1 片。

【实训内容】

(1) 译码器功能测试。

(2) 译码器转换。

(3) 数据选择器的测试及应用。

【实训原理和步骤】

1. 译码器功能测试

将 74LS139 译码器按图实 14.1 接线,按表实 14.1 输入电平,分别置位 1G、1B、1A,观察 1Y_0、1Y_1、1Y_2、1Y_3 的输出状态并填入表实 14.1 中。

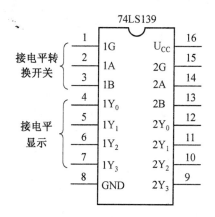

图实 14.1 译码器接线图

表实 14.1 实训结果

输入			输出			
使能	选择					
1G	1B	1A	1Y_0	1Y_1	1Y_2	1Y_3
H	×	×				
L	L	L				
L	L	H				
L	H	L				
L	H	H				

2. 译码器转换

将双2—4线译码器转换为3—8线译码器。

(1) 画出转换电路图。

(2) 按转换逻辑电路图在实训装置上接线并验证设计是否正确。

(3) 设计并填写该3—8线译码器功能表。

3. 数据选择器的测试及应用

(1) 将双4选1数据选择器74LS153参照图实14.2接线,按表实14.2输入电平,分别置位选择端、数据输入端和输出控制端,观察1Y的输出状态并填入表实14.2中。

(2) 将脉冲信号源中同步连续脉冲4个不同频率的信号接到数据选择器4个输入端,将选择端置位,用示波器观察输出端1Y的输出信号。

(3) 分析上述实验结果并总结数据选择器作用。

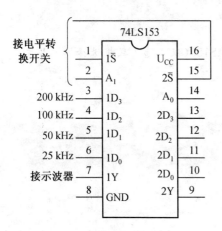

图实 14.2　数据选择器实训接线图

表实 14.2　实训结果

选择端		数据输入端				输出控制	输出
A_1	A_0	$1D_3$	$1D_2$	$1D_1$	$1D_0$	$1\overline{S}$	$1Y$
×	×	×	×	×	×	H	
L	L	×	×	×	L	L	
L	L	×	×	×	H	L	
L	H	×	×	L	×	L	
L	H	×	×	H	×	L	
H	L	×	L	×	×	L	
H	L	×	H	×	×	L	
H	H	L	×	×	×	L	
H	H	H	×	×	×	L	

【实训总结】

(1) 画出实验内容(2)、(3)的接线图。

(2) 总结译码器和数据选择器的使用体会。